# 典型危险化学品应急处置指导手册

国家安全生产应急救援中心　组织编写

中国石化出版社

## 内 容 提 要

本书选取 21 种国家重点监管的危险化学品，介绍了危险化学品的理化性质、危害信息、生产工艺等通用知识及常见事故类型特点，重点介绍典型危险化学品事故处置程序、措施、战斗编成、注意事项等内容；结合应急救援实际，选择 12 个典型战例，针对事故发生的基本情况、救援经过，开展战例评析。

本书可作为应急救援队伍、消防救援院校、危险化学品安全研究院所等相关人员的参考书，也可供化工企业安全人员、安全工程专业师生等阅读学习。

## 图书在版编目（CIP）数据

典型危险化学品应急处置指导手册／国家安全生产应急救援中心组织编写 . —北京：中国石化出版社，2023.3（2023.8 重印）
ISBN 978-7-5114-6979-3

Ⅰ.①典… Ⅱ.①国… Ⅲ.①化工产品-危险物品管理-技术手册 Ⅳ.①TQ086.5-62

中国国家版本馆 CIP 数据核字（2023）第 029334 号

**中国石化出版社出版发行**

地址:北京市东城区安定门外大街 58 号
邮编:100011 电话:(010)57512500
发行部电话:(010)57512575
http://www.sinopec-press.com
E-mail:press@sinopec.com
北京科信印刷有限公司印刷
全国各地新华书店经销

\*

787×1092 毫米 16 开本 13.5 印张 359 千字
2023 年 3 月第 1 版 2023 年 8 月第 3 次印刷
定价:68.00 元

# 编 写 说 明

　　为进一步加强我国危险化学品专业应急救援队伍建设，提升危险化学品事故应急救援能力，国家安全生产应急救援中心组织编写了《典型危险化学品应急处置指导手册》。本手册是坚持人民至上、生命至上的具体实践，是提高危险化学品专业应急救援队伍实战能力的有效举措。

　　本手册是在国家安全生产应急救援中心陈奕辉、肖文儒等领导的指导下，由国家安全生产应急救援中心指挥协调部具体组织，由国家危险化学品应急救援中原油田队具体牵头、12 名理论和实践经验丰富的专业人员及 19 支国家危险化学品应急救援队、1 所高校组建编写团队。本手册编写坚持专业性、实用性、操作性原则，按照《特别管控危险化学品目录》及《危险化学品目录》(2015 版)，有针对性地选取硝化棉、苯酚、氢氧化钠、碳化钙、氰化钠、过氧化二苯甲酰、硫、浓硫酸、硝基苯、原油、甲醇、甲苯、汽油、液氨、光气、氢气、氯气、液化天然气、硫化氢、乙烯、液化石油气等 21 种典型危化品进行编写。

　　本手册从实战角度将内容分为"危险化学品事故救援通则、固体类危险化学品应急处置、液体类危险化学品应急处置、气体类危险化学品应急处置和应急救援战例"五部分。危险化学品事故救援通则分为事故接处警、侦检和辨识危险源、警戒、遇险人员救护、事故现场处置、现场人员个体防护、灾情评估、全面洗消、现场清理、移交现场、信息管理共计 11 个部分。危险化学品应急处置分为通用知识、事故类型特点和事故处置三部分，通用知识分为理化性质、危害信息、生产工艺三部分；事故类型特点分为泄漏事故、着火事故、爆炸事故三部分；事故处置分为典型事故处置程序及措施、战斗编成、注意事项三部分。应急救援战例分为基本情况、救援经过、战例评析三部分。

　　本手册由周寅生指导全书框架设计、审稿、统稿。王成峰(第一章)、赵正宏(第二章)、杨永钦(第三章)、王庆银(第四章)分章负责，组织创作团队分工编写：孙文华、李辰(第一章)，童建斌、郭庆(第二章第一节)，刘玉伟、章军峰(第二章第二节)，史一君、张勇(第二章第三节)，李斌、李林凯(第二章第四节），李成、唐晨辉（第二章第五节），邹辉、马向波（第二章第六节），阳燕辉、杨成杰（第二章第七节），于克非、郭庆（第三章第一节），张开伦、章军峰（第三章第二节），张学军、唐晨辉（第三章第三节），陈兵、楚亮亮（第三章第四节），周明、赵京港（第三章第五节），朱建军、曹婉钰（第三章第六节），孙成江、汤洋（第三章第七节），刘思成、黄宗现（第四章第一节），朱涛、殷召成（第四章第二节），涂翔、赵学强（第四章第三节），刘建刚、唐晨辉（第四章第四节），王庆银、景新选（第四章第五节），洪勇、史章方（第四章第六节），安慧娟（第四章第七节），杨永钦、王庆银、于卓（附录）。在此一并表示感谢！

本手册在编写过程中，采用最新理论成果和实践经验，语言平实、战法清晰、科学实用、贴近实战，具有较好的理论指导性和实践操作性。本手册适用于危险化学品应急救援队学习使用，对指导危险化学品事故救援，提升危险化学品事故应急救援实战水平，有效防范化解重大安全风险具有积极指导作用。鉴于实际情况不同，请结合实际灵活应用。

由于作者水平有限，书中难免有错误之处，敬请广大读者批评指正。

国家安全生产应急救援中心

2022 年 12 月

# CONTENTS

# 目录

# 第一章
# 危险化学品事故救援通则

危险化学品事故救援应以"救人第一、科学施救"为指导思想，按照"先评估、后施救"的处置方法，牢固树立科学、安全、专业、环保的处置理念，坚持以下基本原则：

① 坚持以人为本、科学施救的原则。

事故处置必须把保障人民群众的生命安全和身体健康作为应急工作的出发点和落脚点，最大限度地减少突发事故、事件造成的人员伤害和危害。在救援过程中必须牢固树立"科学救援、安全救援"的理念，坚决避免因救援不当造成人员伤亡的情况出现。

② 坚持统一指挥、协同应对的原则。

事故现场要成立以政府为主导的总指挥部，处置力量以应急救援力量为主的现场作战指挥部。坚持科学决策统一领导，做到号令统一，协同应对。总指挥负责重大决策和相关部门的协调工作，现场作战指挥部负责作战方案和行动方案的具体实施。

③ 坚持工艺先行、专业处置的原则。

总指挥部、现场作战指挥部、各联动部门、事故单位与应急救援队伍应保证实时信息互通，要牢固树立"工艺控制与应急处置相结合的理念"，在事故单位组织工艺技术、工程抢险处置的同时，应急救援队伍应根据灾情类别、事故处置的需求和总指挥部的要求展开行动，做好协同配合工作，提高灭火救援效率。

④ 坚持保护环境、减少污染的原则。

危险化学品泄漏、火灾、爆炸事故，极易对大气、土壤、水体造成污染。在应急处置过程中应加强对环境的保护，尽可能降低对大气、土壤、水体的污染，严防发生环境污染的次生灾害事故。

# 一、事故接处警

## （一）接警

接警是救援工作的第一步，对成功救援起到重要作用。要了解事故发生的时间、地点，危害范围，遇险人员伤亡、失踪、被困人员数量等信息。在情况允许的条件下，接警员应向报警人了解危化品的种类（固体、液体、气体）、发生事故的类型（泄漏、着火、爆炸事故）、发生事故的环节（生产环节、储存环节、运输环节）、事故单位前期处置情况，并与事故单位联系及时了解事故发展情况。

**1. 发生事故环节**

① 生产环节：生产单位、事故装置、事故位置、工艺措施等。

② 运输环节：生产单位、运输单位、运输设备（工具）情况、容器规格、周边环境等。

③ 储存环节：储存单位、物质数量、容器规格、周边情况等。

④ 可能造成的事故影响范围：相邻企业、周边设施、居民区及人员数量等。

**2. 发生事故物质**

① 固体：物质特性、周边环境等。

② 液体：物质特性、挥发蒸气、火源、地势、周边环境等。

③ 气体：物质特性、扩散范围、火源、地势、周边环境等。

## （二）处警

接到报警后，依据事故情况进行研判并迅速调集救援力量，应加强第一出动力量，携带相应救援器材装备，赶赴事故现场。

**1. 设立指挥部**

应急救援队到达现场后，不盲目进入事故区，应将力量部署在外围，在事故区上风或侧上风方向的安全区集结，尽可能在远离但可见危险源的位置设立现场指挥部，将事故情况向上级部门汇报，待上级部门到达现场后移交指挥权。若作为增援力量到达现场，则应向指挥部报到接受指令。

**2. 事故现场部署**

① 依据现场询情和事故情况确定现场处置方案，协调所需救援力量、装备、物资，保障救援需要，分配救援任务，下达救援指令。

② 救援车辆停靠应注意：不应驻停在窨井上方、工艺管线或高压线下方，不靠近危险建筑，车头应朝向撤退位置，同时占据消防水源。

③ 救援队伍到达后向事故现场驾驶员、操作人员和技术人员询问或索取化学品安全技术说明书，掌握危化品名称、理化性质、数量等信息后，派出侦检组开始侦察。同时，根据泄漏、火焰辐射热、爆炸所涉及范围划定初始警戒距离和人员疏散距离。

④ 根据需要配备侦检器材，配齐呼吸保护器具，配备适当的防护服装，调集必要的特种工具，消防车辆的调集应由危险化学品的火灾性质决定。

⑤ 搭建简易洗消点，用于对疏散人员和救援人员进行紧急洗消。简易洗消点应设置在初始警戒区域外的上风方向，力争到场后 15min 内搭建完成。

## 二、侦检和辨识危险源

侦检即对事故现场进行侦察检测，是危险化学品事故处置的首要环节。在处置危险化学品灾害事故时，必须加强侦检这一环节，利用检测仪器检测事故现场出现事故的物质、气体浓度和扩散范围，并做好动态监测。根据不同灾情，派出若干侦检小组，侦检小组一般由 2~3 人组成，配备必要的防护措施和检测仪器。

**（一）侦检的目的**

① 确定事故现场的危险化学品种类(定性)。

② 测定危险化学品的浓度分布和主要扩散蔓延方向(定量)。

③ 实时监测不同污染区域边界危险化学品的浓度变化。

**（二）侦检的方法及主要内容**

危险化学品事故的侦检应贯穿救援行动的始终，时刻把握灾害发展变化的形势，为指挥员决策提供准确信息，可采取"先识别后检测、先定性后定量"的方法，在情况不明又十分紧迫时，一般以定性查明危险化学品的种类为主。主要侦检方法及内容如下：

① 及时向事故单位知情人了解现场危险化学品的种类、数量和危险程度，特别是有无易燃可燃物品、爆炸品、毒害品、放射物、忌水物品和可能爆炸的物质。

② 通过识别各类标签标识(事故车体、箱体、罐体、瓶体等的形状、标签、颜色等)，查阅对照相关规范获取危险化学品信息。

③ 调取事故装置平面图、工艺流程图、生产单元设备布局立体图、消防水源分布图、事故部位及关键设备结构图、公用工程管网图等相关资料。

④ 利用分布式控制系统(DCS)、侦察无人机、侦检机器人、望远镜等技术手段和装备，在外围了解事故区域范围、蔓延方向、事故规模，以及对毗邻设施的威胁程度，核查事故发生部位情况，辨识事故类型。

⑤ 利用侦检仪器对现场有毒有害、易燃易爆物质进行动态检测，结合地形地貌和现场气象情况，了解、掌握现场事故发展态势。

⑥ 通过侦察检测，掌握现场及其周边道路、水源、建(构)筑物结构以及电力、通信等情况，进一步确认遇险、遇难和被困人员的位置、数量，确定施救和疏散路线。

### （三）具体侦检步骤

详见图1-1。

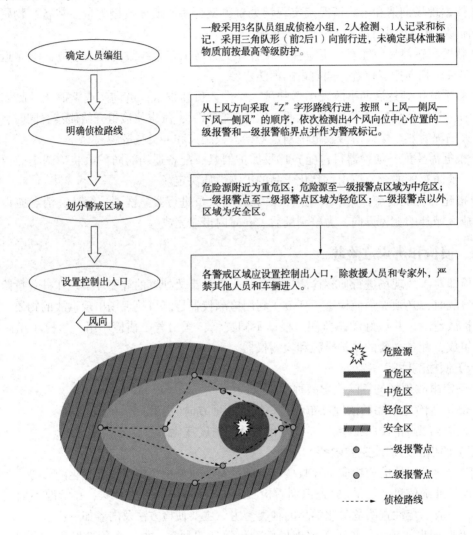

图1-1　侦检具体步骤

## 三、警戒

### （一）设立警戒区

以事故源为中心，按照危险程度可设立重危区、中危区、轻危区和安全区，由于警戒区可能是一个动态的区域，因此需要侦检人员不断检测，并报告指挥员，以便于及时调整警戒区域的设定。

**1. 警戒范围的确定方法**

确定警戒范围的方法有理论计算法、仪器测定法和经验法。

4

① 理论计算法是利用专门的软件进行计算确定警戒范围。

② 仪器测定法是利用侦检仪器确定危险范围，根据不同的危险程度对警戒范围和等级进行划定。

③ 经验法是结合类似事故处置经验和事故特点对警戒区域进行划定。

**2. 警戒区设立要求**

① 确定事故的中心地带。

② 从上风或侧上风方向的安全区域向危险区域进行测定。

③ 在危险区和安全区设置明显的隔离标志。

④ 从上风或侧上风方向设置安全区域与事故中心地带的固定通道。

**（二）警戒区的管理**

**1. 清除火源**

迅速熄灭警戒区内所有明火，关闭电气设备，并注意摩擦静电等潜在火源。

**2. 实施警戒**

对进入警戒区的人员要严加控制，尤其是对进入重危区的人员做好详细登记，在警戒区边界实施不间断检测，以确保警戒区的有效性。警戒区边界要设置醒目的警戒标志，夜间、雾天要用可发光的标志。

**3. 维护秩序**

切实对危险区严加控制管理，以防人员、车辆误入险区；警戒区域要有专人守护，必要时应视情况组织有关人员沿警戒边界进行巡逻。对通往事故现场的道路实行管制，严禁无关车辆进入，清理主要通道，保证抢险救援车辆通行。在上风或侧上风方向要设专门进出通道，除应急救援人员外，严禁外部无关人员进入，警戒区域一般遵循"只出不进"的原则，只允许有防护装备的处置人员进入。

## 四、遇险人员救护

（1）评估现场情况，分析救助过程中可能存在的危险因素，确定救援行动方案，组成救生小组，携带救生器材迅速进入现场。

（2）迅速将警戒区内与事故应急处置无关人员疏散至安全区。疏散应向上风或侧上风方向转移，明确专人引导并护送人员到安全区，并在疏散路线上设立路标，指明疏散方向。

（3）采取正确的防护措施和救助方式，将所有遇险人员转移至安全区域。

① 现场救护包含以下内容：立即撤离污染现场，到上风或侧上风方向空气无污染的地区；有条件时应立即进行呼吸道及全身防护，防止继续吸入毒气；立即服用或注射相应的解毒药或针剂；应立即脱去染毒的服装，用清水、生理盐水或洗消剂彻底冲洗中毒者的身体；经口中毒者应立即催吐，并用高锰酸钾或硫代硫酸钠或过氧化氢彻底洗胃。

② 特效药物治疗包含以下内容：严重中毒者，立即由医疗部门采取药物或针剂抢救。密切观察和预防并发症；根据病情及早应用激素、支持疗法和抗感染等措施。对中毒症状未缓解者送医院继续观察治疗。

（4）对救出人员进行登记和现场急救。

（5）根据遇险人员伤势，进行初期处理并及时运送至医疗救护机构。

## 五、事故现场处置

根据灾情评估结果，结合现场着火、爆炸、泄漏等不同情况，采用相应处置方式，科学运用紧急停车、稀释防爆、关阀堵漏、冷却控制、堵截蔓延、倒料转输、切断外排、化学中和、泡沫覆盖、浸泡水解、放空点燃、洗消监护等方法进行处置。

### （一）着火事故现场应急处置要点

① 联系所需的火灾应急救援处置技术专家。

② 确定火灾扑救的基本方法。

③ 分析评估火灾可能导致的后果和可能造成的影响范围。

④ 明确火灾可能导致后果的主要控制措施。

### （二）爆炸事故现场应急处置要点

① 联系所需的爆炸应急救援处置技术专家。

② 分析评估爆炸可能导致的后果。

③ 明确爆炸可能导致后果的主要控制措施。

### （三）泄漏事故现场应急处置要点

① 联系所需的泄漏应急救援处置技术专家。

② 确定泄漏源的周围环境。

③ 检测泄漏物质进入大气、附近水源、下水道的情况。

④ 明确周围区域存在的重大危险源分布情况。

⑤ 分析评估泄漏时间或预计持续时间。

⑥ 泄漏处置。疏散无关人员，隔离泄漏污染区（是否疏散和隔离，视泄漏物毒性和泄漏量的大小而定）；切断火源（如果泄漏物是易燃物，则必须首先消除泄漏污染区域的点火源）；做好应急人员的个体防护、消除静电；避免泄漏物对周围环境带来的潜在危害；根据物质的物态（固、液、气）及其危险性（燃爆特性、毒性）采取合适的处置方法。

根据现场实际情况，灵活运用不同的堵漏方法对容器、管道实施堵漏，应积极配合事故单位切断物料输送，关闭电源、水源、气源。泄漏物为液态且在向附近蔓延时，应立即筑堤或挖坑收容。

常见堵漏方法见表 1-1。

**表 1-1　堵漏方法**

| 部位 | 形式 | 方　　法 |
|---|---|---|
| 罐体 | 砂眼 | 使用螺丝加黏合剂旋进堵漏 |
| | 缝隙 | 使用外封式堵漏袋、防爆型电磁式堵漏工具组、粘贴式堵漏密封胶（适用于高压）、潮湿绷带冷凝法或堵漏夹具、金属堵漏锥堵漏 |
| | 孔洞 | 使用各种堵漏夹具、粘贴式堵漏密封胶（适用于高压）、金属堵漏锥堵漏 |
| | 裂口 | 使用外封式堵漏袋、防爆型电磁式堵漏工具组、粘贴式堵漏密封胶（适用于高压）堵漏 |
| 管道 | 砂眼 | 使用螺丝加黏合剂旋进堵漏 |
| | 缝隙 | 使用外封式堵漏袋、防爆型电磁式堵漏工具组、金属封堵套管、潮湿绷带冷凝法或堵漏夹具、金属堵漏锥堵漏 |
| | 孔洞 | 使用各种堵漏夹具、粘贴式堵漏密封胶（适用于高压）、金属堵漏锥堵漏 |
| | 裂口 | 使用外封式堵漏袋、防爆型电磁式堵漏工具组、粘贴式堵漏密封胶（适用于高压）堵漏 |
| 阀门 | | 使用阀门堵漏工具组、注入式堵漏胶、堵漏夹具堵漏 |
| 法兰 | | 使用专门法兰夹具、注入式堵漏胶堵漏 |

## 六、现场人员个体防护

根据现场收集的信息和灾害事故的危险程度查阅资料预判危险品物质，并下达各车辆、作战人员的安全防护等级着装和所有行动的安全防护工作。进入灾害事故现场的救援人员，必须根据现场实际情况和危险等级落实防护措施；设立现场安全员，全程观察监测现场危险区域和部位可能发生的危险迹象；在可能发生爆炸、毒物泄漏、建筑物倒塌等危险情况下救援时，应当尽量减少一线作业人员，并加强安全防护；需要采取工艺措施处置时，应当配合单位专业技术人员组织实施，严禁盲目行动；当现场出现爆炸、倒塌等险情征兆，而又不能及时控制或者消除，可能威胁参战人员的生命安全时，应当立即组织参战人员撤离到安全地带并清点人数，待条件具备时，再组织实施灭火救援战斗。

安全防护等级标准及着装标准见表1-2~表1-4。

表1-2　安全防护等级标准

| 毒类 ＼ 危险区 | 重度危险区 | 中度危险区 | 轻度危险区 |
|---|---|---|---|
| 剧毒 | 一级 | 一级 | 二级 |
| 高毒 | 一级 | 一级 | 二级 |
| 中毒 | 一级 | 二级 | 二级 |
| 低毒 | 二级 | 三级 | 三级 |
| 微毒 | 二级 | 三级 | 三级 |

表1-3　安全防护等级着装标准（泄漏事故）

| 级别 | 形式 | 防化服 | 防护服 | 防护面具 |
|---|---|---|---|---|
| 一级 | 全身 | 内置式重型防化服 | 全棉防静电内外衣 | 正压式空气呼吸器或全防型滤毒罐 |
| 二级 | 全身 | 封闭式防化服 | 全棉防静电内外衣 | 正压式空气呼吸器或全防型滤毒罐 |
| 三级 | 呼吸 | 简易防化服 | 灭火防护服 | 简易滤毒罐、面罩或口罩、毛巾等防护器材 |

表1-4　安全防护等级着装标准（着火爆炸事故）

| 级别 | 形式 | 防化服 | 防护服 | 防护面具 |
|---|---|---|---|---|
| 一级 | 全身 | 内置式重型防火服 | 全棉防静电内外衣 | 正压式空气呼吸器或全防型滤毒罐 |
| 二级 | 全身 | 隔热服 | 全棉防静电内外衣 | 正压式空气呼吸器或全防型滤毒罐 |
| 三级 | 呼吸 | 灭火防护服 | — | 简易滤毒罐、面罩或口罩、毛巾等防护器材 |

① 根据警戒区域采取相应防护等级。

② 防爆措施（进入警戒区人员严禁携带、使用移动电话和非防爆通信、照明设备等）。

③ 车辆位置的停靠（远离窨井盖、下水道、泄压口、高架管廊等位置）。

④ 安全工作是否贯穿整个处置过程。

## 七、灾情评估

对易燃易爆、有毒有害危险化学品进行动态监测，测定风向、风速等气象数据。根据现场实时动态监测信息，全面分析灾情、环境和伤员的信息，结合处置案例，对事故发展趋势、潜在风险评估和行动方案进行安全评估。同时，适时调整救援行动方案与内容。

**（一）环境信息**

① 气象信息：风力、风向、温度；

② 地面类型：土、泥、柏油、沙、其他；

③ 交通道路、沟渠、河流、地形、地物情况；

④ 电源火源(警戒范围内)；

⑤ 邻近建(构)筑物(含罐体、管线等)；

⑥ 环境气味：蒜味、肥皂味、鱼腥味、苦杏味、油漆味、臭鸡蛋味、芳香味、其他。

**（二）灾情信息**

① 事故类型：交通事故、固定储存装置、管道类、生产装置、其他；

② 危险源类别储量大小：易燃气体、易燃液体、易燃固体、遇湿易燃物品、氧化剂和有机过氧化物等；

③ 泄漏或扩散状态：已停止、正在流、不规律；

④ 严重程度：滴漏、细流、有缺口、大概扩散面积、大概固体数量；

⑤ 位置：人孔、阀门、法兰、管道、其他；

⑥ 发生火灾：烟雾、火苗颜色；火势的大小；

⑦ 是否发生了爆炸。

**（三）伤员信息**

分析现场人数、受伤人数、被困人数、中毒人数、接触到危险源的人数。

**（四）风险评估**

① 灾情发展趋势：逐渐变小、趋于稳定、逐渐增大；

② 是否存在对民众生活威胁和疏散需求的紧迫性；

③ 是否存在未知的化学物质；

④ 现场个人防护装备是否齐全；

⑤ 是否存在爆炸危险(含二次爆炸)；

⑥ 是否制定危险情况下的紧急撤离计划；

⑦ 是否对周围环境造成污染。


# 八、全面洗消

根据化学品性质正确选用相应的洗消方法和洗消药剂，对事故区域人员、车辆、器材进行全面洗消。

**（一）洗消的方法**

**1. 化学消毒法**

用化学消毒剂与有毒物直接起氧化氯化作用，使有毒物改变性质，成为无毒或低毒的物质。洗消方法：将消毒剂水溶液装入水罐车内，用雾状水冲洗。

**2. 燃烧消毒法**

用燃烧来破坏有毒物及其毒性。不良后果：毒物挥发，造成邻近或下风方向空气污染。

**3. 物理消毒法**

吸附、溶洗、机械转移。

（二）洗消的对象

**1. 人员洗消**（图 1-2）

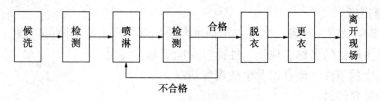

图 1-2　人员洗消流程

**2. 装备洗消**（图 1-3）

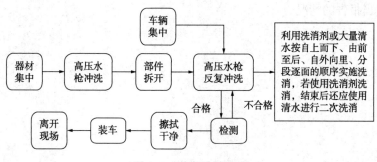

图 1-3　装备洗消流程

# 九、现场清理

## （一）固体清理

对火场残物进行清扫收集，做好标注后集中处理。用合适的中和剂或洗涤剂清洗污染地面，确保不留残物。

## （二）液体清理

少量残液用干沙土、水泥粉、煤灰、干粉等吸附。大量残液用防爆泵抽吸或使用无火花盛器收集，收集后集中处理。在污染地面喷洒中和剂或洗涤剂清洗，然后用大量直流水清扫现场，特别是低洼、沟渠等处，将废水进行引流并集中收集，确保不留残液。

## （三）气体清理

用雾状水、蒸汽、惰性气体清扫现场内事故罐、管道、低洼、沟渠等处，确保不留残气。

# 十、移交现场

灾害事故（事件）现场处置完毕、遇险人员全部救出、可能导致次生和衍生事故的隐患得到彻底消除或控制后，应当全面、细致检查并清理现场，并视情留有必要力量实时监护和配合后续处置。经现场指挥部批准，与事故单位和政府有关部门做好现场移交。撤离现场时，应当清点人员、车辆及器材装备。归队后，迅速补充油料、器材和灭火剂，恢复战备状态，并向上级报告。

# 十一、信息管理

## （一）信息管控

现场指挥部应强化信息管控，及时收发和更新内、外部各类信息（灾情动态、作战指令、社会舆情等），及时跟进救援进度，协调社会联动力量，不受外界媒体、群众等因素干扰。

（二）信息报告

现场指挥部应及时、准确、客观、全面地向总指挥部级上级消防部门报告事故信息。

① 事故发生单位的名称、地址、性质、产能等基本情况；

② 事故发生的事件、地点以及事故现场情况；

③ 事故的简要经过；

④ 事故已经造成或者可能造成的伤亡人数；

⑤ 已经采取的措施、处置效果和下一步处置建议；

⑥ 其他应当报告的情况。

# 第二章
# 固体类危险化学品应急处置

# 第一节 硝 化 棉

## 一、硝化棉通用知识

硝化棉又名硝酸纤维素，属硝酸酯类炸药，是一类十分重要的火炸药原材料。当加热至一定温度时，则会发生爆燃或爆轰（当物质处于被压实的状态下）。主要用在塑料工业中，制造文教用品如乒乓球、三角板、笔杆、眼镜框架、玩具，日常用品中的伞柄、工具柄等，也可作为纤维、胶黏剂、涂料和片基原料。

### （一）理化性质（表2-1）

表2-1　硝化棉理化性质

| 成分 | 纤维素的硝酸酯 |
| --- | --- |
| 外观与性状 | 白色或微黄色固体，呈棉絮状或纤维状，无臭、无味 |
| 闪点 | 12.78℃ |
| 引燃温度 | 170℃ |
| 自燃温度 | 40℃分解放热至170℃燃烧 |
| 溶解性 | 不溶于水，能溶于乙醇、丙酮和醋酸乙酯等 |
| 熔点 | 160~170℃ |
| 沸点 | 83℃ |
| 密度 | 相对密度（水=1）：1.66 |
| 燃烧产物 | 一氧化碳、二氧化碳、氮氧化物 |

### （二）危害信息

**1. 危险性类别**

硝化棉属易制爆危险化学品，属于危险化学品中的第1类第1.1项爆炸物，火灾种类为甲类。

**2. 火灾与爆炸危险性**

硝化棉具有高度可燃烧性和爆炸性，其危险程度根据含氮量而定。含氮量小于12.5%时相对稳定，含氮量在12.5%以上的硝化棉危险性极大，遇火即燃。硝化棉化学稳定性很差，如果储存和使用不当，会发生快速放热分解反应，使温度急剧升高，当温度升到170℃左右就会发生自燃，由此引发严重的火灾爆炸事故。

**3. 健康危害**

本身无毒性，燃烧后产生的一氧化碳对呼吸系统造成伤害。

润湿剂（醇）能刺激眼睛和皮肤，产生的蒸气可能引起困倦和眩晕，长期接触可能引起皮肤干裂。

### （三）生产工艺

硝化棉的生产方式分为间歇式和连续式，但无论哪种生产方式其生产工艺均包括以下几个阶段：

① 混酸配制：将原料酸（或原料酸和废酸）按一定比例进行混合。

② 纤维素准备：主要包括纤维素原材料的梳解、切碎和烘干。

③ 硝化：包括硝化及酸回收，将混酸和纤维素按比例投入消化器并搅拌，使酸与纤维素充分反应。反应后的酸进行回收并送到混酸工序再利用。

④ 安定处理：包括酸煮、碱煮、细断以及精洗。

⑤ 硝化棉混批及脱水。

⑥ 酒精驱水：民用硝化棉用酒精驱水，进一步降低硝化棉的含水率。硝化棉的生产工艺流程示意如图 2-1 所示。

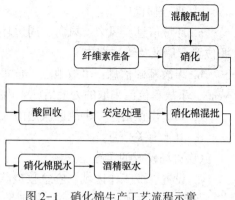

图 2-1 硝化棉生产工艺流程示意

## 二、硝化棉事故类型特点

### （一）着火事故

硝化棉燃烧速度快，火焰温度高，烟雾较小，火势凶猛，几乎无法扑救，且由于其分解可燃充分，火焰形态不同于一般固体可燃物，呈现类似可燃气体"喷射式"燃烧。

### （二）爆炸事故

爆炸威力大，爆速 6300m/s（含氮 13%），爆轰气体体积 841L/kg（含氮 13.3%），对周围人员构成极大威胁。

## 三、硝化棉事故处置

### （一）典型事故处置程序及措施

**1. 储存事故处置程序及措施**

（1）着火事故

① 第一时间了解火场信息

a. 第一出动的火场指挥员，应在行车途中与指挥中心保持联系，不断了解火场情况，并及时听取上级指示，做好到场前的战斗准备。

b. 上级指挥员在向火场行驶的途中，应通过指挥中心及时与已经到达火场的辖区火场指挥员取得联系，或通过无线系统、图像数据传输系统、专家辅助决策系统了解火场信息。

c. 重点了解火场发展趋势，同时要了解指挥中心调动力量情况，掌握已经到场的力量以及赶赴现场的力量，综合分析各种渠道获得的火场信息，预测火灾发展趋势和着火建（构）筑物情况，及时确定扑救措施。

② 安全防护

人员进入现场或警戒区，必须佩戴呼吸器及各种防护器具。进入重危区的救援人员必须实施二级以上防护，并采取雾状水掩护。现场安全防护标准可参照表 2-2。

表 2-2　现场安全防护标准

| 级别 | 形式 | 防化服 | 防护服 | 防护面具 |
|---|---|---|---|---|
| 一级 | 全身 | 内置式重型防火服 | 全棉防静电内外衣 | 正压式空气呼吸器或全防型滤毒罐 |
| 二级 | 全身 | 隔热服 | 全棉防静电内外衣 | 正压式空气呼吸器或全防型滤毒罐 |
| 三级 | 呼吸 | 灭火防护服 | — | 简易滤毒罐、面罩或口罩、毛巾等防护器材 |

③ 现场侦检

a. 环境信息：风力、风向、周边环境、道路情况、电源、火源、现场及周边的消防水源位置、储量及给水方式。

b. 事故基础信息：事故地点、危害气体浓度、火灾严重程度、邻近建（构）筑物受火势威胁、事故单位已采取的处置措施、内部消防设施配备及运行。

c. 人员伤亡信息：事故区域遇险人数、位置、先期疏散抢救人员等情况。

d. 其他有关信息。

④ 火场警戒的实施

a. 设置警戒工作区域。应急救援队伍到场后，由火场指挥员确定是否需要实施火场警戒。通常在事故现场的上风方向停放警戒车，警戒人员做好个体防护后，按确定好的警戒范围实施警戒，在警戒区上风方向的适当位置建立各相关工作区域，主要有着装区、器材放置区、洗消区、警戒区出入口等。

b. 迅速控制火场秩序。火场指挥员必须尽快控制火场秩序，管制交通，疏导车辆和围观人员，将他们疏散到警戒区域以外的安全地点。维持好现场秩序。

⑤ 应急处置

a. 外围预先部署。到达硝化棉火灾现场，指挥员在采取措施、组织力量控制火灾蔓延、防止爆炸的同时，必须组织到场力量在外围作强攻近战的部署，包括消防车占领水源铺设水带线路、确定进攻路线、调集增援力量等。

b. 火灾扑救。按照"先控制、后消灭"的原则采取安全转运、隔离、抑爆、冷却保护等战术战法；建立隔离带，分割火灾区域和相邻区域；使用开花、直流射水冷却和泡沫覆盖，对硝化棉进行润湿保护，降低其活性，达到灭火条件，防止爆炸；用水、干粉、泡沫、二氧化碳等灭火药剂进行灭火处置，严禁用干沙覆盖。

⑥ 洗消处理

a. 在危险区出口处设置洗消站，用大量清水对从危险区出来的人员进行冲洗。

b. 用水冲洗救援中使用的装备及被污染的衣物，消除其危害。

⑦ 清理移交

a. 用雾状水或惰性气体清扫现场。

b. 清点人员，收集、整理器材装备。

c. 做好移交，安全归建。

（2）爆炸事故

① 现场询情，制定处置方案

a. 应急救援人员到现场后，要问清事故单位的有关工程技术人员和当事人，全面了解事故区域还存在哪些爆炸物品及其数量。事故点存放的是单一品种，还是多种爆炸物品。

b. 根据掌握的现场情况，应立即成立技术组，研究行动处置方案。技术组应由发生事故单位的技术人员、专家及公安部门和应急救援机构人员组成。

② 实施现场警戒与疏散

a. 事故发生后，首先应维护现场秩序，划定警戒保护范围，安排专人做好警戒，防止无关人员进入危险区，以免引起不必要的伤亡。

b. 清除着火源，关闭非防爆通信工具。

c. 警戒范围内只允许极少数懂排爆技术的处置人员进入，无关人员不得滞留。

d. 为减少爆炸事故危害，应适度调整警戒范围，疏散相关职工群众，但范围不宜过大，应科学判断，否则会引起群众不满，甚至导致社会恐慌。

③ 转移

a. 对发生事故现场及附近未着火爆炸的物品在安全条件下应及时转移，防止火灾蔓延或爆炸物品的二次爆炸。

b. 转移前要充分了解有关物品的位置、外包装、能否转移和触动、周围环境和可能影响范围等情况，在现场安全等条件允许下，制定转移方案，明确相关人员分工、器材准备、转移程序方法等。

（其余可参照着火事故处置程序及措施。）

**2. 运输事故处置程序及措施**

（1）现场询情

救援人员到达现场后，要询问知情人介质总量、着火时间、部位、形式等；事故周边居民、地形、电源、火源等；应急措施、工艺措施、现场人员处理意见等。

（2）个体防护

参加处置人员应充分了解硝化棉的理化性质，要于高处和上风处进行处理，严禁单独行动，要有监护人。必要时要用雾状水掩护。要根据硝化棉的性质和毒物接触形式，选择适当的防护用品，防止处置过程中发生伤亡、中毒事故。

（3）侦察检测

确定被困、受伤人员情况；硝化棉数量、位置、方式、燃烧情况、周边危化品储存情况；周边单位、居民、地形、水源等情况；先期已采取的救援措施，处置效果等情况。

（4）疏散警戒

事故发生后，应根据火灾现场所涉及的范围建立警戒区，并在通往事故现场的主要干道上实行交通管制。建立警戒区域设置警示标志，并有专人警戒。

（5）禁绝火源和热源

为避免泄漏区发生爆炸等次生危害，应切断火源，停止一切非防爆的电气作业，包括手机、车辆和铁质金属器具。

（6）应急处置

消防车供水或选定水源、铺设水带、设置阵地、有序展开；利用雾状水润湿硝化棉，降低其活性防止燃烧爆炸。尽量采用智能化救援设备进行冷却保护，防止爆炸；利用通风设备对事故车辆进行吹扫，防止亚硝气体聚集；持续侦测气体扩散蔓延方向，确保人员安全；达到灭火条件时，可使用抗溶性泡沫覆盖等方式灭火，灭火后防止复燃。

（7）洗消处理

① 在危险区出口处设置洗消站，用大量清水对从危险区出来的人员进行冲洗。

② 用水冲洗救援中使用的装备及被污染的衣物，消除其危害。

（8）清理移交

用雾状水清扫现场内低洼、沟渠等处；清点人员、车辆及器材；撤除警戒，做好移交，安全归建。

**3. 急救措施**

（1）人员吸入

迅速脱离现场至空气新鲜处，保持呼吸道通畅。如呼吸困难，给输氧；如呼吸、心跳停止，立即进行心肺复苏。就医。

（2）皮肤接触

立即脱去被污染的衣着，用流动清水冲洗。就医。

（3）眼睛接触

提起眼睑，用流动清水或生理盐水冲洗。就医。

（4）人员误食

饮足量温水，催吐。就医。

**（二）战斗编成**

**1. 基本战斗编组**

基本战斗编组由作战指挥组（3人）、警戒组（3人）、侦检搜救组（3人）、应急处置组（6人）、安全员（1人）等组成。各应急救援队伍根据实际执勤人数合理编配作战编组。

**2. 基本作战模块**

基本作战模块包括由泡沫车、水罐车组成的主战模块；由泵浦车、水带敷设车等远程供水系统组成的供水模块；由供气车、照明车组成的保障模块；由抢险车、其他车组成的抢险模块；由机器人、无人机组成的支援模块等。各应急救援队伍根据实际车辆情况编配。

**3. 基本作战单元**

针对硝化棉火灾、爆炸事故，基本作战单元由作战指挥组、警戒组、侦检搜救组、应急处置组、安全员及基本作战模块等组成。如图2-2所示。

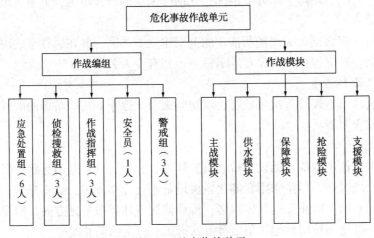

图2-2　基本作战单元

**（三）注意事项**

① 加强侦检，确认硝化棉是否发生火灾；侦检情况不明时，不得进入现场；

② 根据事态发展，扩大警戒隔离区，疏散无关人员，避免人员伤亡；

③ 严禁使用干沙覆盖灭火；转运硝化棉应避免震动、摩擦、撞击等行为；严禁使用非防爆工具进行救援、转运。

④ 交通事故处置时，如车辆、轮胎着火，立即用水、干粉、泡沫等灭火剂处置，消除威胁。

# 第二节　苯　酚

## 一、苯酚通用知识

苯酚又名石炭酸、羟基苯，为具有强烈腐蚀性的有毒固体，对皮肤、黏膜有强烈的腐蚀作用。常温下是一种晶体，微溶于水，易溶于有机溶剂，气温高于 65℃时，能与水任意比例互溶，暴露在空气中呈粉红色。用于生产酚醛树脂、双酚 A、己内酰胺、苯胺、烷基酚等。在石油炼制工业中用作润滑油精制的选择性抽提溶剂，也用于塑料和医药工业。

### （一）理化性质（表 2-3）

表 2-3　苯酚理化性质

| 成分 | 苯酚（浓度>99%） |
|---|---|
| 外观与性状 | 无色或白色晶体，有特殊气味。在空气中及光线作用下变为粉红色甚至红色 |
| 闪点 | 79℃ |
| 引燃温度 | 715℃ |
| 爆炸极限 | 1.3%~9.5%（体积） |
| 溶解性 | 可混溶于乙醇、醚、氯仿、甘油 |
| 熔点 | 40.6℃ |
| 沸点 | 181.9℃ |
| 密度 | 相对密度（水=1）：1.07<br>相对蒸气密度（空气=1）：3.24 |
| 燃烧热 | 3050.6kJ/mol（固体 25℃） |

### （二）危害信息

**1. 危险性类别**

苯酚属于危险化学品中的第 6 类第 6.1 项毒性物质，具有强腐蚀性。

**2. 火灾与爆炸危险性**

遇明火、高热可燃，其粉体与空气混合，能形成爆炸性混合物。

**3. 健康危害**

苯酚可抑制中枢神经，损害肝、肾功能，吸入高浓度蒸气可出现头痛、头晕、乏力、视物模糊、肺水肿等症状，造成急性中毒，对皮肤、黏膜有强烈的腐蚀作用。

### （三）生产工艺

采用苯法合成生产苯酚具体分为三步：第一步是采用气相法或液相法使丙烯和苯发生加成反应生成异丙苯；第二步是将异丙苯氧化生成过氧化氢异丙苯；第三步是过氧化氢异丙苯分解为苯酚和丙酮。生产工艺流程示意如图 2-3 所示。

## 二、苯酚事故类型特点

### （一）泄漏事故

苯酚溶液暴露在空气中呈粉红色，具有挥发性，有特殊臭味（低浓度时呈甜味），遇火种和热源可燃烧，具有强腐蚀性，可致人体灼伤，对水体产生环境污染。

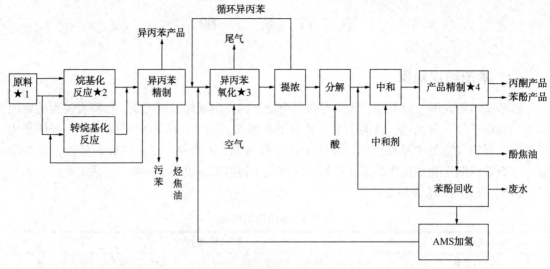

图 2-3 苯酚生产工艺流程示意

## （二）着火事故

苯酚遇明火、高热可燃，本身具有较高毒性，燃烧不完全可造成人员中毒，于 78℃ 以上时其蒸气与空气混合物(3%~10%)具有爆炸性。

## 三、苯酚事故处置

### （一）典型事故处置程序及措施

**1. 生产事故处置程序及措施**

（1）泄漏事故

① 侦察检测

a. 通过询问、侦察、检测、监测等方法，测定风力和风向，掌握泄漏量和扩散方向。

b. 查明事故区域遇险人数、位置和营救路线。

c. 查明储罐数量、容量，重点掌握泄漏储罐容量、泄漏部位、泄漏速度等情况。

d. 查明周边毗邻装置、建(构)筑物类型、人员密集型场所、重要交通枢纽、其他设施，场所的距离、分布等情况。

e. 掌握现场及周边的消防水源位置、储量及给水方式。

f. 了解事故单位已采取的处置措施、内部消防设施配备及运行、先期疏散抢救人员等情况。

② 疏散警戒

a. 根据侦察和检测情况，设立警戒标志。合理设置出入口，严格控制进入警戒区，特别是重危区的人员、车辆、物资，并进行安全检查，逐一登记。

b. 疏散泄漏区域及扩散可能波及范围的一切无关人员。

c. 在整个处置过程中，要不间断地进行动态检测，适时调整警戒范围。

③ 禁绝火源

切断事故区域内的强弱电源，熄灭火源，停止高热设备。进入警戒区人员严禁携带、使用移动电话和非防爆通信、照明设备，严禁穿化纤类服装和带金属物件的鞋，严禁使用非防爆工具。

18

④ 安全防护

进入现场警戒区人员，必须佩戴呼吸器及防护器具，等级不得低于二级。现场救援人员的防护等级不得低于一级。现场安全防护标准可参照表2-4。

表2-4 泄漏事故现场安全防护标准

| 级别 | 形式 | 防化服 | 防护服 | 呼吸器 | 其他 |
|---|---|---|---|---|---|
| 一级 | 全身 | 内置式重型防化服 | 全棉防静电内衣 | — | — |
| 二级 | 全身 | 全封闭式防化服 | 全棉防静电内衣 | 正压式空气呼吸器或正压式氧气呼吸器 | 防化手套、防化靴 |
| 三级 | 头部 | 简易防化服或半封闭式防化服 | 全棉防静电内衣 | 滤毒罐、面罩或口罩、毛巾等防护器具 | 抢险救援手套、抢险救援靴 |

⑤ 技术支持

应急救援部门会同事故单位、石油化工等部门的专家、技术人员判断事故状况，提供技术支持，制定应急救援方案，并配合参加应急救援行动。

⑥ 应急处置

a. 现场供水。制定供水方案，选定水源，选用可靠高效的供水车辆和装备，采取合理的供水方式和方法，保证消防用水量。

b. 稀释防爆。在苯酚泄漏点四周设置水幕，并利用水枪喷射雾状水或开花水流，稀释、驱散苯酚蒸气云团；禁止用强直流水直接冲击容器及泄漏物，以防产生静电引起爆炸。

⑦ 洗消处理

a. 在危险区出口处设置洗消站，用大量清水或肥皂水对从危险区出来的人员进行冲洗。

b. 现场地面残留的少量苯酚，用沙土、干燥石灰混合，然后将混合物存放于密封桶中作集中处理。

c. 用水冲洗救援使用中的装备及被污染物体表面，消除危害。

⑧ 清理移交

a. 收集泄漏物，置于干净、干燥的容器中，移离泄漏区。

b. 清点人员，收集、整理器材装备。

c. 做好移交，安全归建。

（2）着火事故

① 第一时间了解火场信息

a. 第一出动的火场指挥员，应在行车途中与指挥中心保持联系，不断了解火场情况，并及时听取上级指示，做好到场前的战斗准备。

b. 上级指挥员在向火场行驶的途中，应通过指挥中心及时与已经到达火场的辖区火场指挥员取得联系，或通过无线系统、图像数据传输系统、专家辅助决策系统了解火场信息。

c. 重点了解火场发展趋势，同时要了解指挥中心调动力量情况，掌握已经到场的力量以及赶赴现场的力量，综合分析各种渠道获得的火场信息，预测火灾发展趋势和着火建（构）筑物情况，及时确定扑救措施。

② 安全防护

人员进入现场或警戒区，必须佩戴呼吸器及各种防护器具。进入重危区的救援人员必须实施二级以上防护，并采取雾状水掩护。现场安全防护标准可参照表2-5。

表 2-5　着火事故现场安全防护标准

| 级别 | 形式 | 防化服 | 防护服 | 防护面具 |
|------|------|--------|--------|----------|
| 一级 | 全身 | 内置式重型防火服 | 全棉防静电内外衣 | 正压式空气呼吸器或全防型滤毒罐 |
| 二级 | 全身 | 隔热服 | 全棉防静电内外衣 | 正压式空气呼吸器或全防型滤毒罐 |
| 三级 | 呼吸 | 灭火防护服 | — | 简易滤毒罐、面罩或口罩、毛巾等防护器材 |

③ 现场侦检

a. 环境信息：风力、风向、周边环境、道路情况、电源、火源、现场及周边的消防水源位置、储量及给水方式。

b. 事故基础信息：事故地点、危害气体浓度、火灾严重程度、邻近建(构)筑物受火势威胁、事故单位已采取的处置措施、内部消防设施配备及运行。

c. 人员伤亡信息：事故区域遇险人数、位置、先期疏散抢救人员等情况。

d. 其他有关信息。

④ 火场警戒的实施

a. 设置警戒工作区域。应急救援队伍到场后，由火场指挥员确定是否需要实施火场警戒。通常在事故现场的上风方向停放警戒车，警戒人员做好个体防护后，按确定好的警戒范围实施警戒，在警戒区上风方向的适当位置建立各相关工作区域，主要有着装区、器材放置区、洗消区、警戒区出入口等。

b. 迅速控制火场秩序。火场指挥员必须尽快控制火场秩序，管制交通，疏导车辆和围观人员，将他们疏散到警戒区域以外的安全地点。维持好现场秩序。

⑤ 应急处置

a. 外围预先部署。到达火灾现场，指挥员在采取措施、组织力量控制火灾蔓延、防止爆炸的同时，必须组织到场力量在外围作强攻近战的部署，包括消防车占领水源铺设水带线路、确定进攻路线、调集增援力量等。

b. 火灾扑救。按照"先控制、后消灭"的原则采取安全转运、隔离、抑爆、冷却保护等战术战法；建立隔离带，分割火灾区域和相邻区域；使用开花、直流射水冷却和抗溶性泡沫覆盖，达到灭火条件，防止爆炸；用水、干粉、抗溶性泡沫、二氧化碳等灭火药剂进行灭火处置。

⑥ 洗消处理

a. 在危险区出口处设置洗消站，用大量清水或肥皂水对从危险区出来的人员进行冲洗。

b. 现场地面残留的少量苯酚，用沙土、干燥石灰混合，然后将混合物存放于密封桶中作集中处理。

c. 用水冲洗救援使用中的装备及被污染物体表面，消除危害。

⑦ 清理移交

a. 收集泄漏物，置于干净、干燥的容器中，移离泄漏区。

b. 清点人员，收集、整理器材装备。

c. 做好移交，安全归建。

(3) 爆炸事故

① 现场询情，制定处置方案

a. 应急救援人员到现场后，要问清事故单位的有关工程技术人员和当事人，全面了解事故区域还存在哪些爆炸物品及其数量。事故点存放的是单一品种，还是多种爆炸物品。

b. 根据掌握的现场情况，应立即成立技术组，研究行动处置方案。技术组应由发生事故单位的技术人员、专家及公安部门和应急救援机构人员组成。

② 实施现场警戒与疏散

a. 事故发生后，首先应维护现场秩序，划定警戒保护范围，安排专人做好警戒，防止无关人员进入危险区，以免引起不必要的伤亡。

b. 清除着火源，关闭非防爆通信工具。

c. 警戒范围内只允许极少数懂排爆技术的处置人员进入，无关人员不得滞留。

d. 为减少爆炸事故危害，应适度扩大警戒范围，疏散相关职工群众，但范围不宜过大，应科学判断，否则会引起群众不满，甚至导致社会恐慌。

③ 转移

a. 转移事故现场内易与苯酚发生化学反应的氧化剂、酸类、碱类、食用化学品等物品，转移时应采取必要的保护措施，防止发生意外危险情况。

b. 对盛装包装完好的苯酚，应疏散转移到安全地带。对疏散出的危险物品要加强管理，分类存放，存放地点要符合要求。

（其余可参照着火事故处置程序及措施。）

**2. 运输事故处置程序及措施**

（1）现场询情

苯酚储存量、泄漏量、泄漏时间、部位、形式、扩散范围等；泄漏事故周边单位、居民、地形、电源、火源、水源等；应急措施、工艺措施、现场救援意见等。

（2）个体防护

参加处置人员应充分了解苯酚的理化性质，要于高处和上风处进行处理，严禁单独行动，要有监护人。必要时要用雾状水掩护。要根据苯酚的性质和毒物接触形式，选择适当的防护用品，防止处置过程中发生伤亡、中毒事故。

（3）侦察检测

搜寻现场是否有遇险人员；使用检测仪器测定苯酚浓度及扩散范围；测定风向、风速及气象数据；确认在现场周围可能会引起火灾的各种危险源；确定攻防路线、阵地；确定周边污染情况。

（4）疏散警戒

事故发生后，应根据火灾现场所涉及的范围建立警戒区，并在通往事故现场的主要干道上实行交通管制。建立警戒区域设置警示标志，并有专人警戒。

（5）应急处置

按照"先控制、后消灭"的原则采取安全转运、隔离、抑爆、冷却保护等战术战法。

① 指导事发单位快速转移周边具有易燃易爆特性的介质，控制燃烧介质总量，防止事态进一步扩大。

② 建立隔离带，分割火灾区域和相邻区域。

③ 使用开花、直流射水冷却和抗溶性泡沫覆盖，达到灭火条件，防止爆炸。

④ 用水、干粉、抗溶性泡沫、二氧化碳等灭火药剂进行灭火处置。

（6）洗消处理

① 在危险区出口处设置洗消站，用大量清水或肥皂水对从危险区出来的人员进行冲洗。

② 现场地面残留的少量苯酚，用沙土、干燥石灰混合，然后将混合物存放于密封桶中作集中处理。

③ 用水冲洗救援使用中的装备及被污染物体表面，消除危害。

（7）清理移交

① 收集泄漏物，置于干净、干燥的容器中，移离泄漏区。

② 清点人员，收集、整理器材装备。

③ 做好移交，安全归建。

**3. 急救措施**

（1）人员吸入

迅速脱离现场至空气新鲜处，保持呼吸道通畅。如呼吸困难，给输氧；如呼吸、心跳停止，立即进行心肺复苏。就医。

（2）皮肤接触

立即脱去被污染的衣着，用大量流动清水彻底冲洗污染创面，同时使用浸过聚乙烯乙二醇（PEG400 或 PEG300）的棉球或浸过 30%~50% 酒精的棉球擦洗创面至无酚味为止（注意不能将患处浸泡于清洗液中）。可继续用 4%~5% 碳酸氢钠溶液湿敷创面。就医。

（3）眼睛接触

立即分开眼睑，用大量流动清水或生理盐水彻底冲洗 10~15min。就医。

（4）人员误食

漱口，给服食用油 15~30mL，催吐。对食入时间长者禁用植物油，可口服牛奶或蛋清。就医。

**（二）战斗编成**

**1. 基本战斗编组**

基本战斗编组应由作战指挥组（3 人）、攻坚行动组（3 人）、供气保障组（3 人）、侦检搜救组（6 人）、安全员（1 人）等五部分组成。各应急救援队伍根据实际执勤人数合理编配作战编组。

**2. 基本作战模块**

基本作战模块包括由消防水罐车、泡沫水罐车组成的主战模块；由举高车、高喷车组成的举高模块；由抢险车、气防车组成的抢险模块；由供气车、照明车组成的保障模块；由机器人、无人机组成的支援模块等。各应急救援队伍根据现场实际情况编配各救援模块。

**3. 基本作战单元**

发生事故时，有针对性地选择攻坚行动组、供气保障组、侦检搜救组、作战指挥组、安全员的数量及基本作战模块，并有效组合，形成标准作战单元。如图 2-4 所示。

**（三）注意事项**

**1. 泄漏事故处置注意事项**

① 正确选择停车位置，车辆停靠在上风方向的适当位置。

② 防爆。进入危险区加强人员防护，必要时使用雾状水进行掩护，进入危险区的车辆必须加装防火罩。

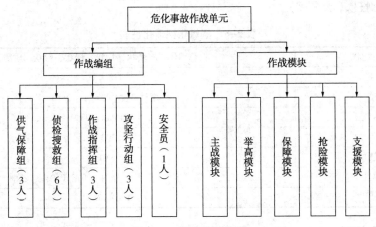

图 2-4　基本作战单元

③ 设立现场安全员，确定撤离信号，明确应急疏散集结点，实施全程仪器检测。

④ 灭火剂供给。保证持续、充足灭火剂，对苯酚储罐和泄漏区域不间断冷却稀释。

⑤ 防止环境污染。用沙袋或其他材料筑堤拦截流淌的消防废水，或挖沟导流，将物料导向安全地点，必要时堵住下水井等处，防止进入水体。

**2. 着火事故处置注意事项**

（1）合理停车、确保安全

① 选择上风或侧上风方向停车，车头朝向便于撤退的方向。

② 车辆不能停放在地沟、下水井、覆工板上面和架空管线下方等处。

（2）安全防护、充分到位

① 必须做好个人安全防护，负责主攻的前沿人员要佩戴空气呼吸器，穿灭火防护服。

② 火场指挥员要注意观察风向、地形及火情，从上风或侧上风方向接近火场。

③ 扑救储罐火灾时，避开封头位置，防止爆炸时封头飞出造成伤害。

（3）发现险情、果断撤退

加强火场的通信联络，统一撤退信号。设立观察哨，严密监视火势情况和现场风向风力变化情况。根据苯酚储罐燃烧和对相邻储罐的威胁程度，当发现储罐的火焰由红变白、光芒耀眼，燃烧处发出刺耳的啸叫声，罐体出现抖动等爆炸的危险征兆时，应发出撤退信号，立即撤离。

# 第三节　氢氧化钠

## 一、氢氧化钠通用知识

氢氧化钠，也称苛性钠、烧碱、火碱，是一种无机化合物，化学式 NaOH。氢氧化钠具有强碱性，腐蚀性极强，极易溶于水，同时强烈放热，并溶于乙醇和甘油；不溶于丙酮、乙醚。暴露在空气中，最后会完全溶解成溶液。可作酸中和剂、显色剂、皂化剂、去皮剂、洗涤剂等，主要用于生产纸张、人造丝、冶炼金属、石油精制、木材加工及机械工业等方面，用途广泛。

## （一）理化性质(表2-6)

**表2-6　氢氧化钠理化性质**

| 外观与性状 | 白色固体，有块状、片状、棒状、粒状，质脆 |
|---|---|
| 熔点 | 318.4℃ |
| 密度 | 相对密度(水=1)：2.13 |
| 饱和蒸气压 | 0.13kPa(739℃) |
| 沸点 | 1390℃ |
| 临界压力 | 25MPa |
| 溶解性 | 易溶于水、乙醇、甘油，不溶于丙酮、乙醚 |
| 闪点 | 176~178℃ |

### （二）危害信息

**1. 危险性类别**

氢氧化钠属于危险化学品中的第8类腐蚀性物质。

**2. 火灾与爆炸危险性**

不燃，无特殊燃爆特性。遇水、水蒸气和酸类物质反应并放出大量热，可引燃周边可燃物。遇潮时对铝、锌和锡有腐蚀性，产生易燃易爆的氢气，与铵盐反应生成氨，遇火源可引起爆炸。

**3. 活性反应**

与酸类等禁配物发生反应；与金属铝和锌、非金属硼和硅等反应放出氢；与氯、溴、碘等卤素发生歧化反应；与酸类起中和作用而生成盐和水；固态氢氧化钠暴露在空气中时容易吸收水分，表面潮湿而逐步溶解。

**4. 禁忌物**

强酸、易燃或可燃物、二氧化碳、过氧化物、水。

**5. 健康危害**

本品有强烈刺激和腐蚀性。粉尘和烟雾刺激眼和呼吸道，腐蚀鼻中隔；皮肤和眼，直接接触可引起灼伤；误服可造成消化道灼伤，黏膜糜烂、出血和休克。

**6. 环境危害**

对水体可造成污染，对植物和水生生物有害。大量泄漏的氢氧化钠流散到土壤，会对土壤造成污染，破坏酸碱性，严重影响耕种。

### （三）生产工艺

工业上生产烧碱的方法主要有苛化法和电解法两种。

**1. 天然碱苛化法**

天然碱经粉碎、溶解(或者碱卤)、澄清后加入石灰乳在95~100℃进行苛化，苛化液经澄清、蒸发浓缩至NaOH浓度46%左右、清液冷却、析盐后进一步熬浓，制得固体烧碱成品。苛化泥用水洗涤，洗水用于溶解天然碱。其方程式为：

$$Na_2CO_3+Ca(OH)_2 \longrightarrow 2NaOH+CaCO_3 \downarrow$$

$$NaHCO_3+Ca(OH)_2 \longrightarrow NaOH+CaCO_3 \downarrow +H_2O$$

**2. 隔膜电解法**

将原盐化盐后加入纯碱、烧碱、氯化钡精制剂除去钙、镁、硫酸根离子等杂质，再于澄清槽中加入聚丙烯酸钠或苛化麸皮以加速沉淀，过滤后加入盐酸中和，盐水经预热后送去电解，电解液经预热、蒸发、分盐、冷却，制得液体烧碱，进一步熬浓即得固体烧碱成品。盐泥洗水用于化盐。其方程式为：

$$2NaCl+2H_2O[电解]\longrightarrow 2NaOH+Cl_2\uparrow+H_2\uparrow$$

流程示意见图2-5。

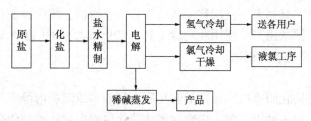

图2-5　隔膜电解法制氢氧化钠工艺流程示意

## 二、氢氧化钠事故类型特点

### （一）流散性、渗漏性

氢氧化钠溶液具备流动性、强刺激性、腐蚀性，危害等级较高，在发生泄漏时危害性较高。氢氧化钠液体发生泄漏易四处流散、渗漏，会对生态环境造成污染，如吸收或筑堤不当，后期处置程序将难度大增。

### （二）腐蚀性

氢氧化钠与水或水蒸气反应形成强腐蚀性溶液，对承载容器腐蚀性较强，可能导致设备破损，发生危险化学品泄漏事故，造成人员伤亡、设备财产损失和环境污染。如防护不当，可通过人体呼吸道、消化道进入体内，腐蚀皮肤。

### （三）与其他物质发生变化产生的危害

固体氢氧化钠遇水、水蒸气和酸类物质放热，可引燃周围介质，造成火灾；与铵盐反应生成氨，遇火源可引起爆炸；遇潮时对铝、锌和锡有腐蚀性，并放出易燃易爆的氢气，产生火灾爆炸的危险。

## 三、氢氧化钠事故处置

### （一）典型事故处置程序及措施

**1. 泄漏事故处置程序及措施**

（1）侦察检测

①通过询问、侦察、检测、监测等方法，测定风力和风向，掌握泄漏区域泄漏量和扩散方向。

②查明泄漏储罐容量、泄漏部位、泄漏速度等情况。

③查明已采取的处置措施、前期疏散抢救人员等情况。

④查明事故范围内重点单位、人员数量、地理位置及道路交通情况，掌握现场及周边的消防水源位置、储量和给水方式。

⑤分析评估泄漏扩散范围和可能引发危险的因素及产生的后果。

（2）疏散警戒

①根据侦察和检测情况，设立警戒标志。合理设置出入口，严格控制进入警戒区，特

别是重危区的人员、车辆、物资，并进行安全检查，逐一登记。

② 疏散泄漏区域及扩散可能波及范围的一切无关人员。

③ 在整个处置过程中，要不间断地进行动态检测，适时调整警戒范围。

（3）禁绝火源

联系相关部门切断事故区域内的强弱电源，熄灭火源，停止高热设备，落实防静电措施。进入警戒区人员严禁携带、使用移动电话和非防爆通信、照明设备，严禁穿化纤类服装和带金属物件的鞋，严禁携带、使用非防爆工具，禁止机动车辆（包括无防爆装置的救援车辆）和非机动车辆随意进入警戒区。

（4）安全防护

现场救援人员着防化服或抗腐蚀性的防化服。深入事故现场内部实施侦检、救人等作业的救援人员，防护等级不低于二级，着全封闭式防化服或内置式重型防化服，并使用雾状水进行掩护。现场安全防护标准可参照表2-7。

表2-7　泄漏事故现场安全防护标准

| 级别 | 形式 | 防化服 | 防护服 | 呼吸器 | 其他 |
|---|---|---|---|---|---|
| 一级 | 全身 | 内置式重型防化服 | 全棉防静电内衣 | — | — |
| 二级 | 全身 | 全封闭式防化服 | 全棉防静电内衣 | 正压式空气呼吸器或正压式氧气呼吸器 | 防化手套、防化靴 |
| 三级 | 头部 | 简易防化服或半封闭式防化服 | 灭火防护服 | 滤毒罐、面罩或口罩、毛巾等防护器具 | 抢险救援手套、抢险救援靴 |

（5）技术支持

应急救援部门会同事故单位、石油化工等部门的专家、技术人员判断事故状况，提供技术支持，制定应急救援方案，并配合参加应急救援行动。

（6）应急处置

① 防护。救援人员必须佩戴过滤式防毒面具或呼吸器，着耐酸碱防护服进入现场。

② 堵漏。检查内置截止阀是否关闭，同时针对泄漏容器、管道、槽车等情况，使用耐碱的堵漏器具实施堵漏。

③ 围堵。用塑料薄膜或沙袋阻断泄漏物流入水体、地下水管道或排水沟；大面积泄漏时，采取挖坑、挖沟、构筑围堤或者引流等方式将泄漏物汇聚收容，坑内应覆塑料薄膜，防止溶液渗漏。

④ 吸附中和。用干沙将散漏的氢氧化钠进行混合吸收，或用大量水冲洗稀释后进行中和处理。

⑤ 筑堤围堵。氢氧化钠溶液泄漏后会向低洼处、沟渠、河流等四处流散。救援人员到场后，应最大限度地控制扩散范围，减少灾害损失；及时组织推土、挖掘等机械设备，利用现场的沙石、泥土、水泥粉等材料筑堤或挖坑，围堵、导流或聚集流散的氢氧化钠。

（7）洗消处理

① 对现场的残留物或难以收集的泄漏物，可用磷酸或稀硫酸等中和，以减少危害。

② 对处理过程中使用过的应急设施进行洗消和维护。

（8）清理移交

① 收集泄漏物，置于干净、干燥的容器中，移离泄漏区。

② 清点人员，收集、整理器材装备。

③ 做好移交，安全归建。

**2. 急救措施**

（1）人员吸入

迅速脱离现场至空气新鲜处，保持呼吸道通畅。如呼吸困难，给输氧；如呼吸、心跳停止，立即进行心肺复苏。就医。

（2）皮肤接触

立即脱去被污染的衣着，用大量流动清水彻底冲洗至少 15min。就医。

（3）眼睛接触

立即分开眼睑，用流动的清水或生理盐水彻底冲洗 5~10min。就医。

（4）人员误食

用水漱口，禁止催吐。给饮牛奶或蛋清。就医。

**（二）战斗编成**

**1. 基本战斗编组**

基本战斗编组应由作战指挥组(3人)、攻坚行动组(3人)、供水保障组(3人)、应急处置组(6人)、安全员(1人)等五部分组成。应急救援队伍可根据实际执勤人数，合理编配具体作战编组。

**2. 基本作战模块**

基本作战模块包括由水罐车组成的主战模块；由举高车、水罐车组成的举高模块；由抢险车、工程车组成的抢险模块；由洗消车、水罐车组成的防化洗消模块；由泵浦车、水带敷设车等远程供水系统组成的供水模块；由供气车、照明车组成的保障模块；由机器人、无人机组成的支援模块等，各应急救援队伍根据实际车辆情况编配。

**3. 基本作战单元**

发生事故时，有针对性地选择作战指挥组、攻坚行动组、供水保障组、应急处置组、安全员的数量及基本作战模块，并有效组合，形成标准作战单元。如图 2-6 所示。

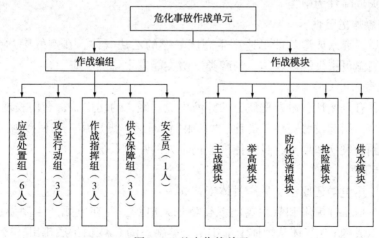

图 2-6　基本作战单元

**（三）注意事项**

① 注意个体防护器具的选型，应根据不同事故的性质选择适当的防护器具。

② 使用前应检查防护器具是否完好，不得使用有缺陷或已失效的器具。

③ 使用的器具器材必须具有防爆性，以免发生新的危险。

# 第四节　碳　化　钙

## 一、碳化钙通用知识

碳化钙俗称电石，化学式为 $CaC_2$，是重要的基本化工原料，主要用于生产乙炔气，也用于有机合成、氧炔焊接等，电石行业产业链上游主要为碳电极、氧化钙(生石灰)与焦炭，下游产品为 1,4-丁二醇、三氯乙烯、聚氯乙烯(PVC)与乙炔。碳化钙为电石在电石炉内高温熔化后反应生成，其制备工艺难度系数较低，原材料获取难度小。

### (一)理化性质(表2-8)

表2-8　碳化钙理化性质

| | |
|---|---|
| 外观与性状 | 无色晶体，工业品是灰黑色块状物，断面是紫色或灰色 |
| 熔点 | 447℃ |
| 密度 | 相对密度(水=1)：2.22 |
| 饱和蒸气压 | 1.33kPa |
| 沸点 | 2300℃ |
| 溶解性 | 遇水剧烈分解产生乙炔气和氢氧化钙，并放出大量的热。<br>与氯、氯化氢、硫、磷、乙醇等在高温下均能发生激烈的化学反应 |
| 闪点 | −17.8℃ |

### (二)危害信息

**1. 危险性类别及火灾种类**

碳化钙(电石)属于危险化学品中的第 4 类第 4.3 项遇湿易燃物品，生产碳化钙(电石)厂房和仓库火灾危险性为甲类。

**2. 火灾与爆炸危险性**

干燥时不燃，遇水或湿气能迅速产生高度易燃的乙炔气体，在空气中达到一定的浓度时，遇明火、高温可引发燃烧爆炸。与醇类、酸类能发生剧烈反应。

**3. 健康危害**

电石粉末具有刺激性，触及皮肤上的汗液生成弱碱，灼伤皮肤，灼伤表现为创面长期不愈及慢性溃疡型，引起皮肤瘙痒、炎症、"鸟眼"样溃疡、黑皮病。长期接触工人出现汗少、牙釉质损害且龋齿发病率增高，吸入体内能伤害人的呼吸系统。

### (三)生产工艺

工业上常使用电炉还原法，生产具体工艺如下：

将块状(5~30mm)焦炭和氧化钙的混合物加入电炉，并在电弧产生高温(2000℃以上)条件下反应，生成的 CO 气体从炉体上部排出，熔融态的 $CaC_2$ 由炉底排出，冷却破碎后得到成品。

反应方程式：$CaO+3C \longrightarrow CaC_2+CO$，$\Delta H = +465.7\text{kJ/mol}$，这是一个强吸热反应，故需在 2100~2500K 的电炉中进行。

生产工艺流程如图 2-7 所示。

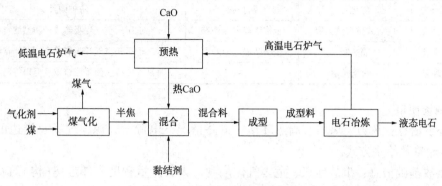

图 2-7　碳化钙生产工艺流程

## 二、碳化钙事故类型特点

### （一）着火事故

碳化钙与水反应会产生乙炔气体并放出大量的热，从而引发火灾，一旦发生燃烧，具有突发性强、火势猛、处置难的特点。若遇雨、雪天气，火势将会更加凶猛；灭火时，不能使用水和泡沫。可用干粉、干沙或干燥石灰处置。工业电石中会含有硫、磷等杂质，在高温环境下，还会产生少量的硫化氢、磷化氢等气体。

### （二）爆炸事故

电石火灾发展极为迅速，若在现场有水、酸的情况下，未做好防潮措施，大量乙炔会快速生成，乙炔的爆炸极限浓度范围宽，是各类危险品中爆炸极限最宽的一种；点火能量低，乙炔的点火能量在各级危险品中也是最小的；乙炔和空气的混合物自燃点相对较低；爆炸威力大，波及范围广。

## 三、碳化钙事故处置

### （一）典型事故处置程序及措施

**1. 储存事故处置程序及措施**

（1）着火事故

① 第一时间了解火场信息

a. 第一出动的火场指挥员，应在行车途中与指挥中心保持联系，不断了解火场情况，并及时听取上级指示，做好到场前的战斗准备。

b. 上级指挥员在向火场行驶的途中，应通过指挥中心及时与已经到达火场的辖区火场指挥员取得联系，或通过无线系统、图像数据传输系统、专家辅助决策系统了解火场信息。

c. 重点了解火场发展趋势，同时要了解指挥中心调动力量情况，掌握已经到场的力量以及赶赴现场的力量，综合分析各种渠道获得的火场信息，预测火灾发展趋势和着火建（构）筑物情况，及时确定扑救措施。

② 安全防护

人员进入现场或警戒区，必须佩戴呼吸器及各种防护器具。进入重危区的救援人员必须实施二级以上防护，并采取雾状水掩护。现场安全防护标准可参照表 2-9。

表 2-9　泄漏事故现场安全防护标准

| 级别 | 形式 | 防化服 | 防护服 | 防护面具 |
|------|------|--------|--------|----------|
| 一级 | 全身 | 内置式重型防火服 | 全棉防静电内外衣 | 正压式空气呼吸器或全防型滤毒罐 |
| 二级 | 全身 | 隔热服 | 全棉防静电内外衣 | 正压式空气呼吸器或全防型滤毒罐 |
| 三级 | 呼吸 | 灭火防护服 | — | 简易滤毒罐、面罩或口罩、毛巾等防护器材 |

③ 现场侦检

a. 环境信息：风力、风向、周边环境、道路情况、电源、火源、现场及周边的消防水源位置、储量及给水方式。

b. 事故基础信息：事故地点、危害气体浓度、火灾严重程度、邻近建（构）筑物受火势威胁、事故单位已采取的处置措施、内部消防设施配备及运行。

c. 人员伤亡信息：事故区域遇险人数、位置、先期疏散抢救人员等情况。

d. 其他有关信息。

④ 火场警戒的实施

a. 设置警戒工作区域。应急救援队伍到场后，由火场指挥员确定是否需要实施火场警戒。通常在事故现场的上风方向停放警戒车，警戒人员做好个体防护后，按确定好的警戒范围实施警戒，在警戒区上风方向的适当位置建立各相关工作区域，主要有着装区、器材放置区、洗消区、警戒区出入口等。

b. 迅速控制火场秩序。火场指挥员必须尽快控制火场秩序，管制交通，疏导车辆和围观人员，将他们疏散到警戒区域以外的安全地点。维持好现场秩序。

⑤ 应急处置

a. 清除火源，控制水源。熄灭明火，停止高热设备工作。对危险区域内的水源加以控制，防止散落电石与其接触。

b. 控制扩散。根据现场情况采取有效措施，确保包装容器内的电石不再外泄，在确保安全的情况下，将包装完好的电石及时转出危险区域，并建立安全隔离带。对散落在外的电石及时用塑料布或帆布覆盖，避免扬尘，对靠近电石有可能泄漏处的下水道进行封堵，以防其进入水流、下水道等区域而扩大事故危害。

c. 回收转移。使用干燥工具将散落的电石清扫、收集到指定干燥的塑料容器内，并及时转移到邻近化工厂等具有一定条件的场所进行处置。作业过程中应避免扬尘，避免接触水和潮湿物。

d. 反应清除。如果电石散落量较小，且现场地势相对开阔时，可用大量水与电石直接反应。但反应前必须做好防爆炸、防反应水漫溢流淌工作。

e. 通风排气。如果电石散落在仓库等密闭空间，为防止其与水或潮湿空气接触产生的乙炔、硫化氢等气体积聚形成爆炸性混合物，要加强事故现场通风，及时排除危险性气体。

f. 扑救火灾。事故现场若已发生火灾，则应用干粉、干沙或碳酸钙等灭火剂扑救，严禁用水。对火场周边受威胁但无法转移的其他容器，可用直射水流冷却容器壁，但严禁水进入容器。

⑥ 洗消处理

a. 场地和器材装备洗消。即用大量水冲洗泄漏区域的地面、受污染物体表面及救援作业中使用可能沾有电石粉尘的器材装备。

b. 人员洗消。用大量清水对进入危险区内的人员进行冲洗。需要洗消的人员主要包括受害人员和救援人员。

c. 反应废液洗消。事故处置中直接用水与电石作用将其清除的，对反应后的溶液要用低浓度盐酸等酸性溶液进行洗消，以免直接排放造成腐蚀危害。

⑦ 清理移交

用开花水清扫现场，特别是低洼地带、下水道、沟渠等处，确保不留电石粉尘和残气。清点火员、车辆及器材。撤除警戒，做好移交，安全撤离。

（2）爆炸事故

① 现场询情，制定处置方案

a. 应急救援人员到现场后，要问清事故单位的有关工程技术人员和当事人，全面了解事故区域还存在哪些爆炸物品及其数量。事故点存放的是单一品种，还是多种爆炸物品。

b. 根据掌握的现场情况，应立即成立技术组，研究行动处置方案。技术组应由发生事故单位的技术人员、专家及公安部门和应急救援机构人员组成。

② 实施现场警戒与疏散

a. 事故发生后，首先应维护现场秩序，划定警戒保护范围，安排专人做好警戒，防止无关人员进入危险区，以免引起不必要的伤亡。

b. 清除着火源，关闭非防爆通信工具。

c. 警戒范围内只允许极少数懂排爆技术的处置人员进入，无关人员不得滞留。

d. 为减少爆炸事故危害，应适度扩大警戒范围，疏散相关职工群众，但范围不宜过大，应科学判断，否则会引起群众不满，甚至导致社会恐慌。

③ 转移

a. 对发生事故现场及附近未着火爆炸的物品在安全条件下应及时转移，防止火灾蔓延或爆炸物品的二次爆炸。

b. 转移前要充分了解有关物品的位置、外包装、能否转移和触动、周围环境和可能影响范围等情况，在时间允许的条件下，应制定转移方案，明确相关人员分工、器材准备、转移程序方法等。

（其余可参照着火事故处置程序及措施。）

**2. 运输事故处置程序及措施**

（1）现场询情

行车途中询问知情人介质总量、着火时间、部位、形式等；事故周边居民、地形、电源、火源等；应急措施、工艺措施、现场人员处理意见等。

（2）个体防护

参加处置人员应充分了解碳化钙的理化性质，要于高处和上风处进行处理，严禁单独行动，要有监护人。必要时要用雾状水掩护。要根据碳化钙的性质和毒物接触形式，选择适当的防护用品，防止处置过程中发生伤亡、中毒事故。

（3）侦察检测

确定被困、受伤人员情况；数量、位置、方式、燃烧情况、周边危化品储存情况；周边单位、居民、地形、水源等情况；先期已采取的救援措施，处置效果等情况。

（4）疏散警戒

事故发生后，应根据火灾现场所涉及的范围建立警戒区，并在通往事故现场的主要干道上实行交通管制。建立警戒区域设置警示标志，并有专人警戒。

（5）应急处置

控制水源，封堵区域内所有沟渠，防止泄漏电石与水源、酸性物质直接接触。同时，为防止突发雨、雪天气，对裸露电石采取铺上防雨布、阻燃帆布或利用沙土覆盖等方式做好防水、火措施。

进入事故区域内严禁穿化纤类服装和带金属物件的鞋，严禁携带、使用非防爆工具，禁止机动车辆（包括无防爆装置的救援车辆）和非机动车辆随意进入。

（6）洗消处理

① 场地和器材装备洗消。即用大量水冲洗泄漏区域的地面、受污染物体表面及救援作业中使用可能沾有电石粉尘的器材装备。

② 人员洗消。用大量清水对进入危险区内的人员进行冲洗。需要洗消的人员主要包括受害人员和救援人员。

③ 反应废液洗消。事故处置中直接用水与电石作用将其清除的，对反应后的溶液要用低浓度盐酸等酸性溶液进行洗消，以免直接排放造成腐蚀危害。

（7）清理移交

用开花水清扫现场，特别是低洼地带、下水道、沟渠等处，确保不留电石粉尘和残气。清点火员、车辆及器材。撤除警戒，做好移交，安全撤离。

**3. 急救措施**

（1）人员吸入

迅速脱离现场至空气新鲜处，保持呼吸道通畅。如呼吸困难，给输氧；如呼吸、心跳停止，立即进行心肺复苏。就医。

（2）皮肤接触

立即脱去被污染的衣着，用流动清水彻底冲洗。就医。

（3）眼睛接触

立即分开眼睑，用流动的清水或生理盐水彻底冲洗。就医。

（4）人员误食

漱口，饮水。就医。

**（二）战斗编成**

**1. 基本战斗编组**

遇湿易爆物品基本战斗编组应由作战指挥组（3人）、灭火攻坚组（3人）、物料转运组（5人）、人员搜救组（3人）、安全员（1人）等五部分组成。各应急救援队伍根据实际执勤人数合理编配作战编组。

**2. 基本作战模块**

遇湿易爆物品基本作战模块包括由干粉消防车、抢险救援车组成的主战模块；由排烟车、排烟机器人等组成的强制通风模块；由洗消车、水罐车组成的防化模块；由供气车、照明车等组成的保障模块等，各应急救援队伍根据实际车辆情况编配。

**3. 基本作战单元**

发生事故时，有针对性地选择灭火攻坚组、作战指挥组、人员搜救组、物料转运组、安全员的数量及基本作战模块，并有效组合，形成标准作战单元。如图2-8所示。

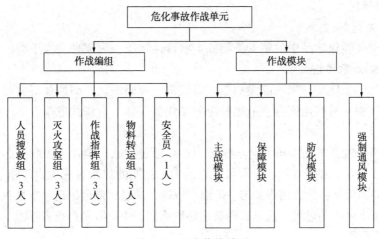

图 2-8　基本作战单元

### (三) 注意事项

① 事故处置中，必须要加强个人防护，切不可因电石为固体而忽视。

② 洗消过程中产生的污水，必须经过环保部门检测合格后方可排放，以防造成次生灾害。事故中产生的电石渣量大时，可装运至建筑工地作石灰膏使用，也可运至有酸性废水废气排出的单位(如印染厂、化纤厂、味精厂、冶炼厂、硫酸厂等)，作为处理废水废气的中和剂。

③ 电石自身不能燃烧，但由于遇水或受潮易发热并产生可燃烧气体，又引发燃烧爆炸，事故处置中应采取隔离、防水等措施预防火灾的发生。

# 第五节　氰　化　钠

## 一、氰化钠通用知识

氰化钠化学式为 NaCN，为白色结晶性粉末，易潮解，有微弱的苦杏仁气味，易溶于水，易水解生成氰化氢，水溶液呈强碱性，用于基本化学合成、电镀、冶金和有机合成医药、农药及金属处理方面作络合剂、掩蔽剂，是一种重要的基本化工原料。

## (一) 理化性质(表 2-10)

表 2-10　氰化钠理化性质

| 分解产物 | 氰化氢、氮氧化物 |
|---|---|
| 外观与性状 | 白色结晶性粉末，有微弱的苦杏仁气味 |
| 饱和蒸气压 | 0.13kPa(817℃) |
| 引燃温度 | 不燃(氰化氢：538℃) |
| 溶解性 | 易溶于水，微溶于液氨、乙醇、乙醚、苯 |
| 熔点 | 563.7℃(氰化氢：-13℃) |
| 沸点 | 1496℃(氰化氢：26℃) |
| 密度 | 相对蒸气密度(空气=1)：1.6(比空气重) |
| 禁忌物 | 酸类、强氧化剂、水 |

### (二) 危害信息

**1. 危险性类别**

氰化钠属于危险化学品中的第 6 类第 6.1 项毒性物质，火灾种类为丁类。

**2. 火灾与爆炸危险性**

氰化钠本身不会燃烧，当与酸类物质、氯酸钾、亚硝酸盐、硝酸盐混放时，或者长时间暴露在潮湿空气中，易产生剧毒、易燃易爆的氰化氢气体，有爆炸危险。

**3. 健康危害**

主要由呼吸道吸入其粉尘或氰化氢气体，亦可通过皮肤、消化道吸收引起中毒，人口服氢氰酸 0.06g 或者氰化钠 0.1~0.3g 即可死亡，中毒初期的症状表现为面部潮红、心动过速、呼吸急促、头痛和头晕，然后出现焦虑、木僵、昏迷、窒息，进而出现阵发性抽搐、抽筋和大小便失禁，最后出现心动过缓、血压骤降最终导致死亡，中毒特别严重者呼吸、心跳骤停。

### (三) 生产工艺

经氨蒸发器、轻油泵送来的气氨和轻油同时进入预热器预热至 250℃ 左右后，混合气体进入三相电极浸入石油焦层导电发热的裂解炉进行裂解反应。开启循环冷却水阀门，进行冷却，以保护炉体。裂解生成的混合气体，从裂解炉出来，经冷却套管冷却后，经第一旋风除尘器、第二旋风除尘器后，进入列管冷却器冷却至 50℃ 左右，再经过布袋除尘器进一步除尘后送至吸收工段。

裂解工段来的炉气进入吸收器，与碱液发生中和反应，生成氰化钠溶液，吸收后的氰化钠溶液，经中和液下泵打入成品储槽中。从吸收器出来的气体 ($N_2$、$H_2$、$NH_3$ 等)，再经尾气吸收器二次碱吸收后，通过真空泵抽至烟囱后高空排放。产品送入氰化钠储罐，成品液体氰化钠的储存量为 $450m^3$，储存天数为 8~14 天。

生产工艺流程示意见图 2-9。

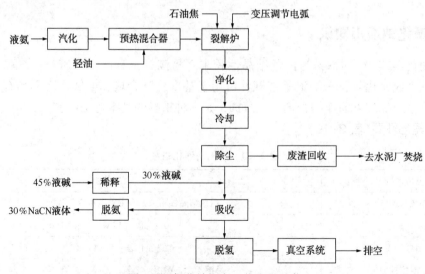

图 2-9　氰化钠生产工艺流程示意

## 二、氰化钠事故类型特点

### (一) 易造成人员中毒

氰化钠是一种剧毒物质，在发生泄漏后，能够通过呼吸系统、消化系统和皮肤进入人体，对呼吸酶有强烈抑制作用。

## （二）严重污染环境

其与水作用产生的氰化氢对大气、水域及土壤会造成严重的环境污染，对环境生物尤其是水生物会造成严重危害。

## （三）可引发燃烧爆炸

氰化钠自身不燃烧，但遇潮湿空气或与酸类接触会产生剧毒、易燃的氰化氢气体（甲类），其爆炸极限为 5.6%～40%。与氯酸盐、硝酸盐等接触会剧烈反应，引起爆炸燃烧。

# 三、氰化钠事故处置

## （一）典型事故处置程序及措施

### 1. 泄漏事故处置程序及措施

（1）侦察检测

① 通过询问、侦察、检测、监测等方法，测定风力和风向，掌握泄漏区域泄漏量和扩散方向等情况。

② 查明事故泄漏地点、泄漏量、人员伤亡情况、事故发生时间、泄漏地点周边情况等。

③ 了解事故单位已采取的处置措施、内部消防设施配备及运行、先期疏散抢救人员等情况。

④ 查明警戒区内重点单位情况、人员数量、电源、火源及道路交通情况，掌握现场及周边的消防水源位置、储量及给水方式。

⑤分析评估泄漏扩散范围和可能引发火灾爆炸的危险因素及后果。

（2）疏散警戒

① 根据侦察和检测情况，设立警戒标志。合理设置出入口，严格控制进入警戒区，特别是重危区的人员、车辆、物资，并进行安全检查，逐一登记。

② 疏散泄漏区域及扩散可能波及范围的一切无关人员。

③ 在整个处置过程中，要不间断地进行动态检测，适时调整警戒范围。

（3）禁绝火源

切断事故区域内的强弱电源，熄灭火源，停止高热设备。进入警戒区人员严禁携带、使用移动电话和非防爆通信、照明设备，严禁穿化纤类服装和带金属物件的鞋，严禁使用非防爆工具。

（4）安全防护

进入现场警戒区人员，必须佩戴呼吸器及防护器具，等级不得低于二级。现场救援人员的防护等级不得低于一级。现场安全防护标准可参照表 2-11。

表 2-11　泄漏事故现场安全防护标准

| 级别 | 形式 | 防化服 | 防护服 | 呼吸器 | 其他 |
|------|------|--------|--------|--------|------|
| 一级 | 全身 | 内置式重型防化服 | 全棉防静电内衣 | — | — |
| 二级 | 全身 | 全封闭式防化服 | 全棉防静电内衣 | 正压式空气呼吸器或正压式氧气呼吸器 | 防化手套、防化靴 |
| 三级 | 头部 | 简易防化服或半封闭式防化服 | 全棉防静电内衣 | 滤毒罐、面罩或口罩、毛巾等防护器具 | 抢险救援手套、抢险救援靴 |

（5）技术支持

应急救援部门会同事故单位和石油化工等部门的专家、技术人员判断事故状况，提供技术支持，制定应急救援方案，并参加配合应急救援行动。环保部门应在泄漏事故发生后定期检测泄漏地点附近的空气、水体、地下水、土壤中氰化物浓度，根据检测结果划定受污染应处理的区域。

（6）应急处置

① 禁流失。禁止泄漏物流入水体、地下水管道或排洪沟等限制性空间。

② 切断泄漏源。输送氰化钠溶液的容器、槽车、储罐、管道发生泄漏时，泄漏点处在阀门以后且阀门尚未损坏的，应关闭管道阀门，切断泄漏源制止泄漏。固体氰化钠泄漏时，应查明泄漏点，切断泄漏源制止泄漏，防止泄漏口与水接触。切断泄漏源应站在上风方向操作。

③ 收容。少量泄漏，操作人员应采取必要的安全防护措施，在喷雾水枪的掩护下，使用惰性材料（如泥土、沙子或吸附棉）吸收，也可用合适的工具（如干净的铲子、水瓢等）将泄漏的溶液收集至适当的容器。将被污染的土壤收集于合适的容器内，收集物统一交给具有资质的专业处理单位进行处置。大量泄漏时应借助现场环境，通过挖坑、挖沟、围堵或引流等方式使泄漏物汇聚到低洼处并收容起来，坑内应覆上塑料薄膜防止溶液下渗。应使用抗溶性泡沫、塑料布、帆布覆盖，降低氰化物蒸气的危害。

（7）洗消处理

① 场地和器材洗消。即用水冲洗救援车辆和器材装备，对冲洗产生的污水及污染地面，应喷洒漂白粉等强氧化性物质处理，消除其危害。

② 人员洗消。在危险区与安全区交界处设置洗消站，用清水或肥皂水对进入危险区内的人员进行冲洗。需要洗消的人员主要包括中毒人员、救援人员及现场医务人员。

（8）清理移交

① 收集泄漏物，置于干净、干燥的容器中，移离泄漏区。

② 清点人员，收集、整理器材装备。

③ 做好移交，安全归建。

**2. 急救措施**

（1）人员吸入

迅速脱离现场至空气新鲜处，保持呼吸道通畅。如呼吸困难，给输氧；如呼吸、心跳停止，立即进行心肺复苏（禁止口对口进行人工呼吸）。就医。

（2）皮肤接触

立即脱去被污染的衣着，用肥皂水和流动清水彻底冲洗10~15min。就医。

（3）眼睛接触

立即分开眼睑，用大量流动清水或生理盐水彻底冲洗至少15min。就医。

（4）人员误食

如患者神志清醒，催吐，洗胃。就医。

**（二）战斗编成**

**1. 基本战斗编组**

基本战斗编组应由作战指挥组（3人）、应急处置组（6人）、供气保障组（3人）、环境监测组（3人）、安全员（1人）等五部分组成。各应急救援队伍根据实际执勤人数合理编配作战编组。

**2. 基本作战模块**

基本作战模块包括由水罐消防车、泡沫消防车组成的主战模块；由抢险车、其他车组成的抢险模块；由洗消车、水罐车组成的防化洗消模块；由排烟车、供气车、照明车组成的保障模块；由机器人、无人机组成的支援模块等。各应急救援队伍根据实际车辆情况编配。

**3. 基本作战单元**

发生事故时，有针对性地选择应急处置组、供气保障组、环境监测组、作战指挥组、安全员的数量及基本作战模块，并有效组合，形成标准作战单元，如图2-10所示。

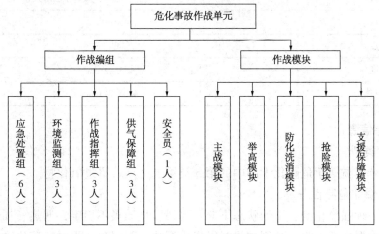

图2-10 基本作战单元

**（三）注意事项**

① 正确选择停车位置和进攻路线。指挥部的位置及救援车辆的停放，应位于上风或侧上风方向，并与泄漏扩散区域保持适当距离，进入危险区的车辆必须加装防火罩。从上风、侧上风方向选择进攻路线，并设立救援阵地。

② 行动中要严防引发爆炸。进入危险区作业人员一定要专业、精干，防护措施要到位，同时使用防爆排烟机进行掩护。在雷电天气下，采取行动要谨慎。

③ 中毒人员抢救出来后，要快速脱下可能沾有氰化钠的衣服。任何需要从头上脱下的衣服，应该剪开而不能从头上脱下。脱下的被污染衣服要及时密封放入专用塑料袋内。

④ 抢险中产生的废水必须进行洗消，且在环保部门检测合格后方可排放，以防造成次生灾害。

⑤ 加强对罐体（管道）状况勘察和故障情况分析，充分发挥技术人员、专家的辅助决策作用，特别是当罐车与其他危险化学品运输车发生事故时，情况不明严禁盲目行动，且在处置过程中要加强通信，随时做好撤离准备。

# 第六节　过氧化二苯甲酰

## 一、过氧化二苯甲酰通用知识

过氧化二苯甲酰是一种强氧化剂，可用于漂白有机物，如面粉、植物油脂等，也可以用作聚氯乙烯、不饱和聚酯类、聚丙烯酸酯等的单体聚合引发剂、聚乙烯的交联剂以及橡胶硫化剂等。工业过氧化二苯甲酰应用清洁、干燥、内衬塑料袋的纸箱或纸筒包装，包装要求密封。

## （一）理化性质(表2-12)

表 2-12　过氧化二苯甲酰理化性质

| 外观与性状 | 白色晶体或粉末状物体 |
| --- | --- |
| 闪点 | 154.2℃ |
| 溶解性 | 溶于苯、氯仿、乙醚，微溶于乙醇及水 |
| 熔点 | 105℃ |
| 沸点 | 349.7℃ |
| 密度 | 1.334g/cm³ |
| 燃烧热 | 6885.2kJ/mol |

### （二）危害信息

**1. 危险性类别**

过氧化二苯甲酰属于危险化学品中的第5类第5.2项有机过氧化物。

**2. 火灾与爆炸危险性**

该物质是一种强氧化剂，干燥状态下非常易燃，性质极不稳定，遇热、加热、摩擦、撞击均有引起着火爆炸的危险，急剧加热时可发生爆炸。与强酸、强碱、硫化物、还原剂、催化剂和促进剂如二甲苯胺、胺类或金属环烷酸盐接触会发生剧烈反应，可产生着火和爆炸的危险，燃烧时生成有毒气体。

**3. 健康危害**

本品刺激呼吸道黏膜和眼黏膜，进入眼内可造成损害；对皮肤有强烈刺激，导致皮肤过敏反应。

**4. 环境危害**

对水体、土壤和大气可造成污染。

**5. 安全储存**

干燥商品工业过氧化二苯甲酰应用衬聚乙烯纸袋或纤维桶或用衬有聚乙烯的金属桶盛装，存放在阴凉、通风良好并由不燃材料构成的独立仓库内，库温应保持在2~25℃，以确保储存安全。

### （三）生产工艺

目前过氧化二苯甲酰主要生产由苯甲酰氯与过氧化氢和以氢氧化钠作为碱性介质，苯甲酰氯与过氧化氢和以碳酸钠等作为碱性介质的两种生产方法。其中以碳酸钠等作为碱性介质的生产过氧化二苯甲酰的方法，成本较高且收率低。因此，采用以氢氧化钠作为碱性介质的生产方法，能显著降低工业生产中的操作费用和生产成本，提高生产效益。

制备方法为在冷却条件下，在30%的氢氧化钠溶液中加入30%的过氧化氢，生成过氧化钠溶液，在0~10℃下搅拌滴加苯甲酰氯(温度过高会引起过氧化氢分解和苯甲酰氯水解，析出反应生成的过氧化二苯甲酰)，经冷却、过滤、洗涤，并用2∶1的甲醇或氯仿重结晶，干燥得到产品。反应式为

$$2NaOH + H_2O_2 \longrightarrow Na_2O_2 + 2H_2O$$

$$2\,C_6H_5COCl + Na_2O_2 \longrightarrow (C_6H_5CO)_2O_2 + 2NaCl$$

## 二、过氧化二苯甲酰事故类型特点

### (一)泄漏事故

泄漏容易形成粉尘,扩散迅速,危害范围大,收集过程中处置不当,易发生着火爆炸事故,处置难度大。

### (二)着火事故

干燥时极度易燃,容易发生着火,遇有机物、还原剂、硫、磷等易燃物及明火、光照、撞击、高热可燃,温度超过80℃容易发生自燃,燃烧产生刺激性烟雾。

### (三)爆炸事故

摩擦、震动、撞击或杂质污染均可能引起爆炸性分解;急剧加热时也可发生爆炸事故;与强酸、强碱、硫化物、还原剂、催化剂和促进剂如二甲基苯胺、胺类或金属环烷酸盐接触会发生剧烈反应。

## 三、过氧化二苯甲酰事故处置

### (一)典型事故处置程序及措施

**1. 储存事故处置程序及措施**

(1)泄漏事故

① 侦察检测

a. 通过询问、侦察、检测、监测等方法,以测定风力和风向,掌握泄漏区域泄漏量和扩散方向。

b. 查明事故区域遇险人数、位置和营救路线。

c. 查明泄漏部位、泄漏速度、总储量以及管线、沟渠、下水道走向布局。

d. 了解事故单位已采取的处置措施、内部消防设施配备及运行、先期疏散抢救人员等情况。

e. 查明拟警戒区内重点单位情况、人员数量、地理位置、电源、火源及道路交通情况,掌握现场及周边的消防水源位置、储量及给水方式。

f. 分析评估泄漏扩散范围和可能引发着火爆炸的危险因素及后果。

② 疏散警戒

a. 根据侦察和检测情况,设立警戒标志。合理设置出入口,严格控制进入警戒区特别是重危区的人员、车辆、物资,并进行安全检查,逐一登记。

b. 疏散泄漏区域及扩散可能波及范围的一切无关人员。

c. 在整个处置过程中,要不间断地进行动态检测,适时调整警戒范围。

③ 禁绝火源

联系相关部门切断事故区域内的强弱电源,熄灭火源,停止高热设备,落实防静电措施。进入警戒区人员严禁携带、使用移动电话和非防爆通信、照明设备,严禁穿化纤类服装和带金属物件的鞋，严禁使用非防爆工具，禁止机动车辆随意进入警戒区。

④ 安全防护

人员进入现场或警戒区，必须佩戴呼吸器及各种防护器具。进入重危区的救援人员必须实施二级以上防护，并采取雾状水掩护。现场安全防护标准可参照表2-13。

表2-13 泄漏事故现场安全防护标准

| 级别 | 形式 | 防化服 | 防护服 | 呼吸器 | 其他 |
|------|------|--------|--------|--------|------|
| 一级 | 全身 | 内置式重型防化服 | 全棉防静电内衣 | — | — |
| 二级 | 全身 | 全封闭式防化服 | 全棉防静电内衣 | 正压式空气呼吸器或正压式氧气呼吸器 | 防化手套、防化靴 |
| 三级 | 头部 | 简易防化服或半封闭式防化服 | 全棉防静电内衣 | 滤毒罐、面罩或口罩、毛巾等防护器具 | 抢险救援手套、抢险救援靴 |

⑤ 技术支持

应急救援部门会同事故单位、石油化工等部门的专家、技术人员判断事故状况，提供技术支持，制定应急救援方案，并配合参加应急救援行动。

⑥ 应急处置

a. 现场供水。制定供水方案，选定水源，选用可靠高效的供水车辆和装备，采取合理的供水方式和方法，保证消防用水量。

b. 少量泄漏。将溢出的过氧化二苯甲酰与浸过水的蛭石混合，用雾状水保持泄漏物湿润，沙土或其他吸附剂覆盖泄漏物，然后收入聚乙烯容器。使用无火花工具收集过氧化二苯甲酰，清理完成后，对溢出或泄漏区域进行通风。

c. 大量泄漏。用雾状水湿润，并筑堤收容，防止泄漏物进入水体、下水道、地下室或密闭空间，在专业人员指导下清除。

⑦ 洗消处理

a. 泄漏容器、包装要妥善处理。

b. 用大量水冲洗地面剩余物，防止泄漏物留存，用雾状水、蒸汽或惰性气体清扫现场内低洼地、下水道、沟渠等处，确保不留残液。

⑧ 清理移交

a. 回收废水，防止发生水体污染等环境事故。

b. 清点人员，收集、整理器材装备，做好应急处置人员、工具设备等洗消工作。

c. 撤除警戒，做好移交，安全归建。

（2）着火事故

① 第一时间了解火场信息

a. 第一出动的火场指挥员，应在行车途中与指挥中心保持联系，不断了解火场情况，并及时听取上级指示，做好到场前的战斗准备。

b. 上级指挥员在向火场行驶的途中，应通过指挥中心及时与已经到达火场的辖区火场指挥员取得联系，或通过无线系统、图像数据传输系统、专家辅助决策系统了解火场信息。

c. 重点了解火场发展趋势，同时要了解指挥中心调动力量情况，掌握已经到场的力量以及赶赴现场的力量，综合分析各种渠道获得的火场信息，预测火灾发展趋势和着火建（构）筑物、压力容器储罐、化工装置等部位的变化情况，及时确定扑救措施。

② 安全防护

人员进入现场或警戒区，必须佩戴呼吸器及各种防护器具。进入重危区的救援人员必须实施二级以上防护，并采取雾状水掩护。现场安全防护标准可参照表2-14。

表2-14 着火事故现场安全防护标准

| 级别 | 形式 | 防化服 | 防护服 | 防护面具 |
|------|------|--------|--------|----------|
| 一级 | 全身 | 内置式重型防火服 | 全棉防静电内外衣 | 正压式空气呼吸器或全防型滤毒罐 |
| 二级 | 全身 | 隔热服 | 全棉防静电内外衣 | 正压式空气呼吸器或全防型滤毒罐 |
| 三级 | 呼吸 | 灭火防护服 | — | 简易滤毒罐、面罩或口罩、毛巾等防护器材 |

③ 现场侦检

a. 环境信息：风力、风向、周边环境、道路情况、电源、火源、现场及周边的消防水源位置、储量及给水方式。

b. 事故基础信息：事故地点、危害气体浓度、火灾严重程度、邻近建（构）筑物受火势威胁、事故单位已采取的处置措施、内部消防设施配备及运行。

c. 人员伤亡信息：事故区域遇险人数、位置、先期疏散抢救人员等情况。

d. 其他有关信息。

④ 火场警戒的实施

a. 设置警戒工作区域。应急救援队伍到场后，由火场指挥员确定是否需要实施火场警戒。通常在事故现场的上风方向停放警戒车，警戒人员做好个体防护后，按确定好的警戒范围实施警戒，在警戒区上风方向的适当位置建立各相关工作区域，主要有着装区、器材放置区、洗消区、警戒区出入口等。

b. 迅速控制火场秩序。火场指挥员必须尽快控制火场秩序，管制交通，疏导车辆和围观人员，维持好现场秩序。

⑤ 应急处置

a. 外围预先部署。到达火灾现场，指挥员在采取措施、组织力量控制火灾蔓延、防止爆炸的同时，必须组织到场力量在外围作强攻近战的部署，包括消防车占领水源铺设水带线路、确定进攻路线、调集增援力量等。

b. 火灾扑救。小火首选雾状水灭火，无水时可用抗溶性泡沫、干粉灭火；大火时远距离用大量水灭火。

⑥ 洗消处理

a. 在救援任务结束后，在危险区与安全区交界处设立洗消站，可使用清水对接触衣物及皮肤表面进行清洗。

b. 洗消的对象为现场参与应急处置人员及器具等。

c. 洗消污水的排放必须经过环保部门的检测，以防造成次生灾害。

⑦ 清理移交

a. 火灾以后的清理和救援工作，在过氧化物未完全冷却前不得进行。

b. 对灭火后的残留物料和消防废水，立即进行回收处理，以免造成水体污染。

c. 清点人员、车辆及器材。

d. 撤除警戒，做好移交，安全归建。

（3）爆炸事故

① 现场询情，制定处置方案

a. 应急救援人员到现场后，要问清事故单位的有关工程技术人员和当事人，全面了解事故区域还存在哪些爆炸物品及其数量。事故点存放的是单一品种，还是多种爆炸物品。

b. 根据掌握的现场情况，应立即成立技术组，研究行动处置方案。技术组应由发生事故单位的技术人员、专家及公安部门和应急救援机构人员组成。

② 实施现场警戒与撤离

a. 事故发生后，首先应维护现场秩序，划定警戒保护范围，安排专人做好警戒，防止无关人员进入危险区，以免引起不必要的伤亡。

b. 清除着火源，关闭非防爆通信工具。

c. 警戒范围内只允许极少数懂排爆技术的处置人员进入，无关人员不得滞留。

d. 为减少爆炸事故危害，应适度扩大警戒范围，撤离群众。但撤离范围不宜过大，应科学判断，否则会引起群众不满，甚至导致社会恐慌。

③ 转移

a. 对发生事故现场及附近未着火爆炸的物品在安全条件下应及时转移，防止火灾蔓延或爆炸物品的二次爆炸。

b. 转移前要充分了解有关物品的位置、外包装、能否转移和触动、周围环境和可能影响范围等情况，在时间允许的条件下，应制定转移方案，明确相关人员分工、器材准备、转移程序方法等。

**2. 运输事故处置程序及措施**

（1）现场询情

行车途中询问知情人介质总量、着火时间、部位、形式等；事故周边居民、地形、电源、火源等；应急措施、工艺措施、现场人员处理意见等。

（2）个体防护

参加处置人员应充分了解过氧化二苯甲酰的理化性质，要于高处和上风处进行处理，严禁单独行动，要有监护人。必要时要用雾状水掩护。要根据过氧化二苯甲酰的性质和毒物接触形式，选择适当的防护用品，防止处置过程中发生伤亡、中毒事故。

（3）侦察检测

确定被困、受伤人员情况；数量、位置、方式、燃烧情况、周边危化品储存情况；周边单位、居民、地形、水源等情况；先期已采取的救援措施，处置效果等情况。

（4）疏散警戒

事故发生后，应根据火灾现场所涉及的范围建立警戒区，并在通往事故现场的主要干道上实行交通管制。建立警戒区域设置警示标志，并有专人警戒。

（5）应急处置

小火首选雾状水灭火，无水时可用抗溶性泡沫、干粉灭火；大火时远距离用大量水灭火。

（6）洗消处理

① 在救援任务结束后，在危险区与安全区交界处设立洗消站，可使用清水对接触衣物及皮肤表面进行清洗。

② 洗消的对象为现场参与应急处置人员及器具等。

③ 洗消污水的排放必须经过环保部门的检测，以防造成次生灾害。

（7）清理移交

用大量水冲洗地面剩余物，防止泄漏物留存，用雾状水、惰性气体清扫现场内低洼、沟渠等处，确保不留残气(液)，回收废水，防止发生水体污染等环境事故；清点人员、车辆及器材；撤除警戒，做好移交，安全归建。

### 3. 急救措施

（1）人员吸入

迅速脱离现场至空气新鲜处，保持呼吸道通畅。如呼吸困难，给吸氧；如呼吸、心跳停止，立即进行心肺复苏。就医。

（2）皮肤接触

立即脱去被污染的衣着，用流动清水彻底冲洗。就医。

（3）眼睛接触

立即分开眼睑，用流动的清水或生理盐水彻底冲洗。就医。

（4）人员误食

漱口，饮水。就医。

## （二）战斗编成

### 1. 基本战斗编组

基本战斗编组应由作战指挥组(3人)、攻坚行动组(3人)、供水保障组(3人)、紧急救援组(3人)、安全员(1人)等五部分组成。各应急救援队伍根据实际执勤人数合理编配作战编组。

### 2. 基本作战模块

基本作战模块包括由主战车、泡沫水罐车组成的主战模块；由举高车、水罐车组成的举高模块；由抢险车、其他车组成的抢险模块；由洗消车、水罐车组成的防化模块；由泵浦车、水带敷设车等远程供水系统组成的供水、供泡沫液模块；由排烟车、供气车、照明车组成的保障模块；由机器人、无人机组成的支援模块等。各应急救援队伍根据实际车辆情况编配。

### 3. 基本作战单元

发生事故时，有针对性地选择攻坚行动组、供水保障组、紧急救援组、作战指挥组、安全员的数量及基本作战模块，并有效组合，形成标准作战单元。如图2-11所示。

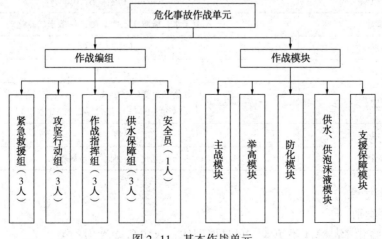

图2-11 基本作战单元

## （三）注意事项

① 车辆停放在爆炸危险区域外的安全地带，要尽量靠近掩蔽物。

② 选择上风或侧上风方向停车，车头朝向便于撤退的方向。

③ 必须做好个人安全防护，佩戴好空气呼吸器。

④ 火场指挥员要注意观察风向、地形及火情，合理准确判断形势。

⑤ 设立现场安全员，确定撤离信号，一旦出现危及救援人员安全的情况，要及时发出撤离信号；指挥员在紧急情况下可不经请示下达撤离命令，保证人员迅速、安全撤出危险区。

⑥ 应急救援人员灭火时必须在防爆掩蔽处处置，遇大火勿靠近，在物料附近失火时，需用水保持容器冷却。

⑦ 勿与可燃物质（木材、油脂）接触。

⑧ 处置过程中，搬运物料时，要轻拿轻放、轻装轻卸，防止包装及容器损坏，禁止震动、撞击和摩擦，禁止使用易产生火花的机械设备和工具。

# 第七节 硫

## 一、硫通用知识

硫是一种重要的化工原料，广泛应用于农肥、农药、炸药、催化剂、黏合剂、燃料、橡胶、水处理、玻璃、电解工业和医药食品工业等。

### （一）理化性质（表2-15）

表2-15 硫理化性质

| 成分 | 硫 |
|---|---|
| 外观与性状 | 外观为淡黄色脆性结晶或粉末，有特殊臭味 |
| 闪点 | 168℃ |
| 自燃温度 | 232℃（固体）、190℃（粉尘） |
| 燃点 | 258℃ |
| 爆炸极限 | 20g/m³（粉尘粒径20μm） |
| 溶解性 | 不溶于水，微溶于乙醇、醚，易溶于二硫化碳 |
| 熔点 | 112.8~119℃ |
| 沸点 | 444.6℃ |
| 密度 | 相对蒸气密度（空气=1）：3.4（比空气重）<br>相对密度（水=1）：1.92~2.07（比水重） |
| 燃烧热 | 297kJ/mol |
| 禁配物 | 强氧化剂、卤素、金属粉末 |

### （二）危害信息

**1. 危险性类别**

硫属于危险化学品第4类第4.1项易燃固体，火灾危险性为乙类。

**2. 火灾与爆炸危险性**

硫火灾危险性为丙类以上，粒径小于 2mm 时为乙类，遇明火、高温易燃。硫粉尘或蒸气与空气或氧化剂混合可形成爆炸性混合物，遇火源或静电易发生爆炸事故；硫为热和电的不良导体，易引起燃烧爆炸。硫着火后，会放出大量的有刺激性和毒性的二氧化硫气体，二氧化硫遇水反应会生成腐蚀性强的亚硫酸、硫酸。

**3. 健康危害**

硫发生事故后，一般会出现吸入、食入、经皮肤吸收等几种情况。

（1）食入

因其能在肠内部分转化为硫化氢而被吸收，故大量口服可导致硫化氢中毒。急性硫化氢中毒的全身毒作用表现为中枢神经系统症状，有头痛、头晕、乏力、呕吐、昏迷等。

（2）吸入、皮肤接触

急性中毒：硫刺激眼睛、皮肤和呼吸道。吸入粉末可能引起鼻炎和呼吸道炎。

慢性中毒：反复或长期与皮肤接触可能引起皮炎。该物质可能对呼吸道有影响，导致慢性支气管炎。

**（三）生产工艺**

**1. 部分燃烧法**

原料气中硫化氢含量大于 55% 时推荐使用部分燃烧法。生产流程示意见图 2-12。

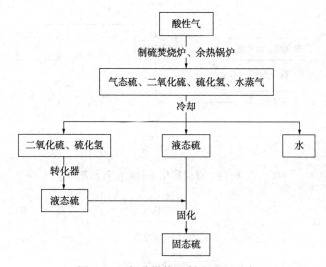

图 2-12　部分燃烧法制硫流程示意

**2. 分流法**

原料气中硫化氢含量在 15%~30% 的范围内推荐使用分流法。生产流程示意见图 2-13。

**3. 直接氧化法**

当原料气中的硫化氢含量为 2%~12% 时推荐使用此法。生产流程示意见图 2-14。

**4. Sulfa Treat DO 氧化工艺**

由于在固定床催化氧化反应器中一次通过的脱硫效率只能达到 90% 左右，一般情况下是不能满足净化要求的。因选择醇胺法工艺，并将精脱部分产生的再生酸返回催化氧化器。此工艺命名为 Sulfa Treat DO 氧化工艺，工艺流程示意见图 2-15。

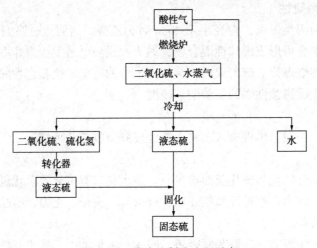

图 2-13　分流法制硫流程示意

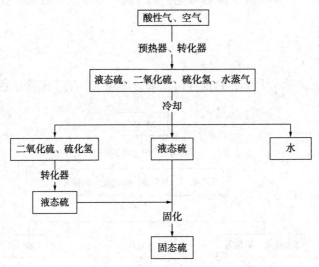

图 2-14　直接氧化法制硫流程示意

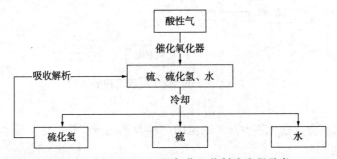

图 2-15　Sulfa Treat DO 氧化工艺制硫流程示意

## 二、硫事故类型特点

### (一) 着火事故

硫在受热时，先熔融蒸发，在空气中燃烧产生淡蓝色火焰；燃烧后产生强烈的刺激性及毒性二氧化硫气体；高温熔融后，易形成流淌火。

46

## （二）爆炸事故

硫为热和电的不良导体，在粉碎、碾磨时会产生静电，引起自燃和爆炸。硫粉尘或蒸气与空气或氧化剂混合后会形成爆炸性混合物，遇火源或静电易发生爆炸事故。粉尘爆炸特点：第一次爆炸气浪把沉积在设备或地面上的粉尘吹扬起来，在爆炸后的短时间内爆炸中心区会形成负压，周围的新鲜空气便由外向内填补进来，形成所谓的"返回风"，与扬起的硫粉尘混合，在第一次爆炸的余火引燃下引起后续多次爆炸，与可燃性气体爆炸相比，粉尘爆炸压力上升较缓慢，较高压力持续时间长，释放的能量大，破坏力强。

# 三、硫事故处置

## （一）典型事故处置程序及措施

### 1. 储存事故处置程序及措施

（1）泄漏事故

① 侦察检测

a. 通过询问、侦察、检测、监测等方法，以测定风力和风向，掌握泄漏区域泄漏量和扩散方向。

b. 查明事故区域遇险人数、位置和营救路线。

c. 查明泄漏部位、泄漏速度、总储量以及管线、沟渠、下水道走向布局。

d. 了解事故单位已采取的处置措施、内部消防设施配备及运行、先期疏散抢救人员等情况。

e. 查明拟警戒区内重点单位情况、人员数量、地理位置、电源、火源及道路交通情况，掌握现场及周边的消防水源位置、储量及给水方式。

f. 分析评估泄漏扩散范围和可能引发着火爆炸的危险因素及后果。

② 疏散警戒

a. 根据侦察和检测情况，设立警戒标志。合理设置出入口，严格控制进入警戒区，特别是重危区的人员、车辆、物资，并进行安全检查，逐一登记。

b. 疏散泄漏区域及扩散可能波及范围的一切无关人员。

c. 在整个处置过程中，要不间断地进行动态检测，适时调整警戒范围。

③ 禁绝火源和热源

联系相关部门切断事故区域内的强弱电源，熄灭火源，停止高热设备，落实防静电措施。进入警戒区人员严禁携带、使用移动电话和非防爆通信、照明设备，严禁穿化纤类服装和带金属物件的鞋，严禁使用非防爆工具，禁止机动车辆随意进入警戒区。

④ 个体防护

人员进入现场或警戒区，必须着轻型防化服、防静电防护服，佩戴空气呼吸器及各种防护器具。

⑤ 技术支持

应急救援部门会同事故单位和石油化工等部门的专家、技术人员判断事故状况，提供技术支持，制定应急救援方案，并参加配合应急救援行动。

⑥ 应急处置

a. 现场供水。制定供水方案，选定水源，选用可靠高效的供水车辆和装备，采取合理的供水方式和方法，保证消防用水量。

b. 隔离泄漏污染区，限制出入；消除泄漏点火源（泄漏区附近禁止吸烟，消除所有明火、火花或火焰）；禁止接触或跨越泄漏物；小量固体泄漏，用洁净的铲子收集泄漏物；若发生大量泄漏，用水湿润并筑堤收容，防止泄漏物进入水体、下水道、地下室或限制性空间。

⑦ 洗消处理

a. 泄漏容器、包装要妥善处理。

b. 用大量水冲洗地面剩余物，防止泄漏物留存，用雾状水、蒸汽或惰性气体清扫现场内低洼地、下水道、沟渠等处，确保不留残液。

⑧ 清理移交

a. 回收废水，防止发生水体污染等环境事故。

b. 清点人员，收集、整理器材装备，做好应急处置人员、工具设备等洗消工作。

c. 撤除警戒，做好移交，安全归建。

（2）着火事故

① 第一时间了解火场信息

a. 第一出动的火场指挥员，应在行车途中与指挥中心保持联系，不断了解火场情况，并及时听取上级指示，做好到场前的战斗准备。

b. 上级指挥员在向火场行驶的途中，应通过指挥中心及时与已经到达火场的辖区火场指挥员取得联系，或通过无线系统、图像数据传输系统、专家辅助决策系统了解火场信息。

c. 重点了解火场发展趋势，同时要了解指挥中心调动力量情况，掌握已经到场的力量以及赶赴现场的力量，综合分析各种渠道获得的火场信息，预测火灾发展趋势和着火建（构）筑物、压力容器储罐、化工装置等部位的变化情况，及时确定扑救措施。

② 安全防护

进入事故危险区域的救援人员必须佩戴空气呼吸器，着全身灭火防护服，在上风方向灭火。深入事故现场内部实施侦检、堵漏的救援人员必须着全身灭火防护服，并采取雾状水掩护。现场安全防护标准可参照表 2-16。

表 2-16 着火事故现场安全防护标准

| 级别 | 形式 | 防化服 | 防护服 | 防护面具 |
| --- | --- | --- | --- | --- |
| 一级 | 全身 | 内置式重型防火服 | 全棉防静电内外衣 | 正压式空气呼吸器或全防型滤毒罐 |
| 二级 | 全身 | 隔热服 | 全棉防静电内外衣 | 正压式空气呼吸器或全防型滤毒罐 |
| 三级 | 呼吸 | 灭火防护服 | — | 简易滤毒罐、面罩或口罩、毛巾等防护器材 |

③ 现场侦检

a. 环境信息：风力、风向、周边环境、道路情况、电源、火源、现场及周边的消防水源位置、储量及给水方式。

b. 事故基础信息：事故地点、二氧化硫浓度、火灾严重程度、邻近建（构）筑物受火势威胁、事故单位已采取的处置措施、内部消防设施配备及运行。

c. 人员伤亡信息：事故区域遇险人数、位置、先期疏散抢救人员等情况。

d. 其他有关信息。

④ 火场警戒的实施

a. 设置警戒工作区域。应急救援队伍到场后，由火场指挥员确定是否需要实施火场警戒。通常在事故现场的上风方向停放警戒车，警戒人员做好个体防护后，按确定好的警戒范围实施警戒，在警戒区上风方向的适当位置建立各相关工作区域，主要有着装区、器材放置区、洗消区、警戒区出入口等。

b. 迅速控制火场秩序。火场指挥员必须尽快控制火场秩序，管制交通，疏导车辆和围观人员，维持好现场秩序。

⑤ 应急处置

a. 外围预先部署。到达火灾现场，指挥员在采取措施、组织力量控制火灾蔓延、防止爆炸的同时，必须组织到场力量在外围作强攻近战的部署，包括消防车占领水源铺设水带线路、确定进攻路线、调集增援力量等。

b. 火灾扑救。遇小火时用沙土闷熄；遇大火可采用抗溶性泡沫和雾状水灭火。可根据现场的风向及风力情况，布置梯段的水幕水带稀释；高温下，熔融的硫火灾易造成流淌火，应采用抗溶性泡沫覆盖，并做好筑堤围堵。

⑥ 洗消处理

a. 在救援任务结束后，在危险区与安全区交界处设立洗消站，可使用清水对接触衣物及皮肤表面进行清洗。

b. 洗消的对象为现场参与应急处置人员及器具等。

c. 洗消污水的排放必须经过环保部门的检测，以防造成次生灾害。

⑦ 清理移交

a. 火灾以后的清理和救援工作，在过氧化物未完全冷却前不得进行。

b. 对灭火后的残留物料和消防废水，立即进行回收处理，以免造成水体污染。

c. 清点人员、车辆及器材。

d. 撤除警戒，做好移交，安全归建。

（3）爆炸事故

① 现场询情，制定处置方案

a. 应急救援人员到现场后，要问清事故单位的有关工程技术人员和当事人，全面了解事故区域还存在哪些爆炸物品及其数量。事故点存放的是单一品种，还是多种爆炸物品。

b. 根据掌握的现场情况，应立即成立技术组，研究行动处置方案。技术组应由发生事故单位的技术人员、专家及公安部门和应急救援机构人员组成。

② 实施现场警戒与撤离

a. 事故发生后，首先应维护现场秩序，划定警戒保护范围，安排专人做好警戒，防止无关人员进入危险区，以免引起不必要的伤亡。

b. 清除着火源，关闭非防爆通信工具。

c. 警戒范围内只允许极少数懂排爆技术的处置人员进入，无关人员不得滞留。

d. 为减少爆炸事故危害，应适度扩大警戒范围，撤离群众。但撤离范围不宜过大，应科学判断，否则会引起群众不满，甚至导致社会恐慌。

③ 转移

a. 对发生事故现场及附近未着火爆炸的物品在安全条件下应及时转移，防止火灾蔓延或爆炸物品的二次爆炸。

b. 转移前要充分了解有关物品的位置、外包装、能否转移和触动、周围环境和可能影响范围等情况，在时间允许的条件下，应制定转移方案，明确相关人员分工、器材准备、转移程序方法等。

**2. 运输事故处置程序及措施**

（1）现场询情

收集硫储存量、泄漏量、泄漏事故周边居民、地形、水源、火源等信息。

（2）个体防护

人员进入现场或警戒区，必须着轻型防化服、防静电防护服，佩戴空气呼吸器及各种防护器具。

（3）侦察检测

搜寻现场是否有遇险人员；确认在现场周围可能会引起火灾的各种危险源；确定周边污染情况、周边水源或取水点。

（4）疏散警戒

在现场划定警戒隔离区，并设置警戒标志及隔离带；严控进出人员、车辆、物资，并进行安全检查、逐一登记。

（5）应急处置

隔离泄漏污染区，限制出入；消除泄漏点火源（泄漏区附近禁止吸烟，消除所有明火、火花或火焰）；禁止接触或跨越泄漏物；小量固体泄漏，用洁净的铲子收集泄漏物；若发生大量泄漏，用水湿润并筑堤堵截。防止泄漏物进入水体、下水道、地下室或限制性空间。

（6）洗消处理

在作战前，必须保障洗消设施已搭建完毕，准备充足的清水或肥皂水作为洗消液使用。对于参与救援的人员、受污染的装备，均应实施全面洗消。同时使用大量水对受染道路、地域及重要目标进行洗消。洗消后的废水统一收集处理。

（7）清理移交

清点人员，收集、整理器材装备。撤除警戒，做好移交，安全归建。

**3. 急救措施**

（1）人员吸入

迅速脱离现场至空气新鲜处，保持呼吸道通畅。如呼吸困难，给吸氧；如呼吸、心跳停止，立即进行心肺复苏。就医。

（2）皮肤接触

立即脱去被污染的衣着，用流动清水彻底冲洗。就医。

（3）眼睛接触

立即分开眼睑，用流动的清水或生理盐水彻底冲洗。就医。

（4）人员误食

漱口，饮水。就医。

**（二）战斗编成**

**1. 基本战斗编组**

基本战斗编组应由作战指挥组（3人）、侦检警戒组（6人）、抢险救生组（3人）、灭火洗消组（9人）、后勤保障组（3人）等五部分组成。各应急救援队伍根据实际执勤人数合理编配作战编组。

**2. 基本作战模块**

基本作战模块包括由多功能抢险救援车组成的抢险救生模块；由高喷车、涡喷车、泡沫水罐车组成的灭火主战模块；由防化洗消车、水罐泡沫车组成的防化洗消模块；由充气车、照明车、灭火机器人运输车等组成的后勤保障模块。各应急救援队伍根据实际车辆情况编配。

**3. 基本作战单元**

发生硫事故时，有针对性地选择作战指挥组、侦检警戒组、抢险救生组、灭火洗消组、后勤保障组的数量及基本作战模块，并有效组合，形成标准作战单元。如图 2-16 所示。

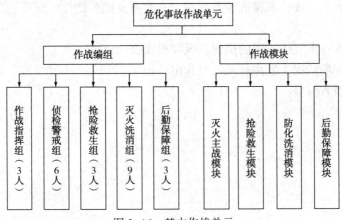

图 2-16　基本作战单元

**（三）注意事项**

储存事故处置注意事项如下：

（1）泄漏事故

① 个体防护

硫粉尘接触人的皮肤后，会产生接触性皮炎，使得皮肤奇痒，甚至导致红疹病。救援人员应做好防护后再开展救援处置。

② 救援工具

硫对钢有腐蚀性，特别是在潮湿情况下腐蚀作用更强。硫沾有硫化铁、氧化铁、机油、金属粉末和氧化剂等物质时，易引起火灾。救援中应关注空气湿度，使用无火花工具，机械设备无机油泄漏。

（2）着火事故

① 站位布点

指挥部设置、救援车辆停靠要选择地势较高、上风或侧上风方向位置，车头朝向便于撤退的方向。车辆不能停放在地沟、下水井、覆工板上面和架空管线下面。持续关注风力、风向等影响因素。

② 加强管控

事故区域警戒隔离区的设置及管控要严禁无关人员进入，火势扩大时应及时调整警戒隔离区的范围。

③ 个体防护

在处置硫事故中，接触到硫蒸气、粉尘都可能造成人员中毒或灼伤，所有救援人员必须做好个体防护，尤其是呼吸系统和皮肤的防护，避免接触硫，防止中毒和灼伤。注意观察参与处置行动人员的身体状况，并进行健康跟踪检查。

④ 救援过程

a. 切勿将水流直接射至熔融硫以免引起严重的流淌火或猛烈的沸溅，扩大火势，灼伤附近人员，或黏附在其他可燃物上引起新的火源。禁止用直流水直接冲击粉体，防止因强水流冲击而造成静电积聚、放电引起爆炸。防止泄漏物进入水流、下水道等限制性区域。如现场发生熔融硫流淌火火灾时，应扩大范围围堵，抑制流淌火的蔓延，然后用雾状水灭火、稀释、降温冷却。

b. 火势被消灭后，要认真彻底检查现场，是否有复燃可能性。

⑤ 全程监控

a. 加强对有毒有害气体浓度的检测、吸收和回收处理。

b. 持续观察现场情况，发现征兆及时作出预报。

c. 事先明确撤离信号。

# 第三章
# 液体类危险化学品应急处置

# 第一节 浓 硫 酸

## 一、浓硫酸通用知识

浓硫酸，俗称坏水，化学分子式为 $H_2SO_4$，是一种具有高腐蚀性的强矿物酸。坏水指质量分数大于或等于70%的硫酸溶液。浓硫酸在浓度高时具有强氧化性，这是它与普通硫酸或普通浓硫酸最大的区别之一。同时它还具有脱水性、强腐蚀性、难挥发性、酸性和吸水性等。

### （一）理化性质(表3-1)

表3-1　浓硫酸理化性质

| 成分 | 由硫、氢、氧三种元素组成 |
| --- | --- |
| 外观与性状 | 纯品为无色透明油状液体，工业品因含杂质而呈黄色、棕色等 |
| 溶解性 | 与水混溶 |
| 熔点 | 10.5℃ |
| 沸点 | 330℃ |
| 密度 | $1.84g/cm^3$(98.3%浓硫酸) |

### （二）危害信息

**1. 危险性类别**

硫酸属于危险化学品中的第8类腐蚀性物质。

**2. 火灾与爆炸危险性**

遇水大量放热，可发生沸溅。与易燃物(如苯)和可燃物(如糖、纤维素等)接触会发生剧烈反应，甚至引起燃烧。与活泼金属反应生成易于燃烧爆炸的氢气。遇电石、高氯酸盐、雷酸盐、硝酸盐、苦味酸盐、金属粉末等会发生猛烈反应，导致爆炸或燃烧。有强烈的腐蚀性和吸水性。

**3. 健康危害**

对皮肤、黏膜等组织有强烈的腐蚀作用。蒸气或雾可引起结膜水肿、角膜混浊，以致失明；引起呼吸道刺激，重者发生呼吸困难和肺水肿；高浓度引起喉痉挛或声门水肿而窒息死亡。口服后引起消化道烧伤以致溃疡形成；严重者可能有胃穿孔、腹膜炎、肾损害、休克等。皮肤灼伤轻者出现红斑、重者形成溃疡，愈后瘢痕收缩影响功能。溅入眼内可造成灼伤，甚至角膜穿孔、全眼炎以至于失明。慢性影响：牙齿酸蚀症、慢性支气管炎、肺气肿和肺硬化。

### （三）生产工艺

生产硫酸的办法有多种，最常用的是以下两种：一是还原硫化亚铁，得到铁和二氧化硫，二氧化硫被氧化，生成三氧化硫，再把三氧化硫溶在水中；二是直接燃烧硫生成二氧化硫，氧化二氧化硫生成三氧化硫，再把三氧化硫溶在水中。浓硫酸生产工艺流程示意见图3-1。

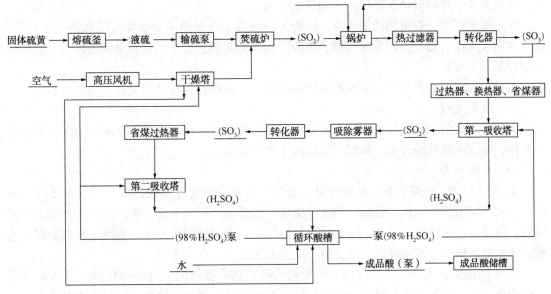

图 3-1　浓硫酸生产工艺流程

## 二、浓硫酸事故类型特点

### (一) 泄漏事故

造成人员伤亡、腐蚀设备设施、严重污染环境。

### (二) 着火和爆炸事故

硫酸本身不会燃烧和爆炸，但化学性质非常活泼，如与活泼金属反应生成易于燃烧爆炸的氢气；遇水混合大量放热；遇易燃物(如苯)和有机物(如糖、纤维素等)接触会发生剧烈反应，导致爆炸或燃烧。

## 三、浓硫酸事故处置

### (一) 典型事故处置程序及措施

**1. 储存事故处置程序及措施**

(1) 侦察检测

救援人员到场后，通过外部观察、询问知情人、内部侦察或仪器检测等方式，重点了解掌握以下情况：

① 泄漏硫酸的浓度及相关理化性质。

② 硫酸泄漏源、泄漏量及泄漏疏散的区域。

③ 硫酸泄漏储罐和容器数量，能否实施堵漏，应采取哪种方法堵漏。

④ 现场实施警戒和交通管制的范围。

⑤ 现场是否有人伤亡或受到威胁，所处位置及数量，组织搜寻、营救、疏散的通道。

⑥ 硫酸泄漏及事故处置可能造成的环境污染，采取哪些措施可减少和防止对环境的污染。

⑦ 现场救援水源、风向、风力等情况。

(2) 疏散警戒

根据泄漏事故现场侦察和了解的情况，及时确定警戒范围，设立警戒标志，布置警戒人员，控制无关人员和机动车辆出入泄漏事故现场。

现场警戒工作一般由到场的公安、交警人员负责，在企业内部由保安或保卫人员承担。硫酸泄漏发生在公路上，要及时对事故路段实施交通管制，禁止人员和车辆通行。

（3）个体防护

人员进入现场或警戒区，必须着耐酸碱防化服、佩戴空气呼吸器及各种防护器具。

（4）技术支持

应急救援部门会同事故单位、石油化工等部门的专家、技术人员判断事故状况，提供技术支持，制定应急救援方案，并配合参加应急救援行动。

（5）应急处置

① 筑堤围堵。硫酸泄漏后向低洼处、窨井、沟渠、河流等四处流散，不仅对环境造成污染，而且对沿途的土地、设施、路面等造成严重腐蚀，扩大灾害损失。因此，救援人员到场后，应及时利用沙石、泥土、水泥粉等材料筑堤，或用挖掘机挖坑，围堵或聚集泄漏的硫酸，最大限度地控制泄漏硫酸扩散范围，减少灾害损失。

② 关阀堵漏。生产装置或管道发生泄漏、阀门尚未损坏时，可协助技术人员或在技术人员的指导下，使用雾状水掩护，关闭阀门，制止泄漏；罐体、管道、阀门、法兰泄漏，采取相应堵漏方法(表3-2)实施堵漏。

表3-2 堵漏方法

| 部位 | 形式 | 方法 |
|---|---|---|
| 罐体 | 砂眼 | 使用螺丝加黏合剂旋进堵漏 |
| | 缝隙 | 使用外封式堵漏袋、防爆型电磁式堵漏工具组、粘贴式堵漏密封胶(适用于高压)、潮湿绷带冷凝法或堵漏夹具、金属堵漏锥堵漏 |
| | 孔洞 | 使用各种堵漏夹具、粘贴式堵漏密封胶(适用于高压)、金属堵漏锥堵漏 |
| | 裂口 | 使用外封式堵漏袋、防爆型电磁式堵漏工具组、粘贴式堵漏密封胶(适用于高压)堵漏 |
| 管道 | 砂眼 | 使用螺丝加黏合剂旋进堵漏 |
| | 缝隙 | 使用外封式堵漏袋、防爆型电磁式堵漏工具组、金属封堵套管、潮湿绷带冷凝法或堵漏夹具、金属堵漏锥堵漏 |
| | 孔洞 | 使用各种堵漏夹具、粘贴式堵漏密封胶(适用于高压)、金属堵漏锥堵漏 |
| | 裂口 | 使用外封式堵漏袋、防爆型电磁式堵漏工具组、粘贴式堵漏密封胶(适用于高压)堵漏 |
| 阀门 | | 使用阀门堵漏工具组、注入式堵漏胶、堵漏夹具堵漏 |
| 法兰 | | 使用专门法兰夹具、注入式堵漏胶堵漏 |

③ 输转倒罐。硫酸储罐、容器、槽车发生泄漏，在无法实施堵漏时，可采取输转倒罐的方法处置；倒罐前要做好准备工作，对倒罐时使用的管道、容器、储罐、设备等要认真检查，确保万无一失，一般由相关工程技术人员具体操作实施，救援人员应积极配合；倒罐时要精心组织，正确操作，有序进行，要充分考虑可能出现的各种情况，特别要做好操作人员的个人安全防护，避免发生意外，造成人员伤亡或灾情扩大；倒罐结束后，要对泄漏设备、容器、车辆等及时转移处理。

④ 稀释冲洗。硫酸与水有强烈的结合作用，可以按任何不同比例混合，混合时能放出大量的热，因此在稀释硫酸时要避免直接将水喷入硫酸，避免硫酸遇水放出大量热灼伤现场救援人员；对泄漏硫酸进行稀释时，要选用雾状水，不能对泄漏硫酸或泄漏点直接喷水，如

泄漏硫酸数量较少时，可用开花水流稀释冲洗，当水量较多时，硫酸的浓度则显著下降，腐蚀性相应降低；在稀释或冲洗泄漏硫酸时，要控制稀释或冲洗水液流散对环境的污染，一般应围堵或挖坑收集，再集中处理，切不可任其四处流散。

⑤ 中和吸附。硫酸泄漏流入农田、公路、沟渠、低洼处等，可用碱性物质，如生石灰、烧碱、纯碱等覆盖进行中和，降低硫酸的腐蚀性，减少对环境的污染；进行碱性物质覆盖中和时，救援人员要做好个人安全防护，特别要保护好四肢、面部、五官等暴露皮肤，避免飞溅的硫酸造成伤害；中和结束后，要对覆盖物及时进行清理；对于泄漏的少量硫酸，可用沙土、水泥粉、煤灰等物覆盖吸附，搅拌后集中运往相关单位进行处理。

（6）洗消处理

① 在危险区出口处设置洗消站，用大量清水或肥皂水对人员进行冲洗。

② 用水冲洗救援中使用的装备及被污染的衣物，对冲洗产生的污水、事故现场污染地面及受污染物体表面，用石灰水或烧碱、纯碱等碱性物质的低浓度水溶液进行处理，消除其危害。

（7）清理移交

① 用直流水清扫现场，特别是低洼地带、下水道、沟渠等处，确保不留残液残气。

② 清点人员，收集、整理器材装备。

③ 做好移交，安全归建。

**2. 急救措施**

（1）人员吸入

迅速脱离现场至空气新鲜处，保持呼吸道通畅。如呼吸困难，及时给吸氧；如呼吸、心跳停止，立即进行心肺复苏。就医。

（2）皮肤接触

立即脱去被污染的衣着，用流动清水彻底冲洗至少 15min。就医。

（3）眼睛接触

立即分开眼睑，用流动的清水或生理盐水彻底冲洗 5~10min。就医。

（4）人员误食

误食少量时，用碳酸氢钠溶液漱口。就医。

**（二）战斗编成**

**1. 基本战斗编组**

基本战斗编组应由作战指挥组（3 人）、攻坚行动组（6 人）、供水保障组（3 人）、紧急救援组（3 人）、安全员（1 人）等五部分组成。各应急救援队伍根据实际执勤人数合理编配作战编组。

**2. 基本作战模块**

基本作战模块包括由主战车、泡沫水罐车组成的主战模块；由举高车、水罐车组成的举高模块；由抢险车、其他车组成的抢险模块；由洗消车、水罐车组成的防化模块；由泵浦车、水带敷设车等远程供水系统组成的供水、供泡沫液模块；由排烟车、供气车、照明车组成的保障模块；由机器人、无人机组成的支援模块等。各应急救援队伍根据实际车辆情况编配。

**3. 基本作战单元**

发生事故时，有针对性地选择作战指挥组、攻坚行动组、供水保障组、紧急救援组、安全员的数量及基本作战模块，并有效组合，形成标准作战单元。如图 3-2 所示。

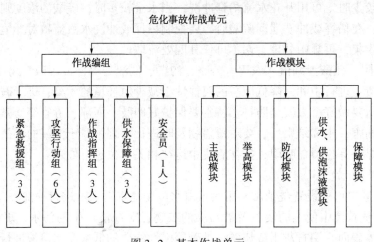

图 3-2　基本作战单元

### (三) 注意事项

(1) 加强现场警戒

根据硫酸泄漏后流散的情况和可能波及的范围,现场警戒区域要适当扩大,特别是酸雾飘散的下风方向更要加强警戒,及时疏散警戒区域内的人员至安全地带,严格控制无关人员进入事故现场,防止酸雾对现场人员的侵害。

(2) 强化个人安全防护

凡参加堵漏、倒罐等进入一线的抢险救援人员,必须做好个人安全防护。执行关阀、堵漏、筑堤、回收、稀释任务的救援人员要佩戴隔绝式呼吸器,着耐腐蚀防化服,戴防腐蚀手套,不得有皮肤暴露,尤其是面部和四肢,避免飞溅的硫酸造成伤害。如不慎接触硫酸,要及时用水冲洗,或用碱性溶液进行有效处理,必要时迅速进行现场急救或送医院救治。现场执行其他任务的抢险救援人员,也要做好安全防护,特别是处于下风向的人员,要采取必要措施,防止硫酸蒸气对呼吸道的侵害。

(3) 选择上风向较高处设置阵地

现场水枪阵地一般应设置在硫酸泄漏源上风向的较高处,或侧上风向,防止酸雾对救援人员的直接伤害。救援车辆应停放在距硫酸泄漏源一定距离的较高处,如事故现场场地有限,到达现场的救援车辆较多时,救援车辆应集中停放在远离泄漏源处,采取接力供水方式向处置现场供水。

(4) 选择喷雾射流稀释硫酸

硫酸具有强烈的吸水性,在与水结合后产生大量的热,如用密集射流直射硫酸,则会使硫酸飞溅,对救援人员造成直接威胁。救援人员如用水稀释硫酸,必须避免水流直射硫酸,即便使用喷雾射流,也不可直射硫酸,避免飞溅的硫酸伤害救援人员。

(5) 精心组织现场急救

事故现场如有受伤者,救援人员要迅速组织急救。现场急救一般应由到场的医护人员进行,救援队给予配合。如果医护人员未到场,救援队员则要进行简单急救,或迅速送医院救治。现场急救应根据受伤者的伤势情况和伤者的多少有序进行,一般应先救治危重受伤者,再救治轻微受伤者;先救治行动不便的受伤者,再救治有一定行动能力的受伤者。急救工作要精心组织,避免混乱。

（6）及时堵漏，控制灾情

针对硫酸泄漏容器、储罐、管道、槽车等不同情况，可采用不同的堵漏器具，并充分考虑防腐措施后，迅速实施堵漏。

① 储罐、容器、管道壁发生微孔泄漏，可用螺丝钉加黏合剂堵漏。

② 管道发生泄漏，不能采取关阀止漏时，可使用堵漏垫、堵漏楔、堵漏袋等器具封堵，也可用橡胶垫等包裹、捆扎等。

③ 阀门法兰盘或法兰垫片损坏发生泄漏，可用不同型号的法兰夹具，并高压注射密封胶进行堵漏。

（7）由环保专家指导防污

对较大硫酸泄漏事故，救援人员在实施抢险的同时，通知环保部门的有关专家到场，具体指导防止环境污染事项，以及要采取的措施，现场指挥部决定实施，并指派相关部门具体落实，救援人员给予配合。严防泄漏硫酸对现场及周围环境的污染。

（8）集中处理稀释水流

泄漏事故处置过程中救援人员使用的稀释水流，因受到硫酸污染，切不可任其到处流淌，要采取筑堤、挖坑、人工回收等措施尽量集中或回收，然后进行物理或化学中和处理，避免造成次生污染，扩大事故灾情和损失。

# 第二节　硝　基　苯

## 一、硝基苯通用知识

硝基苯，有机化合物，又名密斑油、苦杏仁油，为无色或微黄色，具有苦杏仁味的油状液体。难溶于水，密度比水大；易溶于乙醇、乙醚、苯和油。遇明火、高热会燃烧、爆炸。与硝酸反应剧烈。硝基苯由苯经硝酸和硫酸混合硝化而得，可用作有机合成中间体及生产苯胺的原料，用于生产染料、香料、炸药等有机合成工业。

### （一）理化性质（表3-3）

表3-3　硝基苯理化性质

| 成分 | 碳、氢、氮、氧 |
| --- | --- |
| 外观与性状 | 带有苦杏仁味的、无色的油状液体 |
| 闪点 | 87.8℃ |
| 引燃温度 | 482℃ |
| 爆炸极限 | 1.8%（93℃）～40%（体积） |
| 溶解性 | 难溶于水，溶于乙醇、乙醚、苯等多数有机溶剂 |
| 熔点 | 5.7℃ |
| 沸点 | 210.9℃ |
| 密度 | 1.20g/cm³ |

### （二）危害信息

**1. 危险性类别**

硝基苯属于危险化学品中的第6类第6.1项毒性物质。

## 2. 安全储存

储存于阴凉、通风的库房；远离火种、热源；防止阳光直射；保持容器密封；应与硝酸、氧化剂等分开存放；搬运时要轻装轻卸，防止包装及容器损坏。

## 3. 健康危害

健康危害侵入途径：吸入、食入、经皮肤吸收。

健康危害：主要引起高铁血红蛋白血症。可引起溶血及肝损害。急性中毒有头痛、头晕、皮肤黏膜紫绀、手指麻木等症状，严重时可出现胸闷、呼吸困难、心悸，甚至心律紊乱、昏迷、抽搐、呼吸麻痹。有时中毒后出现溶血性贫血、黄疸、中毒性炎。

## 4. 环境危害

对环境有危害，对水体可造成污染。

## 5. 废弃处置

用焚烧法处置。处置前应参阅国家和地方性法规。

## （三）生产工艺

如图 3-3 所示，酸性苯与混酸(硝酸与硫酸混合而成)混合，向 1# 硝化釜连续加料，并依次溢流至 4# 硝化釜。反应放出热量由循环废酸和冷却水带走。由 4# 硝化釜溢流出的物料在硝化分离器中分离，下层废酸除了进行系统内循环外，多余的稀硫酸被送往废酸浓缩装置提浓后以循环使用。上层的酸性硝基苯被送往中和、水洗工序。酸性硝基苯中含有酸(其中主要是反应后的过量游离硫酸)和副反应生成的硝基苯酚。用液碱中和酸性硝基苯中的酸并使不溶于水的硝基苯酚变为易溶于水的硝基苯酚钠，以达到中和、脱硝基苯酚的目的。经过两级水洗后得到粗品硝基苯。

经过水洗后的硝基苯因含有少量苯、水等轻组分和二硝基苯、硫酸钠、硝酸钠、硝基苯酚钠等重组分，所以须经过精制工序才能制得精硝基苯。其间产生的废水则进入废水汽提塔，回收其中所含的有机物后，余下的废水被送往废水处理岗位中和后转送至煤化工部原料装置制取水煤浆。

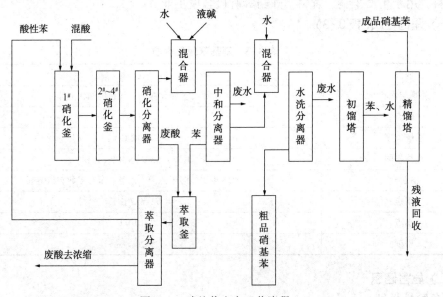

图 3-3　硝基苯生产工艺流程

## 二、硝基苯事故类型特点

### (一) 泄漏事故

发生泄漏事故容易造成人员中毒，土壤、水体污染，遇明火、高温发生燃烧爆炸。

### (二) 着火事故

与硝酸反应强烈，燃烧产生有害的一氧化碳和氮氧化物。

### (三) 爆炸事故

着火与爆炸同时发生、破坏性大、火焰温度高，辐射热强、易形成二次或多次爆炸、火灾初发面积大、毒害性强。注：二次爆炸分为三种情况，一种是容器物理性爆炸后，硝基苯挥发的气体遇火源再次产生化学爆炸；第二种是第一次爆炸发生后，泄漏未能得到有效控制，燃烧高温导致再次爆炸；第三种是发生爆炸后，若处于爆炸中心区域的火源未得到及时控制，会使邻近的储罐受热，继而发生爆炸。

## 三、硝基苯事故处置

### (一) 典型事故处置程序及措施

#### 1. 储存事故处置程序及措施

（1）泄漏事故

① 侦察检测

a. 通过询问、侦察、检测、监测等方法，以测定风力和风向，掌握泄漏量和区域范围。

b. 查明事故区域遇险受困人数、位置和营救路线方法。

c. 查明泄漏储罐容量、泄漏部位、泄漏速度，以及安全阀、紧急切断阀、液位计、液相管、罐体等情况。

d. 查明储罐区储罐、塔数量和总储量、泄漏罐邻近储罐、塔储存量，以及管线、沟渠、下水道走向布局。

e. 了解事故单位已采取的处置措施、内部消防设施配备及运行、先期疏散抢救人员等情况。

f. 查明拟警戒区内重点单位情况、人员数量、地理位置、电源、火源及道路交通情况，掌握现场及周边的消防水源位置、储量及给水方式。

g. 分析评估泄漏扩散范围和可能引发着火爆炸的危险因素及后果。

② 疏散警戒

a. 根据侦察和检测情况，划分警戒区。合理设置出入口，严格控制进入警戒区特别是重危区的人员、车辆、物资，进行安全检查，逐一登记。

b. 疏散泄漏区域及扩散可能波及范围的一切无关人员。

c. 在整个处置过程中，要不间断地进行动态检测，适时调整警戒范围。

③ 禁绝火源

联系相关部门切断事故区域内的强弱电源，熄灭火源，停止高热设备，落实防静电措施。进入警戒区人员严禁携带、使用移动电话和非防爆通信、照明设备，严禁穿化纤类服装和带金属物件的鞋，严禁携带、使用非防爆工具，禁止机动车辆(包括无防爆装置的救援车辆)和非机动车辆随意进入警戒区。

④ 安全防护

人员进入现场或警戒区，必须佩戴呼吸器及各种防护器具，进入重危区的救援人员必须实施二级以上防护，并采取雾状水掩护。现场安全防护标准可参照表3-4。

表3-4 泄漏事故现场安全防护标准

| 级别 | 形式 | 防化服 | 防护服 | 呼吸器 | 其他 |
|------|------|--------|--------|--------|------|
| 一级 | 全身 | 内置式重型防化服 | 全棉防静电内衣 | — | — |
| 二级 | 全身 | 全封闭式防化服 | 全棉防静电内衣 | 正压式空气呼吸器或正压式氧气呼吸器 | 防化手套、防化靴 |
| 三级 | 头部 | 简易防化服或半封闭式防化服 | 全棉防静电内衣 | 滤毒罐、面罩或口罩、毛巾等防护器具 | 抢险救援手套、抢险救援靴 |

⑤ 技术支持

应急救援部门会同事故单位、石油化工等部门的专家、技术人员判断事故状况，提供技术支持，制定应急救援方案，并配合参加应急救援行动。

⑥ 应急处置

a. 少量泄漏。用沙土、蛭石或其他惰性材料吸收。也可以用不燃性分散剂制成的乳液刷洗，洗液稀释后放入废水系统。

b. 大量泄漏。构筑围堤或挖坑收容，用抗溶性泡沫覆盖。用泵转移至槽车或专用收集器内，回收或运至废物处理场所处置。

c. 现场供液。制定供抗溶性泡沫液方案，选用远程供液系统和装备，采取合理的供液方式和方法，保证处置用液量。

d. 稀释防爆。启用事故单位喷淋泵等固定、半固定消防设施；设置水幕，驱散集聚、流动的气体或液体，稀释气体浓度，防止气体向重要目标或危险源扩散并形成大量爆炸性混合气体；采用抗溶性泡沫覆盖，降低其蒸发速度；严禁使用直流水直接冲击罐体和泄漏部位，防止因强水流冲击造成静电积聚、放电引起爆炸。

e. 关阀堵漏。生产装置或管道发生泄漏、阀门尚未损坏时，可协助技术人员或在技术人员的指导下，使用雾状水掩护，关闭阀门，制止泄漏；罐体、管道、阀门、法兰泄漏，采取相应堵漏方法(表3-5)实施堵漏，堵漏必须使用防爆工具。

表3-5 堵漏方法

| 部位 | 形式 | 方法 |
|------|------|------|
| 罐体 | 砂眼 | 使用螺丝加黏合剂旋进堵漏 |
| | 缝隙 | 使用外封式堵漏袋、防爆型电磁式堵漏工具组、粘贴式堵漏密封胶(适用于高压)、潮湿绷带冷凝法或堵漏夹具、金属堵漏锥堵漏 |
| | 孔洞 | 使用各种堵漏夹具、粘贴式堵漏密封胶(适用于高压)、金属堵漏锥堵漏 |
| | 裂口 | 使用外封式堵漏袋、防爆型电磁式堵漏工具组、粘贴式堵漏密封胶(适用于高压)堵漏 |
| 管道 | 砂眼 | 使用螺丝加黏合剂旋进堵漏 |
| | 缝隙 | 使用外封式堵漏袋、防爆型电磁式堵漏工具组、金属封堵套管、潮湿绷带冷凝法或堵漏夹具、金属堵漏锥堵漏 |
| | 孔洞 | 使用各种堵漏夹具、粘贴式堵漏密封胶(适用于高压)、金属堵漏锥堵漏 |
| | 裂口 | 使用外封式堵漏袋、防爆型电磁式堵漏工具组、粘贴式堵漏密封胶(适用于高压)堵漏 |
| 阀门 | | 使用阀门堵漏工具组、注入式堵漏胶、堵漏夹具堵漏 |
| 法兰 | | 使用专门法兰夹具、注入式堵漏胶堵漏 |

f. 输转倒罐。在确保现场安全的条件下，利用车载式或移动式防爆泵直接倒罐，实施时，必须有专业技术人员操作，应急救援人员给予保护；实施倒罐作业时，管线、设备必须做好良好接地。

⑦ 洗消处理

a. 在危险区出口处设置洗消站，用大量清水或肥皂水对从危险区出来的人员进行冲洗。

b. 用水冲洗救援中使用的装备及被污染的衣物，消除其危害。

⑧ 清理移交

a. 用雾状水或惰性气体清扫现场内事故罐、管道、低洼地、下水道、沟渠等处，确保不留残液。

b. 清点人员，收集、整理器材装备。

c. 做好移交，安全归建。

（2）着火事故

① 第一时间了解灾情信息

a. 第一出动的火场指挥员，应在行车途中与指挥中心保持联系，不断了解火场情况，并及时听取上级指示，做好到场前的战斗准备。

b. 上级指挥员在向火场行驶的途中，应通过指挥中心及时与已经到达火场的辖区火场指挥员取得联系，或通过无线系统、图像数据传输系统、专家辅助决策系统了解火场信息。

c. 重点了解火场发展趋势，同时要了解指挥中心调动力量情况，掌握已经到场的力量以及赶赴现场的力量，综合分析各种渠道获得的火场信息，预测火灾发展趋势和着火建（构）筑物、压力容器储罐、化工装置等部位的变化情况，及时确定扑救措施。

② 安全防护

人员进入现场或警戒区，必须佩戴呼吸器及各种防护器具。进入重危区的救援人员必须实施二级以上防护，并采取雾状水掩护。现场安全防护标准可参照表3-6。

表3-6 着火事故现场安全防护标准

| 级别 | 形式 | 防化服 | 防护服 | 防护面具 |
|---|---|---|---|---|
| 一级 | 全身 | 内置式重型防火服 | 全棉防静电内外衣 | 正压式空气呼吸器或全防型滤毒罐 |
| 二级 | 全身 | 隔热服 | 全棉防静电内外衣 | 正压式空气呼吸器或全防型滤毒罐 |
| 三级 | 呼吸 | 灭火防护服 | — | 简易滤毒罐、面罩或口罩、毛巾等防护器材 |

③ 现场侦检

a. 环境信息：风力、风向、周边环境、道路情况、电源、火源、现场及周边的消防水源位置、储量及给水方式。

b. 事故基础信息：事故地点、危害气体浓度、火灾严重程度、邻近建（构）筑物受火势威胁、事故单位已采取的处置措施、内部消防设施配备及运行。

c. 人员伤亡信息：事故区域遇险人数、位置、先期疏散抢救人员等情况。

d. 其他有关信息。

④ 火场警戒的实施

a. 设置警戒工作区域。应急救援队伍到场后，由火场指挥员确定是否需要实施火场警戒。通常在事故现场的上风方向停放警戒车，警戒人员做好个体防护后，按确定好的警戒范围实施警戒，在警戒区上风方向的适当位置建立各相关工作区域，主要有着装区、器材放置区、洗消区、警戒区出入口等。

b. 迅速控制火场秩序。火场指挥员必须尽快控制火场秩序，管制交通，疏导车辆和围观人员，将他们疏散到警戒区域以外的安全地点。维持好现场秩序。

⑤ 应急处置

a. 外围预先部署。到达火灾现场，指挥员在采取措施、组织力量控制火灾蔓延、防止爆炸的同时，必须组织到场力量在外围作强攻近战的部署，包括消防车占领水源铺设水带线路、确定进攻路线、调集增援力量等。

b. 消灭外围火焰。人员救出后，第一出动力量应根据地面流淌火势大小，用足够的枪炮控制外围火焰，待增援力量到场后，要从外围向火场中心推进，消灭硝基苯罐体周围的所有火焰，若第一到场队伍冷却力量不足，要积极支援第一出动，加强冷却。

c. 初期冷却防爆。冷却防爆是救援队到场时的首要任务。如果到场时，装置的全部或局部及地面均在燃烧，应先设法用抗溶性泡沫扑灭地面火灾，并在地面及邻近沟槽表面喷射抗溶性泡沫，在此基础上对事故装置及邻近设备可用水实施从上至下的全方位冷却。冷却中应优先选择重要部位，并分别利用装置邻近高压固定炮、半固定消火栓系统，快速出水。冷却水枪应来回摆动，不能停留在同一部位，防止冷却不均匀使装置变形，装置爆炸后防爆膜爆破，或装置开裂。冷却时应防止冷却水直接进入反应器而扩大事态。为防止燃爆对消防车辆和作战阵地构成的威胁，车辆停靠位置、指挥阵地、分水阵地应设置在上风或侧上风。冷却时，充分利用固定水喷淋系统对燃烧或受到火势威胁的储罐实施冷却，当固定与半固定设施损坏时，现场要加大冷却强度，以防止水流瞬间汽化。同时高喷、消防炮等远距离、大口径装备要合理运用，均匀射水。要重点冷却被火焰直接烘烤的罐壁表面和邻近罐壁，一般情况下，着火罐全部冷却，邻近罐冷却其面对着火罐一侧的表面积一半(具体根据实际情况来决定)。

d. 工艺处置。根据现场情况，及时掩护工艺人员进行关阀断料、输转倒罐等工艺处置，同时为防止火灾扑救中硝基苯外流，应用沙土或其他材料筑堤拦截流淌的液体，或挖沟导流，将物料导向安全地点，防止火焰蔓延。

⑥ 洗消处理

a. 在危险区出口处设置洗消站，用大量清水或肥皂水对从危险区出来的人员进行冲洗。

b. 用水冲洗救援中使用的装备及被污染的衣物，消除其危害。

⑦ 清理移交

a. 用雾状水或惰性气体清扫现场内事故罐、管道、低洼地、下水道、沟渠等处，确保不留残液。

b. 清点人员，收集、整理器材装备。

c. 做好移交，安全归建。

(3) 爆炸事故

① 现场询情，制定处置方案

a. 应急救援人员到现场后，要问清事故单位的有关工程技术人员和当事人，全面了解事故区域还存在哪些爆炸物品及其数量。事故点存放的是单一品种，还是多种爆炸物品。

b. 根据掌握的现场情况，应立即成立技术组，研究行动处置方案。技术组应由发生事故单位的技术人员、专家及公安部门和应急救援机构人员组成。

② 实施现场警戒与撤离

a. 事故发生后，首先应维护现场秩序，划定警戒保护范围，安排专人做好警戒，防止无关人员进入危险区，以免引起不必要的伤亡。

b. 清除着火源、清除关停周围热源，关闭非防爆通信工具。

c. 警戒范围内只允许极少数懂排爆技术的处置人员进入，无关人员不得滞留。

d. 为减少爆炸事故危害，应适度扩大警戒范围，撤离相关职工群众，做好疏散职工群众思想安全教育工作。

③ 转移

a. 对发生事故现场及附近未着火爆炸的物品在安全条件下应及时转移，防止火灾蔓延或爆炸物品的二次爆炸。

b. 转移前要充分了解有关物品的位置、外包装、能否转移和触动、周围环境和可能影响范围等情况，在时间允许的条件下，应制定转移方案，明确相关人员分工、器材准备、转移程序方法等。

（其余可参照着火事故处置程序及措施。）

**2. 运输事故处置程序及措施**

（1）现场询情

硝基苯储存量、泄漏量、泄漏时间、部位、形式、扩散范围等；泄漏事故周边居民、地形、电源、火源等；应急措施、工艺措施、现场人员处理意见等。

（2）个体防护

参加泄漏处理人员应充分了解硝基苯的化学性质和反应特征，要于高处和上风处进行处理，严禁单独行动，要有监护人。必要时要用雾状水掩护。要根据硝基苯的性质和毒物接触形式，选择适当的防护用品，防止事故处理过程中发生伤亡、中毒事故。

（3）侦察检测

搜寻现场是否有遇险人员；使用检测仪器测定硝基苯浓度及扩散范围；测定风向、风速及气象数据；确认在现场周围可能会引起火灾、爆炸的各种危险源；确定攻防路线、阵地；确定周边污染情况。

（4）疏散警戒

根据询情、侦检情况确定警戒区域；将警戒区域划分为重度危险区、中度危险区、轻度危险区和安全区并设置警戒标志，在安全区视情设立隔离带；合理设置出入口、严控进出人员、车辆、物资，并进行安全检查、逐一登记。

（5）禁绝火源和热源

为避免泄漏区发生爆炸等次生危害，应切断火源，停止一切非防爆的电气作业，包括手机、车辆和铁质金属器具。

（6）应急处置

① 少量泄漏。用沙土、蛭石或其他惰性材料吸收。也可以用不燃性分散剂制成的乳液刷洗，洗液稀释后放入废水系统。

② 大量泄漏。构筑围堤或挖坑收容，用抗溶性泡沫覆盖。用泵转移至槽车或专用收集

器内，回收或运至废物处理场所处置。

③ 消防车供水或选定水源、铺设水带、设置阵地、有序展开；设置水幕，稀释、降解硝基苯浓度，或设置蒸汽幕；采用雾状射流形成水幕墙，防止硝基苯向重要目标或危险源扩散。

④ 堵漏。根据现场泄漏情况，研究堵漏方案，并严格按照堵漏方案实施；根据泄漏情况，在采取其他措施的同时，可通过堵漏工具设备进行堵漏。

⑤ 输转倒罐。通过输转设备和管道采用防爆泵倒罐、压力差倒罐，将硝基苯从事故储运装置倒入安全装置或容器内。

（7）洗消处理

在作战条件允许或战斗任务完成后，对遇险人员进行全面的洗消，开设洗消帐篷。同时对受染道路、地域及重要目标的洗消，对大面积的受染地面和不急需的装备、物资，采取洗消后进行无害处置。

（8）清理移交

用雾状水、惰性气体清扫现场内事故罐、管道、低洼、沟渠等处，确保不留残液；清点人员、车辆及器材；撤除警戒，做好移交，安全归建。

**3. 急救措施**

（1）人员吸入

迅速脱离现场至空气新鲜处，保持呼吸道通畅。如呼吸困难，给吸氧；如呼吸、心跳停止，立即进行心肺复苏。就医。

（2）皮肤接触

立即脱去被污染的衣着，用肥皂水或清水彻底冲洗。就医。

（3）眼睛接触

立即分开眼睑，用清水或生理盐水彻底冲洗。就医。

（4）人员误食

漱口，饮水。就医。

**（二）战斗编成**

**1. 基本战斗编组**

基本战斗编组应由作战指挥组（3人）、攻坚行动组（3人）、供水保障组（6人）、紧急救援组（6人）、安全员（1人）等五部分组成。各应急救援队伍根据实际执勤人数合理编配作战编组。

**2. 基本作战模块**

基本作战模块包括由主战车、泡沫水罐车组成的主战模块；由举高车、水罐车组成的举高模块；由抢险车、其他车组成的抢险模块；由洗消车、水罐车组成的防化模块；由泵浦车、水带敷设车等远程供水系统组成的供水、供泡沫液模块；由排烟车、供气车、照明车组成的保障模块；由机器人、无人机组成的支援侦检模块等。各应急救援队伍根据实际车辆情况编配。

**3. 基本作战单元**

发生事故时，有针对性地选择作战指挥组、攻坚行动组、供水保障组、紧急救援组、安全员的数量及基本作战模块，并有效组合，形成标准作战单元。如图3-4所示。

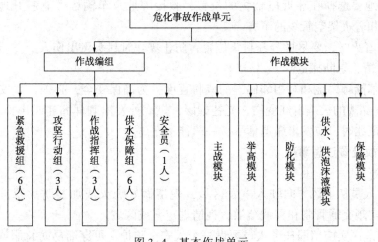

图 3-4　基本作战单元

## （三）注意事项

### 1. 储存事故处置注意事项

（1）泄漏事故

① 正确选择停车位置和进攻路线。消防车要选择从上风方向的入口、通道进入现场，停靠在上风方向的适当位置。进入危险区的车辆必须加装防火罩。使用上风方向的水源，从上风、侧上风向选择进攻路线，并设立救援阵地。指挥部应设置在安全区。

② 行动中要严防引发爆炸。进入危险区作业人员一定要专业、精干，防护措施要到位，同时使用雾状水进行掩护。在雷电天气下，采取行动要谨慎。

③ 设立现场安全员，确定撤离信号，实施全程动态仪器检测。一旦现场气体浓度接近爆炸浓度极限，事态还未得到有效控制，险情加剧，危及救援人员安全时，要及时发出撤离信号。一线指挥员在紧急情况下可不经请示，果断下达紧急撤离命令。紧急撤离时不收器材，不开车辆，保证人员迅速、安全撤出危险区。

④ 合理组织供水，保证持续、充足的现场消防供水，对硝基苯储罐和泄漏区域不间断冷却稀释。

⑤ 严禁作业人员在泄漏区域的下水道或地下空间的顶部、井口等处滞留。

⑥ 做好医疗急救保障。配合医疗急救力量做好现场救护准备，一旦出现伤亡事故，立即实施救护。

⑦ 调集一定数量的消防车在泄漏区域集结待命。一旦发生着火爆炸事故，立即出动，控制火势，消除险情。

（2）着火事故

① 合理停车、确保安全

a. 车辆停放在爆炸物危害不到的安全地带，要靠近掩蔽物。

b. 选择上风或侧上风方向停车，车头朝向便于撤退的方向。

c. 车辆不能停放在地沟、下水井、覆工板上面和架空管线下面。

② 安全防护、充分到位

a. 必须做好个人安全防护，负责主攻的前沿人员要着防火隔热服。

b. 火场指挥员要注意观察风向、地形及火情，从上风或侧上风接近火场。

67

c. 救援阵地要选择在靠近掩蔽物的位置，救援阵地及车辆尽可能避开地沟、覆工板、下水井的上方和着火架空管线的下方。

d. 在储罐着火时，要尽量避开封头位置，防止爆炸时封头飞出伤人。

③ 发现险情、果断撤退

根据硝基苯储罐燃烧和对相邻储罐的威胁程度，为确保安全，必须设置安全员（火场观察哨）。当发现储罐的火焰由红变白、光芒耀眼，燃烧处发出刺耳的啸叫声，罐体出现抖动等爆炸的危险征兆时，应发出撤退信号，一律徒手撤离。

**2. 运输事故处置注意事项**

（1）泄漏事故

① 车辆、人员从上风方向驶入事发区域，视情做好熄火或加装防火罩准备，到场后，第一时间推动实现交通管制和警戒疏散，视情划定警戒区域。

② 进入重危区实施堵漏任务人员要做好个人安全防护，可穿简易防化服或灭火防护服，佩戴空气呼吸器，尽量减少与液相硝基苯和附近管线的不必要接触。

③ 已燃泄漏硝基苯，严禁用水直接射流，造成火焰和辐射范围人为扩大，堵漏时需避开爆破片等各类保险装置。

④ 加强对罐体（管道）状况勘察和故障情况分析，充分发挥技术人员、专家的辅助决策作用，特别是当罐车与其他危险化学品运输车发生事故时，情况不明严禁盲目行动，且在处置过程中要加强通信，随时做好撤离准备。

（2）爆炸事故

① 除紧急工作如抢救人命、灭火堵漏外，不许无关人员进入危险区，对进入危险区工作的人员要加强防护，穿戴隔热服和防毒装备。

② 通知交通管理部门，依据警戒区域进行交通管制，无关车辆和人员禁止通行，切断电源，熄灭火种，停用加热设备，现场无线电通信设备必须防爆，否则不得使用。

③ 加强火场的通信联络，统一撤退信号。设立观察哨，严密监视火势情况和现场风向风力变化情况。

④ 硝基苯液相沿地面流动。可采用抗溶性泡沫覆盖，禁止用直流水直接冲击罐体和泄漏部位，防止因强水流冲击而造成静电积聚、放电引起爆炸。

⑤ 指挥员随时注意火势变化。如储罐摇晃变形发出异常声响，储罐倾斜或安全阀放气声突变的刺耳等危险状态，应组织人员迅速撤离现场，防止发生爆炸伤人。

⑥ 火势扑灭需要堵漏时必须使用防爆工具，设置水幕或蒸汽幕，驱散集聚、流动挥发气体，稀释气体浓度，防止形成爆炸性混合物。

⑦ 火势被消灭后，要认真彻底检查现场，阀门是否关好，残火是否彻底消灭，是否稀释清理到位，并留下一定的消防车和人员进行现场看守，以防复燃。

⑧ 通过专业设备对现场残液进行回收，对消防用水进行无害处置。

# 第三节　原　　油

## 一、原油通用知识

未经加工处理的石油称为原油，是一种黏稠的、深褐色液体。地壳上层部分地区有石油储存。其主要成分为各种烷烃、环烷烃、芳香烃的混合物，是许多化学工业产品如汽油、柴油、溶液、化肥、杀虫剂和塑料等的原料。

## （一）理化性质（表3-7）

表3-7　原油理化性质

| 成分 | 烷烃、环烷烃、芳香烃和烯烃等多种液态烃的混合物 |
| --- | --- |
| 外观与性状 | 黑褐色并带有绿色荧光，具有特殊气味的黏稠性油状液体 |
| 溶解性 | 原油不溶于水，但可与水形成乳状液；可溶于有机溶剂，<br>如苯、香精、醚、三氯甲烷、四氯化碳等，也能局部溶解于酒精之中 |
| 凝固点 | −50~35℃ |
| 蒸气爆炸极限 | 1.1%~6.4%（体积） |
| 闪点 | −6.7~32.2℃ |
| 沸点 | 常温至500℃以上 |
| 黏度 | 1~100mPa·s |
| 密度 | 相对密度（水=1）：0.75~0.95（比水轻） |
| 燃烧热 | 41~45MJ/kg |

## （二）危害信息

### 1. 危险性类别

原油属于危险化学品中的第3类易燃液体，火灾种类为甲类。

### 2. 火灾与爆炸危险性

原油的闪点、燃点均较低，具有比煤炭、木材等物质易燃烧的特性。原油的爆炸极限也较低，爆炸危险性高。着火过程中燃烧和爆炸通常交替进行，原油蒸气浓度达到爆炸极限时，遇火源便会发生爆炸，随后转为燃烧。

### 3. 健康危害

刺激眼睛和皮肤，导致皮肤红肿、干燥和皮炎，食入将引发恶心、呕吐和腹泻，影响中枢神经系统，表现为兴奋，继而引发头痛、眼花、困倦及恶心，更严重者将精神崩溃、失去意识、陷入昏迷，甚至由于呼吸系统衰竭导致死亡。吸入高浓度蒸气将影响中枢神经系统肺损伤，引发恶心、头痛、眼花以至于昏迷。

## （三）生产工艺（图3-5）

### 1. 原油开采

采油工程是油田开采过程中根据开发目标通过生产井和注入井对油藏采取的各项工程技术措施的总称，也是石油化工产业的上游工程。

### 2. 矿场加工

生产井开采的油品往往含有乳化水、游离水与无机盐，不能直接外送，需先输送至联合站进行油品的矿场加工。在联合站，会对原油进行计量、油气分离、原油脱水、原油脱盐、原油稳定等过程，完成矿场加工后的合格原油通过长输管道向城市与炼化厂输送。

### 3. 储存与运输

经过矿场加工后，合格的原油会通过长输管道输送至城市、炼厂与油库。长输管道的终点通常为油库、炼厂、城市等，在此类区域，需要建设储罐以储存油品。常用的原油储罐为浮顶罐。

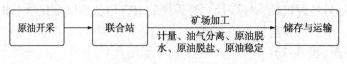

图 3-5　原油生产工艺流程

## 二、原油事故类型特点

### （一）泄漏事故

原油储罐的泄漏不仅造成油品流失，而且还可能导致火灾爆炸、设备损失、人身伤亡等重大事故，有毒物质以气态或液态形式泄漏至环境中，迁移中后期还将污染大气、土壤、水体等，造成极其严重的危害，具有扩散迅速、危害范围大、处置难度大的特点。

### （二）着火事故

原油闪点较低，挥发性强，在空气中只要有很小的点燃能量就会闪燃，具有较高的火灾危险性。原油蒸气的爆炸范围较宽，爆炸下限较低，危险性较大。原油蒸气和空气混合后，可形成爆炸性混合气体，达到爆炸极限时遇到点火源即可发生爆炸。原油在着火燃烧的过程中，气体空间的油气浓度，随着燃烧状况而不断变化使得原油火灾具有火势猛、面积大、速度快的特点。

### （三）爆炸事故

原油中通常溶解有少量可燃气体，这些可燃气体挥发后与空气会形成可燃性爆炸混合物。储存原油的大型浮顶原油储罐的一次密封和二次密封之间往往可能处于爆炸极限范围内，当遇到雷击、火花等引火源时将可能发生爆炸，从而形成密封圈火灾。又因原油的燃烧和爆炸也往往是相互转化、交替进行，具有火焰温度高、破坏性大、辐射热强、火灾初发面积大等特点。因此，重质油品储罐即使在未发生泄漏的情况下也应注意其爆炸、着火的风险。

### （四）沸溢事故

原油本身热膨胀系数不大，但受到火焰辐射时，由于原油中低沸点组分会汽化膨胀，其体积会有较大的增长。同时，原油在含水量达到 0.3%～4% 时具有沸溢性，可形成高达几十米、喷射距离上百米的巨大火柱，沸溢事故辐射热通量是沸溢前数十倍，不仅会造成人员伤亡，而且能引起邻近储罐燃烧。原油及其重质组分发生扬沸的瞬间，被抛出罐外的高温原油还会严重威胁救援人员的生命，严重阻碍应急救援工作的进行，具有破坏性强、辐射热高、危害性大等特点。

## 三、原油事故处置

### （一）典型事故处置程序及措施

**1. 储存事故处置程序及措施**

（1）泄漏事故

① 侦察检测

a. 通过询问、侦察、检测、监测等方法，以测定风力和风向，掌握泄漏区域泄漏量和扩散方向。

b. 查明事故区域遇险人数、位置和营救路线。

c. 查明泄漏储罐容量、泄漏部位、泄漏速度，以及安全阀、紧急切断阀、液位计、进出管道、呼吸阀、搅拌机、罐体结构等情况。

d. 查明储罐区储罐数量和总储量、泄漏罐邻近储罐储存量，以及管线、沟渠、下水道走向布局。

e. 了解事故单位已采取的处置措施、内部消防设施配备及运行、先期疏散抢救人员等情况。

f. 查明拟警戒区内重点单位情况、人员数量、地理位置、电源、火源及道路交通情况，掌握现场及周边的消防水源位置、储量及给水方式。

g. 分析评估泄漏扩散范围和可能引发着火爆炸的危险因素及后果。

② 疏散警戒

a. 根据侦察和检测情况，划分警戒区，设立警戒标志。合理设置出入口，严格控制进入警戒区特别是重危区的人员、车辆、物资，进行安全检查，逐一登记。

b. 疏散泄漏区域及扩散可能波及范围的一切无关人员。

c. 在整个处置过程中，要不间断地进行动态检测，适时调整警戒范围。

③ 禁绝火源

联系相关部门切断事故区域内的强弱电源，熄灭火源，停止高热设备，落实防静电措施。进入警戒区人员严禁携带、使用移动电话和非防爆通信、照明设备，严禁穿化纤类服装和带金属物件的鞋，严禁携带、使用非防爆工具，禁止机动车辆（包括无防爆装置的救援车辆）和非机动车辆随意进入警戒区。清理油污时，严禁使用非防爆工具。

④ 安全防护

人员进入现场或警戒区，必须佩戴呼吸器及各种防护器具。进入重危区的救援人员必须实施三级以上防护，并采取雾状水掩护。现场安全防护标准可参照表3-8。

表 3-8　泄漏事故现场安全防护标准

| 级别 | 形式 | 防化服 | 防护服 | 呼吸器 | 其他 |
|---|---|---|---|---|---|
| 一级 | 全身 | 内置式重型防化服 | 全棉防静电内衣 | — | — |
| 二级 | 全身 | 全封闭式防化服 | 全棉防静电内衣 | 正压式空气呼吸器或正压式氧气呼吸器 | 防化手套、防化靴 |
| 三级 | 头部 | 简易防化服或半封闭式防化服 | 全棉防静电内衣 | 滤毒罐、面罩或口罩、毛巾等防护器具 | 抢险救援手套、抢险救援靴 |

⑤ 技术支持

应急救援部门会同事故单位、石油化工等部门的专家、技术人员判断事故状况，提供技术支持，制定应急救援方案，并参加配合应急救援行动。

⑥ 应急处置

a. 使用沙袋、泥土等物质在泄漏点附近筑堤围堵，防止污染范围扩大。

b. 重点关注沟渠等低洼地段，用塑料膜或沙袋覆盖下水道，防止泄漏的油品进入排水设施。

c. 使用锯末、吸油毡等吸附性物质对泄漏油品进行吸附后进行无害化处理。

d. 根据泄漏原油的范围，合理设置泡沫枪监护现场作业，确保处置过程中不会发生火灾。

e. 对于聚集在低洼地段或地沟的液相原油气，通过自然风吹散或打开地沟盖板通过自然风吹散。同时还可以通过防爆机械送风进行驱散。

f. 严禁使用直流水直接冲击罐体和泄漏部位，防止因强水流冲击造成静电积聚、放电引起爆炸。

g. 关阀堵漏。生产装置或管道发生泄漏、阀门尚未损坏时，可协助技术人员或在技术人员的指导下，使用雾状水掩护，关闭阀门，制止泄漏；罐体、管道、阀门、法兰泄漏，采取相应堵漏方法(表3-9)实施堵漏；堵漏时应使用防爆工具，现场不得出现明火。

表 3-9 堵漏方法

| 部位 | 形式 | 方 法 |
|---|---|---|
| 罐体 | 砂眼 | 使用螺丝加黏合剂旋进堵漏 |
| | 缝隙 | 使用外封式堵漏袋、防爆型电磁式堵漏工具组、粘贴式堵漏密封胶(适用于高压)、潮湿绷带冷凝法或堵漏夹具、金属堵漏锥堵漏 |
| | 孔洞 | 使用各种堵漏夹具、粘贴式堵漏密封胶(适用于高压)、金属堵漏锥堵漏 |
| | 裂口 | 使用外封式堵漏袋、防爆型电磁式堵漏工具组、粘贴式堵漏密封胶(适用于高压)堵漏 |
| 管道 | 砂眼 | 使用螺丝加黏合剂旋进堵漏 |
| | 缝隙 | 使用外封式堵漏袋、防爆型电磁式堵漏工具组、金属封堵套管、潮湿绷带冷凝法或堵漏夹具、金属堵漏锥堵漏 |
| | 孔洞 | 使用各种堵漏夹具、粘贴式堵漏密封胶(适用于高压)、金属堵漏锥堵漏 |
| | 裂口 | 使用外封式堵漏袋、防爆型电磁式堵漏工具组、粘贴式堵漏密封胶(适用于高压)堵漏 |
| 阀门 | | 使用阀门堵漏工具组、注入式堵漏胶、堵漏夹具堵漏 |
| 法兰 | | 使用专门法兰夹具、注入式堵漏胶堵漏 |

h. 输转倒罐。油泵倒罐：在确保现场安全的条件下，利用固定式输油泵直接倒罐。必须有专业技术人员实施操作，应急救援人员给予保护。压力差倒罐：利用水平落差产生的自然压力差将事故储罐的原油倒入其他容器、储罐或槽罐车，降低危险程度。

⑦ 洗消处理

a. 在危险区出口处设置洗消站，用肥皂水对从危险区出来的人员进行冲洗。

b. 用蒸汽冲洗救援中使用的装备器材，消除其危害。

⑧ 清理移交

a. 检查现场可燃气体浓度，尤其是低洼地带和通风受限区域，确保无可燃气体积聚。

b. 清点人员，收集、整理器材装备。

c. 撤除警戒，做好移交，安全归建。

(2) 着火事故

① 第一时间了解灾情信息

a. 第一出动的火场指挥员，应在行车途中与指挥中心保持联系，不断了解火场情况，并及时听取上级指示，做好到场前的战斗准备。

b. 上级指挥员在向火场行驶的途中，应通过指挥中心及时与已经到达火场的辖区火场指挥员取得联系，或通过无线系统、图像数据传输系统、专家辅助决策系统了解火场信息。

c. 重点了解火场发展趋势，同时要了解指挥中心调动力量情况，掌握已经到场的力量以及赶赴现场的力量，综合分析各种渠道获得的火场信息，预测火灾发展趋势和着火建(构)筑物、压力容器储罐、化工装置等部位的变化情况，及时确定扑救措施。

② 安全防护

人员进入现场或警戒区，必须佩戴呼吸器及各种防护器具。进入重危区的救援人员必须实施二级以上防护，并采取雾状水掩护。现场安全防护标准可参照表3-10。

表3-10　着火事故现场安全防护标准

| 级别 | 形式 | 防化服 | 防护服 | 防护面具 |
|------|------|--------|--------|----------|
| 一级 | 全身 | 内置式重型防火服 | 全棉防静电内外衣 | 正压式空气呼吸器或全防型滤毒罐 |
| 二级 | 全身 | 隔热服 | 全棉防静电内外衣 | 正压式空气呼吸器或全防型滤毒罐 |
| 三级 | 呼吸 | 灭火防护服 | — | 简易滤毒罐、面罩或口罩、毛巾等防护器材 |

③ 现场侦检

a. 环境信息：风力、风向、周边环境、道路情况、电源、火源、现场及周边的消防水源位置、储量及给水方式。

b. 事故基础信息：事故地点、危害气体浓度、火灾严重程度、邻近建（构）筑物受火势威胁、事故单位已采取的处置措施、内部消防设施配备及运行。

c. 人员伤亡信息：事故区域遇险人数、位置、先期疏散抢救人员等情况。

d. 其他有关信息。

④ 火场警戒的实施

a. 设置警戒工作区域。应急救援队伍到场后，由火场指挥员确定是否需要实施火场警戒。通常在事故现场的上风方向停放警戒车，警戒人员做好个体防护后，按确定好的警戒范围实施警戒，在警戒区上风方向的适当位置建立各相关工作区域，主要有着装区、器材放置区、洗消区、警戒区出入口等。

b. 迅速控制火场秩序。火场指挥员必须尽快控制火场秩序，管制交通，疏导车辆和围观人员，将其疏散到警戒区域以外的安全地点。维持好现场秩序。

⑤ 应急处置

a. 外围预先部署。到达火灾现场，指挥员在采取措施、组织力量控制火势的同时，必须组织到场力量在外围作强攻近战的部署，包括消防车占领水源铺设水带线路、确定进攻路线、调集增援力量等。

b. 消灭外围火焰。人员救出后，第一出动力量应根据地面流淌火火势大小，用足够的枪炮控制外围火焰，待增援队到场后，要从外围向火场中心推进，消灭罐体周围的流淌火，若第一到场队伍冷却力量不足，要积极支援第一出动，加强冷却。

c. 冷却抑爆。冷却时，充分利用固定水喷淋系统对燃烧或受到火势威胁的储罐实施冷却，当固定与半固定设施损坏时，现场要加大冷却强度，以防止水流瞬间汽化。同时高喷、消防炮等远距离、大口径装备要合理运用，均匀射水。要重点冷却被火焰直接辐射的罐壁表面和邻近罐壁，一般情况下，着火罐全部冷却，邻近罐冷却其面对着火罐一侧的表面积一半（具体根据实际情况来决定）。

d. 工艺处置。根据现场情况，及时掩护工艺人员对储罐进行关阀断料、输转倒罐等工艺处置，同时为防止火灾扑救中油品外流，应用沙袋或其他材料筑堤拦截流淌的液体，或挖沟导流，将物料导向安全地点，必要时用毛毡、草帘堵住下水井、窨井口等处，防止火焰蔓延。

e. 泡沫覆盖法。在扑救原油流淌火与池火火灾时，可使用泡沫对起火原油表面进行覆盖，隔绝空气，同时降低原油表面温度、抑制油品蒸发，达到灭火的效果。

f. 高喷覆盖法。当储罐罐顶起火时，可使用高喷车按强释放—缓释放交替进行的方式对罐顶进行泡沫覆盖。在灭火时，两台高喷车上风方向或侧上风方向依次站位，采取强释放方式喷射迎风面内罐壁，打开作业面，顺风向推进覆盖灭火；另外两台高喷车上风方向或主侧上风方向依次站位，臂架炮加装发泡管，从强释放点下风向泡沫流淌覆盖区开始，采取缓释放方式接力释放泡沫至油面覆盖推进灭火。

g. 干粉灭火法。此方法主要是利用干粉能夺取燃烧中游离基的特点，干扰和抑制原油燃烧，从而扑灭火灾。干粉对扑救小范围原油火灾或带电生产装置效果较为显著。

h. 大流量系统灭火法。当储罐发生全液面火灾时，可使用大流量远程供水灭火系统对罐顶火灾进行扑救。

⑥ 洗消处理

a. 在危险区出口处设置洗消站，用肥皂水对从危险区出来的人员进行冲洗。

b. 用蒸汽冲洗救援中使用的装备器材，消除其危害。

⑦ 清理移交

a. 检查现场可燃气体浓度，尤其是低洼地带和通风受限区域，确保无可燃气体积聚。

b. 清点人员，收集、整理器材装备。

c. 撤除警戒，做好移交，安全归建。

（3）爆炸事故

① 现场询情，制定处置方案

a. 应急救援人员到现场后，要问清事故单位的有关工程技术人员和当事人，全面了解事故区域还存在哪些爆炸物品及其数量。事故点存放的是单一品种，还是多种爆炸物品。

b. 根据掌握的现场情况，应立即成立技术组，研究行动处置方案。技术组应由发生事故单位的技术人员、专家及公安部门和应急救援机构人员组成。

② 实施现场警戒与撤离

a. 事故发生后，首先应维护现场秩序，划定警戒保护范围，安排专人做好警戒，防止无关人员进入危险区，以免引起不必要的伤亡。

b. 清除着火源，关闭非防爆通信工具。

c. 警戒范围内只允许极少数懂排爆技术的处置人员进入，无关人员不得滞留。

d. 为减少爆炸事故危害，应适度扩大警戒范围，撤离相关职工群众。但撤离范围不宜过大，应科学判断，否则会引起群众不满，甚至导致社会恐慌。

③ 转移

a. 对发生事故现场及附近未着火爆炸的物品在安全条件下应及时转移，防止火灾蔓延或爆炸物品的二次爆炸。

b. 转移前要充分了解有关物品的位置、外包装、能否转移和触动、周围环境和可能影响范围等情况，在时间允许的条件下，应制定转移方案，明确相关人员分工、器材准备、转移程序方法等。

（其余可参照着火事故处置程序及措施。）

**2. 运输事故处置程序及措施**

（1）现场询情

原油储存量、泄漏量、泄漏时间、部位、形式、扩散范围等；泄漏事故周边居民、地形、电源、火源等；应急措施、工艺措施、现场人员处理意见等。

（2）个体防护

参加泄漏处理人员应充分了解原油的化学性质和反应特征，要于高处和上风处进行处理，严禁单独行动，要有监护人。必要时要用雾状水掩护。要根据原油的性质和毒物接触形式，选择适当的防护用品，防止事故处理过程中发生伤亡、中毒事故。

（3）侦察检测

搜寻现场是否有遇险人员；使用检测仪器测定气体浓度及扩散范围；测定风向、风速及气象数据；确认在现场周围可能会引起火灾、爆炸的各种危险源；确定攻防路线、阵地；确定周边污染情况。

（4）疏散警戒

根据询情、侦检情况确定警戒区域；将警戒区域划分为重度危险区、中度危险区、轻度危险区和安全区并设置警戒标志，在安全区视情设立隔离带；合理设置出入口、严控进出人员、车辆、物资，并进行安全检查、逐一登记。

在事故车辆后部，应倾斜停放一辆水罐泡沫车对事故现场进行保护，并且使用反光锥或信号灯布置隔离带，对后方车辆进行引导，防止后方来车威胁救援人员的安全。

（5）禁绝火源和热源

为避免泄漏区发生爆炸等次生危害，应切断火源，停止一切非防爆的电气作业，包括手机、车辆和铁质金属器具。

（6）应急处置

① 筑堤围堵。在事故罐车周围利用沙袋或泥土进行筑堤围堵，防止泄漏的原油流淌，导致事故范围扩大。

② 堵漏排险。根据现场泄漏情况，研究堵漏方案，并严格按照堵漏方案实施。在进行堵漏时应使用防爆工具，必要时可使用雾状水进行掩护。

③ 输转倒罐。通过输转设备和管道采用输油泵倒罐、压力差倒罐将原油从事故储运装置倒入安全装置或容器内。

（7）洗消处理

在作战条件允许或战斗任务完成后，应开设洗消帐篷，对遇险人员和参战人员进行洗消；对于受染道路、地域及重要目标，可采用吸附的方式进行洗消；对于受污染的装备，可利用有机溶剂对沾染的原油进行洗消。在洗消过程中，洗消人员应做好个体防护。

（8）清理移交

用雾状水、惰性气体清扫现场内事故罐、管道、低洼、沟渠等处，确保不留残液；清点人员、车辆及器材；撤除警戒，做好移交，安全归建。

**3. 急救措施**

（1）人员吸入

迅速脱离现场至空气新鲜处，保持呼吸道通畅。如呼吸困难，给输氧；如呼吸、心跳停止，立即进行心肺复苏。就医。

（2）皮肤接触

立即脱去被污染的衣着，用清水彻底冲洗皮肤。就医。

（3）眼睛接触

立即分开眼睑，用流动清水或生理盐水冲洗。就医。

（4）人员误食

尽快彻底洗胃。就医。

## （二）战斗编成

### 1. 基本战斗编组

基本战斗编组应由作战指挥组（3人）、攻坚行动组（3人）、供水保障组（3人）、紧急救援组（3人）、安全员（1人）等五部分组成。各应急救援队伍根据实际执勤人数合理编配作战编组。

### 2. 基本作战模块

基本作战模块包括由主战车、泡沫水罐车组成的主战模块；由举高车、水罐车组成的举高模块；由抢险车、其他车组成的抢险模块；由洗消车、水罐车组成的防化模块；由泵浦车、水带敷设车等远程供水系统组成的供水、供泡沫液模块；由排烟车、供气车、照明车组成的保障模块；由机器人、无人机组成的支援模块等。各应急救援队伍根据实际车辆合理编配作战编组。

### 3. 基本作战单元

发生事故时，有针对性地选择作战指挥组、攻坚行动组、供水保障组、紧急救援组、安全员的数量及基本作战模块，并有效组合，形成标准作战单元。如图3-6所示。

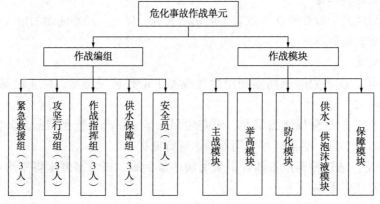

图3-6　基本作战单元

## （三）注意事项

### 1. 储存事故处置注意事项

（1）泄漏事故

① 正确选择停车位置和进攻路线。消防车要选择从上风方向的入口、通道进入现场，停靠在上风方向的适当位置。进入危险区的车辆必须加装防火罩。使用上风方向的水源，从上风、侧上风向选择进攻路线，并设立救援阵地。指挥部应设置在安全区。

② 行动中要严防引发爆炸。进入危险区作业人员一定要专业、精干，防护措施要到位，同时使用雾状水或喷射泡沫进行掩护。在雷电天气下，采取行动要谨慎。

③ 设立现场安全员，确定撤离信号，实施全程动态仪器检测。一旦现场气体浓度接近爆炸浓度极限或泄漏油品大面积扩散，事态未得到有效控制，险情加剧，危及救援人员安全时，要及时发出撤离信号。一线指挥员在紧急情况下可不经请示，果断下达紧急撤离命令。紧急撤离时不收器材，不开车辆，保证人员迅速、安全撤出危险区。

④ 及时进行封堵作业，防止泄漏油品大面积扩散。并确保现场不存在点火源，防止泄漏油品遇明火形成流淌火。

76

⑤ 严禁作业人员在泄漏区域的下水道或地下空间的顶部、井口等处滞留。

⑥ 做好医疗急救保障。配合医疗急救力量做好现场救护准备，一旦出现伤亡事故，立即实施救护。

⑦ 调集一定数量的消防车在泄漏区域集结待命。一旦发生着火爆炸事故，立即出动，控制火势，消除险情。

⑧ 油品蒸发出的油气密度比空气大，可随风沿地面扩散，在低洼处积聚不散，当达到爆炸浓度极限时易发生爆炸。在现场泄漏油品处置完成后，需认真检测现场油气浓度，排除险情。

（2）着火、爆炸事故

① 合理停车、确保安全

a. 车辆停放在爆炸物危害不到的安全地带，要靠近掩蔽物。

b. 选择上风或侧上风方向停车，车头朝向便于撤退的方向。

c. 车辆不能停放在地沟、下水井、覆工板上面和架空管线下面。

② 安全防护、充分到位

a. 必须做好个人安全防护，负责主攻的前沿人员要着隔热服、灭火防护服。

b. 火场指挥员要注意观察风向、地形及火情，从上风或侧上风接近火场。

c. 救援阵地要选择在靠近掩蔽物的位置，救援阵地及车辆尽可能避开地沟、覆工板、下水井的上方和着火架空管线的下方。

d. 在槽车储罐着火时，要尽量避开封头位置，防止爆炸时封头飞出伤人。

e. 前方作战人员应着防火隔热服，防止高温和热辐射灼伤或高温昏迷。原油火灾处置时间长，难度大，应合理编排处置力量，做好人员轮换。

f. 在防火堤内开展作战行动要注意作战人员安全，在四个方向设置翻越设施，以便发生沸溢或喷溅前快速撤离。作战人员不得进入被泡沫覆盖的流淌火区域，以防止复燃对人员造成伤害。

③ 快速成立火场指挥部

第一出动力量到达火场后，立即成立火场指挥部，协调有经验的工程技术人员参加，统一指挥、统一行动、严密分工、各负其责、协同作战。

④ 发现险情、果断撤退

a. 设立火场安全员，观察火灾发展变化情况。当出现油面呈现蠕动、涌涨现象，出现油泡沫2~4次、火焰增高发亮、发白烟色由浓变淡、罐壁或其上部发生颤动、产生剧烈的嗞嗞声等沸溢和喷溅征兆时，及时向火场总指挥员报告，十分危急的情况下，可直接发出撤离信号，再向火场总指挥报告。

b. 作战前应确定好紧急撤离信号和路线，明确力量集结点。由火场总指挥发出人员全部撤出的命令，如遇紧急情况，现场指挥员可根据现场情况临机对所属作战人员下达撤出的命令。收到紧急撤退命令时，立即徒手撤离。

⑤ 合理部署力量，做好冷却工作

a. 当火场着火油罐火势较大时，积极冷却着火油罐，将主要力量集中在对其邻近罐的冷却降温上，防止邻近罐体受热辐射影响而爆炸，也为后续增援力量到场后实施灭火创造有利条件。在存在地面流淌火的情况时，应当在保证冷却力量的基础上，将主要力量作用于扑救流淌火。

b. 冷却时要有足够的冷却水枪水炮和水量，并保证不间断供水；冷却要均匀，不能在罐体上存在空白点；冷却水流应形成抛物线喷射在罐壁上部，防止直流冲击，浪费水源；油罐火灾扑灭后，仍应持续冷却，直至油罐温度降到常温。

c. 重质油罐发生火灾时，冷却着火罐时要防止冷却水进入罐内导致沸溢、喷溅。

⑥ 泡沫灭火的注意事项

a. 泡沫系统上的各种器材要齐全，相互之间的连接要紧密；保证泡沫枪(炮)的入口压力，使混合液与空气能够充分混合，使用前应校验发泡效果，确保泡沫的发泡倍数。各应急救援队伍泡沫类型、比例要一致。

b. 喷射泡沫时，尽量顺着罐内壁或贴着油面喷射；尽量避免火焰高温对喷射泡沫的破坏；喷射泡沫时，适当摆动泡沫枪炮，尽量加快泡沫的流动速度，以利于泡沫覆盖效果。

c. 持续喷射泡沫扑救重质油品火灾时，要定期排水(喷射泡沫半小时，析液半小时再排水)，防止罐内形成水垫层，导致沸溢、喷溅。

d. 储罐长时间燃烧，应考虑控制泡沫喷射的间隔时间，避免影响油水析液，引发闪爆复燃。

e. 关闭防火堤、分隔堤雨排及化污水出口，保持事故防火堤 1/5 水封液位，防止储罐油品外溢，引发整个储罐区火灾或防止废消水流入江河湖海，造成环保事件。

f. 火灾扑灭后要注意 $H_2S$ 防护。

g. 冷却时要加强对工艺处置设备、管线的保护。

h. 设置监护人员，防止复燃。

在油罐火灾扑灭之后，还应彻底清除隐藏在各个角落的残火、暗火，不留火灾隐患。同时，应安排专人监护火灾现场，一旦有复燃的迹象，及时发出信号。

**2. 运输事故处置注意事项**

（1）泄漏事故

① 车辆、人员从上风方向驶入事发区域，视情做好熄火或加装防火罩准备，到场后，第一时间推动实现交通管制和警戒疏散，视情划定警戒区域。

② 进入重危区实施堵漏任务人员要做好个人安全防护，穿着防护服，佩戴空气呼吸器。

③ 处置过程中若发现罐体压力表示数急剧增大，说明罐体内胆破损严重，此时安全阀会开启，应慎重采取泄压处置。

④ 油品泄漏，及时对油罐车进行泡沫覆盖，对漏油区域进行稀释。堵漏时需避开爆破片等各类保险装置。

⑤ 加强对罐体(管道)状况勘察和故障情况分析，充分发挥技术人员、专家的辅助决策作用，特别是当罐车与其他危险化学品运输车发生事故时，情况不明严禁盲目行动，且在处置过程中要加强通信，随时做好撤离准备。

（2）着火、爆炸事故

① 除紧急工作如抢救人命、灭火堵漏外，不许无关人员进入危险区，对进入危险区工作的人员要加强防护，穿戴隔热服和气体防护装备。

② 通知交通管理部门，依据警戒区域进行交通管制，无关车辆和人员禁止通行，切断电源，熄灭火种，停用加热设备，现场无线电通信设备必须防爆，否则不得使用。

③ 加强火场的通信联络，统一撤退信号。设立观察哨，严密监视火势情况和现场风向风力变化情况。

④ 油品泄漏沿地面流动。可采用抗溶性泡沫覆盖，降低其蒸发速度，缩小范围。禁止用直流水直接冲击罐体和泄漏部位，防止因强水流冲击而造成静电积聚、放电引起爆炸。

⑤ 指挥员随时注意火势变化。如储罐摇晃变形发出异常声响，储罐倾斜或安全阀放气声突然变得刺耳等危险状态，应组织人员迅速撤离现场，防止发生爆炸伤人。

⑥ 火势扑灭需要堵漏时必须使用防爆工具，设置水幕或蒸汽幕，驱散集聚、流动气体，稀释气体浓度，防止形成爆炸性混合物。

⑦ 坚持"救人第一"的原则。油罐车泄漏事故往往是伴随着交通事故发生的，车上司机或乘员可能被挤压、困在车内，且爆炸起火的危险性较大，严重危害车内被困人员的生命安全。应急救援人员到场后，尽快利用破拆救援器材营救车内被困人员。切割破拆时，一定要注意切割火花及金属碰撞产生的火花引起燃烧、爆炸。在实施中，可用喷雾水枪掩护，并做好防止燃烧发生的一切准备。在施救中防止被困人员二次伤害。

⑧ 火势被消灭后，要认真彻底检查现场，阀门是否关好，残火是否彻底消灭，是否稀释清理到位，并留下一定的消防车和人员进行现场看守，以防复燃。

⑨ 及时解除警戒，迅速恢复交通。在油罐事故车拖离现场时，用泡沫对油罐车进行覆盖，并派消防车跟随，防止拖运中发生问题。在吊起油罐车时，需与吊车司机紧密配合，用雾状水保护钢丝绳与车体的摩擦部位，防止打出火花，用泡沫覆盖车体的其他部位。

# 第四节　甲　　醇

## 一、甲醇通用知识

甲醇又称羟基甲烷，是一种有机化合物，是结构最为简单的饱和一元醇，其化学式为 $CH_3OH/CH_4O$，其中 $CH_3OH$ 是结构简式，能突出甲醇的羟基，CAS 号为 67-56-1，相对分子质量为 32.04，沸点为 64.7℃。因在干馏木材中首次发现，故又称"木醇"或"木精"。人口服中毒最低剂量约为 100mg/kg 体重，经口摄入 0.3~1g/kg 可致死。用于制造甲醛和农药等，并用作有机物的萃取剂和酒精的变性剂等。

### （一）理化性质（表3-11）

表 3-11　甲醇理化性质

| 成分 | 甲醇由甲基和羟基组成，具有醇所具有的化学性质 |
| --- | --- |
| 外观与性状 | 无色透明液体，有刺激性气味 |
| 闪点 | 11.1℃ |
| 引燃温度 | 464℃ |
| 爆炸极限 | 6%~36.5%（体积） |
| 溶解性 | 与水互溶，可混溶于醇类、乙醚等多数有机溶剂 |
| 熔点 | -97.8℃ |
| 沸点 | 64.7℃ |
| 密度 | 相对蒸气密度（空气=1）：1.1（比空气重）<br>相对密度（水=1）：0.79（比水轻） |
| 燃烧热 | 723kJ/mol |

### （二）危害信息

**1. 危险性类别**

甲醇属于危险化学品第 3 类易燃液体，可引起失明、死亡。

**2. 火灾与爆炸危险性**

闪点低，高度易燃，挥发性强，蒸气与空气混合形成爆炸性混合物，遇明火或高热能引起燃烧爆炸。蒸气比空气重，能在较低处扩散到相当远的地方，遇点火源会着火回燃。与氧化剂能发生强烈反应。若遇高热，容器内压增大，有开裂和爆炸的危险。燃烧时无光焰。泄漏流速过快，容易产生和积聚静电，引燃其蒸气。

**3. 健康危害**

甲醇的毒性对人体的神经系统和血液系统影响最大，它经消化道、呼吸道或皮肤摄入都会产生毒性反应，甲醇蒸气能损害人的呼吸道黏膜和视力。对中枢神经系统有麻醉作用；对视神经和视网膜有特殊选择作用，引起病变；可致代谢性酸中毒。初期中毒症状包括心跳加速、腹痛、头痛、全身无力。严重者会神志不清、呼吸急速以至于衰竭。失明是最典型的症状，甲醇进入血液后，会使组织酸性变强产生酸中毒，导致肾衰竭。严重者可致死。

### （三）生产工艺

目前我国生产甲醇的主要工艺包括天然气制甲醇生产工艺，煤、焦炭制甲醇生产工艺和焦炉气制甲醇生产工艺。

**1. 天然气制甲醇**

天然气是制造甲醇的主要原料。天然气的主要组分是甲烷，还含有少量的其他烷烃、烯烃与氮气。以天然气生产甲醇原料气有蒸汽转化、催化部分氧化、非催化部分氧化等方法。天然气制甲醇流程如图 3-7 所示。

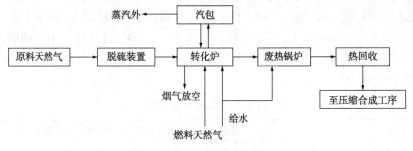

图 3-7　天然气制甲醇

**2. 煤、焦炭制甲醇**

煤与焦炭是制造甲醇粗原料气的主要固体燃料。用煤和焦炭制甲醇的工艺路线包括燃料的气化、气体的脱硫、变换、脱碳及甲醇合成与精制。原料气经过压缩、甲醇合成与精馏精制后制得甲醇。煤、焦炭制甲醇流程如图 3-8 所示。

**3. 焦炉气制甲醇生产工艺**

基本工艺是焦炉煤气首先经低压压缩，然后有机硫加 $H_2$ 转化为无机硫，精脱硫后加压催化部分氧化，使焦炉气中的烃类进行转化，使之成为 CO 和 $H_2$，加压合成粗甲醇，经过精馏产出精甲醇。焦炉煤气制甲醇流程如图 3-9 所示。

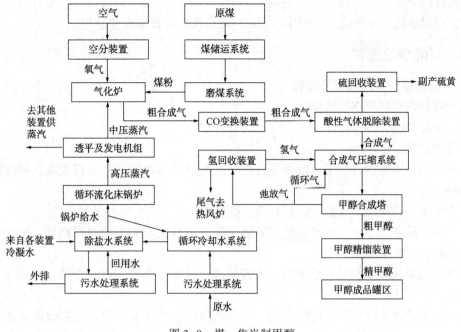

图 3-8　煤、焦炭制甲醇

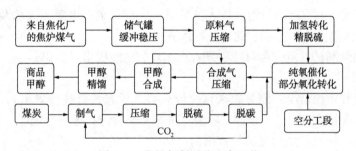

图 3-9　焦炉气制甲醇生产工艺

## 二、甲醇事故类型特点

### (一) 泄漏事故

甲醇扩散性强，泄漏后扩散迅速。且极易挥发，其蒸气与空气混合，爆炸浓度范围低，引爆能量小，危害范围大。在流动过程中，容易产生和积聚静电，易发生着火爆炸事故，处置难度大。

### (二) 着火事故

由于甲醇属于无色透明液体，从设备中泄漏出来往往在比较低洼的地带停滞、积聚；具有一定的扩散性，能沿着地面扩散到很远的地方，遇火源可迅速形成大面积的燃烧或爆炸；甲醇燃烧火焰呈淡蓝色，发热量大，火焰温度高。甲醇火灾具有火势猛、速度快、面积大、不易发现的特点。

### (三) 爆炸事故

甲醇的引爆能量小，爆炸极限低，挥发蒸气与空气混合形成爆炸性混合气体，一旦遇有明火、高温或静电火花就有爆炸、燃烧的危险。气态甲醇的爆炸速度极快，火焰温度在1000℃以上，标准状况下，1m³气态甲醇完全燃烧，发热量高达数万千焦，爆炸所产生的冲击波超压与同能量的 TNT 爆炸产生的超压相似。着火与爆炸可同时发生、破坏性大、火焰温度高，辐射热强、易形成二次爆炸、火灾初发面积大、有毒害性。

## 三、甲醇事故处置

### （一）典型事故处置程序及措施
#### 1. 储存事故处置程序及措施
（1）泄漏事故

① 侦察检测

a. 通过询问、侦察、检测、监测等方法，以测定风力和风向，掌握泄漏区域泄漏量和扩散方向。

b. 查明事故区域遇险人数、位置和营救路线。

c. 查明泄漏储罐容量、泄漏部位、泄漏速度，以及安全阀、紧急切断阀、液位计、液相管、气相管、罐体等情况。

d. 查明储罐区储罐数量和总储量、泄漏罐邻近储罐储存量，以及管线、沟渠、下水道走向布局。

e. 了解事故单位已采取的处置措施、内部消防设施配备及运行、先期疏散抢救人员等情况。

f. 查明拟警戒区内重点单位情况、人员数量、地理位置、电源、火源及道路交通情况，掌握现场及周边的消防水源位置、储量及给水方式。

g. 分析评估泄漏扩散范围和可能引发着火爆炸的危险因素及后果。

② 疏散警戒

a. 根据侦察和检测情况，划分警戒区，设立警戒标志。合理设置出入口，严格控制进入警戒区特别是重危区的人员、车辆、物资，进行安全检查，逐一登记。

b. 疏散泄漏区域及扩散可能波及范围的一切无关人员。

c. 在整个处置过程中，要不间断地进行动态检测，适时调整警戒范围。

③ 禁绝火源

联系相关部门切断事故区域内的强弱电源，熄灭火源，停止高热设备，落实防静电措施。进入警戒区人员严禁携带、使用移动电话和非防爆通信、照明设备，严禁穿化纤类服装和带金属物件的鞋，严禁携带、使用非防爆工具，禁止机动车辆(包括无防爆装置的救援车辆)和非机动车辆随意进入警戒区。

④ 安全防护

人员进入现场或警戒区，必须佩戴呼吸器及各种防护器具。进入重危区的救援人员必须实施二级以上防护，并采取雾状水掩护。现场安全防护标准可参照表 3-12。

表 3-12　泄漏事故现场安全防护标准

| 级别 | 形式 | 防化服 | 防护服 | 呼吸器 | 其他 |
|---|---|---|---|---|---|
| 一级 | 全身 | 内置式重型防化服 | 全棉防静电内衣 | — | — |
| 二级 | 全身 | 全封闭式防化服 | 全棉防静电内衣 | 正压式空气呼吸器或正压式氧气呼吸器 | 防化手套、防化靴 |
| 三级 | 头部 | 简易防化服或半封闭式防化服 | 全棉防静电内衣 | 滤毒罐、面罩或口罩、毛巾等防护器具 | 抢险救援手套、抢险救援靴 |

⑤ 技术支持

应急救援部门会同事故单位、石油化工等部门的专家、技术人员判断事故状况，提供技术支持，制定应急救援方案，并参加配合应急救援行动。

⑥ 应急处置

a. 稀释防爆。设置水幕，驱散集聚、流动的气体或液体，稀释气体浓度，防止气体向重要目标或危险源扩散并形成大量爆炸性混合气体；甲醇沿地面流动时，可采用抗溶性泡沫覆盖，降低其蒸发速度，缩小气云范围；用塑料膜或沙袋覆盖下水道，防止泄漏的甲醇进入排水设施；对于聚集在低洼地段或地沟的甲醇，通过喷水溶解甲醇、稀释气体中的可溶物质、自然风吹散不溶气体，同时还可以通过防爆机械送风进行驱散；严禁使用直流水直接冲击罐体和泄漏部位，防止因强水流冲击造成静电积聚、放电引起爆炸。

b. 关阀堵漏。生产装置或管道发生泄漏、阀门尚未损坏时，可协助技术人员或在技术人员的指导下，使用雾状水掩护，关闭阀门，制止泄漏；罐体、管道、阀门、法兰泄漏，采取相应堵漏方法(表 3-13)实施堵漏，堵漏必须使用防爆工具。

表 3-13 堵漏方法

| 部位 | 形式 | 方法 |
|---|---|---|
| 罐体 | 砂眼 | 使用螺丝加黏合剂旋进堵漏 |
| | 缝隙 | 使用外封式堵漏袋、防爆型电磁式堵漏工具组、粘贴式堵漏密封胶(适用于高压)、潮湿绷带冷凝法或堵漏锥堵漏夹具、金属堵漏锥堵漏 |
| | 孔洞 | 使用各种堵漏夹具、粘贴式堵漏密封胶(适用于高压)、金属堵漏锥堵漏 |
| | 裂口 | 使用外封式堵漏袋、防爆型电磁式堵漏工具组、粘贴式堵漏密封胶(适用于高压)堵漏 |
| 管道 | 砂眼 | 使用螺丝加黏合剂旋进堵漏 |
| | 缝隙 | 使用外封式堵漏袋、防爆型电磁式堵漏工具组、金属封堵套管、潮湿绷带冷凝法或堵漏夹具、金属堵漏锥堵漏 |
| | 孔洞 | 使用各种堵漏夹具、粘贴式堵漏密封胶(适用于高压)、金属堵漏锥堵漏 |
| | 裂口 | 使用外封式堵漏袋、防爆型电磁式堵漏工具组、粘贴式堵漏密封胶(适用于高压)堵漏 |
| 阀门 | | 使用阀门堵漏工具组、注入式堵漏胶、堵漏夹具堵漏 |
| 法兰 | | 使用专门法兰夹具、注入式堵漏胶堵漏 |

c. 输转倒罐。防爆泵倒罐：在确保现场安全的条件下，利用车载式或移动式防爆泵直接倒罐。实施现场倒罐和异地倒罐时，必须有专业技术人员实施操作，应急救援人员给予保护。压力差倒罐：利用水平落差产生的自然压力差将事故储罐的甲醇倒入其他容器、储罐或槽罐车，降低危险程度。

d. 筑堤引流。大量甲醇泄漏后四处蔓延扩散，难以收集处理，可利用沙袋、泥土等构筑围堤或者引流到安全地点。为降低泄漏物向大气的蒸发，可用泡沫或其他覆盖物进行覆盖，抑制其挥发，然后进行转移处理。

e. 实施倒罐作业时，管线、设备必须做好良好接地，必要时可用雾状水实施保护。

⑦ 洗消处理

a. 在危险区出口处设置洗消站，用大量清水对从危险区出来的人员进行冲洗。

b. 用水冲洗救援中使用的装备及被污染的衣物，消除其危害。

⑧ 清理移交

a. 用清水清扫现场内事故罐、管道、低洼地、下水道、沟渠等处，确保不留残液。

b. 清点人员，收集、整理器材装备。

c. 撤除警戒，做好移交，安全归建。

（2）着火事故

① 第一时间了解灾情信息

a. 第一出动的火场指挥员，应在行车途中与指挥中心保持联系，不断了解火场情况，并及时听取上级指示，做好到场前的战斗准备。

b. 上级指挥员在向火场行驶的途中，应通过指挥中心及时与已经到达火场的辖区火场指挥员取得联系，或通过无线系统、图像数据传输系统、专家辅助决策系统了解火场信息。

c. 重点了解火场发展趋势，同时要了解指挥中心调动力量情况，掌握已经到场的力量以及赶赴现场的力量，综合分析各种渠道获得的火场信息，预测火灾发展趋势和着火建（构）筑物、压力容器储罐、化工装置等部位的变化情况，及时确定扑救措施。

② 安全防护

人员进入现场或警戒区，必须佩戴呼吸器及各种防护器具。进入重危区的救援人员必须实施三级以上防护，并采取雾状水掩护。现场安全防护标准可参照表3-14。

**表 3-14　着火事故现场安全防护标准**

| 级别 | 形式 | 防化服 | 防护服 | 防护面具 |
|------|------|--------|--------|----------|
| 一级 | 全身 | 内置式重型防火服 | 全棉防静电内外衣 | 正压式空气呼吸器或全防型滤毒罐 |
| 二级 | 全身 | 隔热服 | 全棉防静电内外衣 | 正压式空气呼吸器或全防型滤毒罐 |
| 三级 | 呼吸 | 灭火防护服 | — | 简易滤毒罐、面罩或口罩、毛巾等防护器材 |

③ 现场侦检

a. 环境信息：风力、风向、周边环境、道路情况、电源、火源、现场及周边的消防水源位置、储量及给水方式。

b. 事故基础信息：事故地点、危害气体浓度、火灾严重程度、邻近建（构）筑物受火势威胁、事故单位已采取的处置措施、内部消防设施配备及运行。

c. 人员伤亡信息：事故区域遇险人数、位置、先期疏散抢救人员等情况。

d. 其他有关信息。

④ 火场警戒的实施

a. 设置警戒工作区域。应急救援队伍到场后，火场指挥员应立即下令实施火场警戒，同时请求政府和交通部门协助，封锁事故路段，避免险情扩大。通常在事故现场的上风方向停放警戒车辆，警戒人员做好个体防护后，按甲醇着火事故特点实施火场警戒，在警戒区上风方向的适当位置建立各相关工作区域，主要有着装区、器材放置区、洗消区、警戒区出入口等。

b. 迅速控制火场秩序。火场指挥员必须尽快控制火场秩序，管制交通，疏导车辆和围观人员，将他们疏散到警戒区域以外的安全地点。维持好现场秩序。

⑤ 应急处置

a. 外围预先部署。到达火灾现场，指挥员在采取措施、组织力量控制火灾蔓延、防止爆炸的同时，必须组织到场力量在外围作强攻近战的部署，包括消防车占领水源铺设水带线路、确定进攻路线、调集增援力量等。

b. 消灭外围火焰。人员救出后，第一出动力量应根据地面流淌火火势大小，用足够的枪炮控制外围火焰，待增援队伍到场后，要从外围向火场中心推进，消灭甲醇罐体周围的所有火焰，若第一到场队伍冷却力量不足，要积极支援第一出动，加强冷却。

c. 冷却抑爆。冷却时，应充分利用固定与半固定设施对燃烧或受到火势威胁的储罐实施冷却。当固定与半固定设施损坏时，现场要加大冷却强度，以防止水流瞬间汽化。同时高喷、消防炮等远距离、大口径装备要合理运用，均匀射水（抗溶性泡沫液）。要重点冷却被火焰直接烘烤的罐壁表面和邻近罐壁，一般情况下，着火罐全部冷却，邻近罐冷却其面对着火罐一侧的表面积一半（具体根据实际情况来决定）。

d. 工艺处置。根据现场情况，掩护工艺人员对甲醇进行关阀断料、输转倒罐等工艺处置，同时为防止火灾扑救中甲醇外流，应用沙袋或其他材料筑堤拦截流淌的液体，或挖沟导流，将物料导向安全地点，必要时用毛毡、草帘堵住下水井、窨井口等处，防止火焰蔓延。

e. 干粉抑制法。主要是利用干粉能夺取燃烧中的游离基，起到干扰和抑制燃烧的作用。干粉对扑救甲醇火灾效果较为显著。

f. 关阀断料法。当确认阀门未被烧坏时，可以逆火势方向，在雾状水的掩护下，接近关闭阀门，断绝泄漏物料。如火势过大，关阀人员难以接近阀门时，可穿灭火防护服并用雾状水掩护。

⑥ 洗消处理

a. 在危险区出口处设置洗消站，用大量清水对从危险区出来的人员进行冲洗。

b. 用水冲洗救援中使用的装备及被污染的衣物，消除其危害。

⑦ 清理移交

a. 用清水清扫现场内事故罐、管道、低洼地、下水道、沟渠等处，确保不留残液。

b. 清点人员，收集、整理器材装备。

c. 撤除警戒，做好移交，安全归建。

（3）爆炸事故

① 现场询情，制定处置方案

a. 应急救援人员到现场后，要问清事故单位的有关工程技术人员和当事人，全面了解事故区域还存在哪些爆炸物品及其数量。事故点存放的是单一品种，还是多种爆炸物品。

b. 根据掌握的现场情况，应立即成立技术组，研究行动处置方案。技术组应由发生事故单位的技术人员、专家及公安部门和应急救援机构人员组成。

② 实施现场警戒与撤离

a. 事故发生后，首先应维护现场秩序，划定警戒保护范围，安排专人做好警戒，防止无关人员进入危险区，以免引起不必要的伤亡。

b. 清除着火源，关闭非防爆通信工具。

c. 警戒范围内只允许极少数懂排爆技术的处置人员进入，无关人员不得滞留。

d. 为减少爆炸事故危害，应适度扩大警戒范围，撤离相关职工群众。但撤离范围不宜过大，应科学判断，否则会引起群众不满，甚至导致社会恐慌。

③ 转移

a. 对发生事故现场及附近未着火爆炸的物品在安全条件下应及时转移，防止火灾蔓延或爆炸物品的二次爆炸。

b. 转移前要充分了解有关物品的位置、外包装、能否转移和触动、周围环境和可能影响范围等情况，在时间允许的条件下，应制定转移方案，明确相关人员分工、器材准备、转移程序方法等。

（其余可参照着火事故处置程序及措施。）

**2. 运输事故处置程序及措施**

（1）现场询情

甲醇储存量、泄漏量、泄漏时间、部位、形式、扩散范围等；泄漏事故周边居民、地形、电源、火源等；应急措施、工艺措施、现场人员处理意见等。

（2）个体防护

参加泄漏处理人员应充分了解甲醇的化学性质和反应特征，要于高处和上风处进行处理，严禁单独行动，要有监护人。必要时要用雾状水掩护。要根据甲醇的性质和毒物接触形式，选择适当的防护用品，防止事故处理过程中发生伤亡、中毒事故。

（3）侦察检测

搜寻现场是否有遇险人员；使用检测仪器测定甲醇浓度及扩散范围；测定风向、风速及气象数据；确认在现场周围可能会引起火灾、爆炸的各种危险源；确定攻防路线、阵地；确定周边污染情况。

（4）疏散警戒

根据询情、侦检情况确定警戒区域；将警戒区域划分为重度危险区、中度危险区、轻度危险区和安全区并设置警戒标志，在安全区视情设立隔离带；合理设置出入口、严控进出人员、车辆、物资，并进行安全检查、逐一登记。

（5）禁绝火源和热源

为避免泄漏区发生爆炸等次生危害，应切断火源，停止一切非防爆的电气作业，包括手机、车辆和铁质金属器具。

（6）应急处置

① 消防车供水或选定水源、铺设水带、设置阵地、有序展开；设置水幕或蒸汽幕，稀释、降解甲醇浓度；采用雾状射流形成水幕墙、防止甲醇蒸气聚集或向重要目标或危险源扩散。

② 堵漏。根据现场泄漏情况，研究堵漏方案，并严格按照堵漏方案实施，具体堵漏方法可参照泄漏事故处置程序及措施执行；根据泄漏情况，在采取堵漏措施的同时，可利用移动炮、水幕水带等对泄漏区域进行水幕隔离，稀释防爆。

③ 输转倒罐。通过输转设备和管道采用防爆泵倒罐、压力差倒罐等方法将甲醇从事故储运装置倒出至安全装置或容器内。如甲醇大量泄漏后四处蔓延扩散，难以收集处理，可利用沙袋、泥土等构筑围堤或者引流到安全地点。为降低甲醇挥发，可采取用泡沫或沙土进行覆盖，抑制其挥发，然后进行转移处理。

（7）洗消处理

在作战条件允许或战斗任务完成后，对救援人员进行全面的洗消，开设洗消帐篷。同时对受染道路、地域及重要目标的洗消，对大面积的受染地面和不急需的装备、物资，采取风吹、日晒等自然方法洗消。

（8）清理移交

用雾状水、蒸汽、惰性气体清扫现场内事故罐、管道、低洼、沟渠等处，确保不留残气（液）；清点人员、车辆及器材；撤除警戒，做好移交，安全归建。

### 3. 急救措施

（1）人员吸入

迅速脱离现场至空气新鲜处，保持呼吸道通畅。如呼吸困难，给吸氧；如呼吸、心跳停止，立即进行心肺复苏。就医。

（2）皮肤接触

立即脱去被污染的衣着，用流动清水彻底冲洗。就医。

（3）眼睛接触

立即分开眼睑，用流动清水或生理盐水彻底冲洗。就医。

（4）人员误食

饮适量温水，催吐（仅限于清醒者）。就医。

## （二）战斗编成

### 1. 基本战斗编组

基本战斗编组应由作战指挥组（3人）、攻坚行动组（6人）、供水保障组（3人）、紧急救援组（3人）、安全员（1人）等五部分组成。各应急救援队伍根据实际执勤人数合理编配作战编组。

### 2. 基本作战模块

基本作战模块包括由重型泡沫消防车、大型水罐车、干粉车组成的主战模块；由举高车、水罐车组成的举高模块；由抢险车、救护车、其他车组成的抢险救援模块；由洗消车、水罐车、气防车组成的防化模块；由泵浦车、水带敷设车、大型水罐车、泡沫运输车等远程供水系统组成的供水、供泡沫液模块；由排烟车、供气车、照明车组成的保障模块；由机器人、无人机组成的支援模块等。

### 3. 基本作战单元

发生事故时，有针对性地选择作战指挥组、攻坚行动组、供水保障组、紧急救援组、安全员的数量及基本作战模块，并有效组合，形成标准作战单元。如图3-10所示。

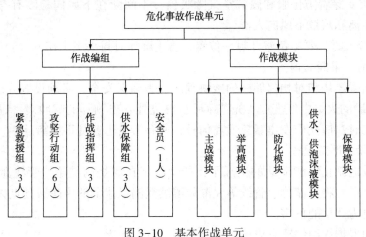

图3-10 基本作战单元

### (三) 注意事项

**1. 储存事故处置注意事项**

（1）泄漏事故

① 正确选择停车位置和进攻路线。消防车要选择从上风方向的入口、通道进入现场，停靠在上风方向的适当位置。进入危险区的车辆必须加装防火罩。使用上风方向的水源，从上风、侧上风向选择进攻路线，并设立救援阵地。指挥部应设置在安全区。

② 行动中要严防引发爆炸。进入危险区作业人员一定要专业、精干，防护措施要到位，同时使用雾状水进行掩护。在雷电天气下，采取行动要谨慎。

③ 设立现场安全员，确定撤离信号，实施全程动态仪器检测。一旦现场气体浓度接近爆炸浓度极限，事态还未得到有效控制，险情加剧，危及救援人员安全时，要及时发出撤离信号。一线指挥员在紧急情况下可不经请示，果断下达紧急撤离命令。紧急撤离时不收器材，不开车辆，保证人员迅速、安全撤出危险区。

④ 合理组织供水，保证持续、充足的现场消防供水，对甲醇储罐和泄漏区域不间断冷却稀释。

⑤ 严禁作业人员在泄漏区域的下水道或地下空间的顶部、井口等处滞留。

⑥ 做好医疗急救保障。配合医疗急救力量做好现场救护准备，一旦出现伤亡事故，立即实施救护。

⑦ 调集一定数量的消防车在泄漏区域集结待命。一旦发生着火爆炸事故，立即出动，控制火势，消除险情。

（2）着火、爆炸事故

① 合理停车、确保安全

a. 车辆停放在爆炸物危害不到的安全地带，安全距离300m以上，要靠近掩蔽物。

b. 选择上风或侧上风方向停车，车头朝向便于撤退的方向。

c. 车辆不能停放在地沟、下水井、覆工板上面和架空管线下面。

② 安全防护、充分到位

a. 必须做好个人安全防护，负责主攻的前沿人员要着防化服和佩戴空气呼吸器。

b. 火场指挥员要注意观察风向、地形及火情，注意液体流向，要利用沙袋等物体阻断液体流动，从上风或侧上风接近火场灭火。

c. 侦检人员要穿着防化服和佩戴空气呼吸器，不间断在下风向检测有毒有害气体，并及时调整安全距离和疏散下风向人群。

d. 在储罐着火时，要尽量避开封头位置，防止爆炸时封头飞出伤人。

③ 发现险情、果断撤退

根据甲醇储罐燃烧和对相邻储罐的威胁程度，为确保安全，必须设置安全员（火场观察哨）。当发现储罐的火焰由红变白、光芒耀眼，燃烧处发出刺耳的啸叫声，罐体出现抖动等爆炸的危险征兆时，应立即发出紧急撤离信号，所有人员迅速徒手撤离。

④ 无法堵漏、严禁灭火

在不能有效地制止甲醇泄漏的情况下，严禁将正在燃烧的储罐、管线泄漏处的火势扑灭。如果扑灭，甲醇将从储罐、管线等泄漏处继续泄漏，泄漏的甲醇遇到点火源就会发生复燃复爆，造成更为严重的危害。

可加强冷却保护周边储罐和设施，控制燃烧，直至熄灭。

**2. 运输事故处置注意事项**

（1）泄漏事故

① 车辆、人员从上风方向驶入事发区域，视情做好熄火或加装防火罩准备，到场后，第一时间推动实现交通管制和警戒疏散，视情划定警戒区域。

② 进入重危区实施堵漏任务人员要做好个人安全防护，尽量减少与液相甲醇和附近管线的不必要接触。

③ 处置过程中若发现罐体压力表示数急剧增大，说明罐体内胆破损严重，此时安全阀会开启，应慎重采取泄压处置。

④ 加强对罐体（管道）状况勘察和故障情况分析，充分发挥技术人员、专家的辅助决策作用，特别是当罐车与其他危险化学品运输车发生事故时，情况不明严禁盲目行动，且在处置过程中要加强通信，随时做好撤离准备。

（2）着火、爆炸事故

① 除紧急工作如抢救人命、灭火堵漏外，不许无关人员进入危险区，对进入危险区工作的人员要加强防护，穿戴隔热服和防毒装具。

② 通知交通管理部门，依据警戒区域进行交通管制，无关车辆和人员禁止通行，切断电源，熄灭火种，停用加热设备，现场无线电通信设备必须防爆，否则不得使用。

③ 加强火场的通信联络，统一撤退信号。设立观察哨，严密监视火势情况和现场风向风力变化情况。

④ 甲醇若呈液相沿地面流动。可采用抗溶性泡沫覆盖，降低其蒸发速度，缩小范围。禁止用直流水直接冲击罐体和泄漏部位，防止因强水流冲击而造成静电积聚、放电引起爆炸。

⑤ 当扑灭火焰时，应首先找到泄漏口，清理现场和其他覆盖物后，将泄漏口暴露出来，便于施救。

⑥ 指挥员随时注意火势变化。如储罐摇晃变形发出异常声响，储罐倾斜或安全阀放气声突然变得刺耳等危险状态，应组织人员迅速撤离现场，防止发生爆炸伤人。

⑦ 火势扑灭需要堵漏时必须使用防爆工具，设置水幕或蒸汽幕，驱散集聚、流动气体，稀释气体浓度，防止形成爆炸性混合物。

⑧ 冷却监护控制燃烧时，若罐内甲醇减少到一定程度，燃烧速度会明显减慢。此时为了防止回火，可以扑灭火焰，并通过裂口或阀门向罐内注水，加快甲醇泄放速度。

⑨ 火势被消灭后，要认真彻底检查现场，阀门是否关好，残火是否彻底消灭，是否稀释清理到位，并留下一定的消防车和人员进行现场看守，以防复燃。

# 第五节 甲 苯

## 一、甲苯通用知识

甲苯，又叫甲基苯、无水甲苯，是一种有机化合物，化学式为 $C_7H_8$，是一种无色、带特殊芳香味的易挥发液体。其主要由原油经石油化工过程制得。甲苯是芳香族碳氢化合物的一员，它的很多性质与苯相似，在现今实际应用中常常替代有相当毒性的苯作为有机溶剂使用。可用于制造炸药、农药、苯甲酸、染料、合成树脂及涤纶等。同时它也是汽油的一个成分。

## （一）理化性质(表3-15)

表3-15　甲苯理化性质

| 成分 | 是一种有机化合物，化学式为 $C_7H_8$ |
|---|---|
| 外观与性状 | 是一种无色透明、带特殊芳香味的易挥发液体 |
| 闪点 | 4℃ |
| 引燃温度 | 535℃ |
| 爆炸极限 | 1.2%～7.0%(体积) |
| 溶解性 | 不溶于水，可混溶于苯、乙醇、乙醚、氯仿等多数有机溶剂 |
| 熔点 | -94.9℃ |
| 沸点 | 110.6℃ |
| 密度 | 相对蒸气密度(空气=1)：3.14(比空气重)<br>相对密度(水=1)：0.866(比水轻) |
| 临界温度 | 318.6℃ |
| 临界压力 | 4.11MPa |
| 燃烧热 | 3905.0kJ/mol |

## （二）危害信息

### 1. 危险性类别

甲苯属于危险化学品中的第3类易燃液体，火灾种类为甲类。

### 2. 火灾与爆炸危险性

易燃，其蒸气与空气混合形成爆炸性混合物，遇热源或明火有着火爆炸危险。比空气重，能在较低处扩散到相当远的地方，遇点火源会着火回燃。

### 3. 健康危害

对皮肤、黏膜有刺激性，对中枢神经系统有麻醉作用。短时间内吸入较高浓度该品可出现眼及上呼吸道明显的刺激症状、眼结膜及咽部充血、头晕、头痛、恶心、呕吐、胸闷、四肢无力、步履蹒跚、意识模糊。重症者可有躁动、抽搐、昏迷。长期接触可发生神经衰弱综合征，肝肿大等。皮肤干燥、皲裂、皮炎。

## （三）生产工艺

### 1. 中和精馏

用硫酸洗除粗苯馏分中不饱和烃和杂质，再经碱中和、水洗、精馏，可以得到纯度很高的甲苯。

### 2. 催化重整油

催化重整油中含芳烃50%～60%(体积)，其中甲苯含量可达40%～45%。催化重整油采用二甘醇、环丁砜、甲基吡咯烷酮等溶剂进行萃取以回收芳烃，最后精馏得到高纯度甲苯。工艺流程示意如图3-11所示。

### 3. 裂解汽油萃取分离

裂解汽油中芳香烃含量为70%(质量)左右，其中15%～20%是甲苯。裂解汽油经两段加氢脱除二烯烃、单烯烃和微量硫，再经萃取精馏，可得纯度99.5%以上的甲苯。

裂解汽油萃取分离制甲苯流程示意如图3-12所示。

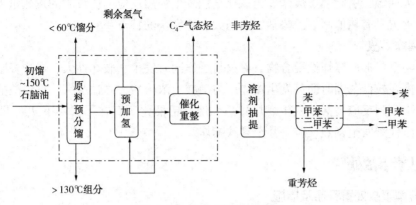

图 3-11　催化重整油制甲苯

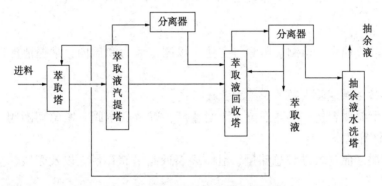

图 3-12　裂解汽油萃取分离制甲苯

我国石油级甲苯生产主要有两种生产路线：

① 由炼油厂抽提，原料是催化重整汽油。

② 由石化厂抽提，原料是加氢裂解汽油（PY GAS）。

另外，甲苯歧化技术也可通过切换开工模式来制取甲苯，相应的生产装置叫 TDP 装置。这种装置有两种生产模式：

$$甲苯 \longrightarrow 纯苯+异构级二甲苯$$

$$纯苯 \longrightarrow 甲苯+异构级二甲苯$$

上述工艺生产出的都是石油级产品，除此之外，用炼焦的副产品焦化粗苯也可生产苯、甲苯、二甲苯，但产品的级别为焦化级，其精度低于石油级产品，只能在少数行业部分替代后者使用。

## 二、甲苯事故类型特点

### （一）泄漏事故

扩散迅速，形成大面积扩散区，蒸气与空气可形成爆炸性混合物，易发生人员中毒和着火爆炸事故，危害范围大，处置难度大。

### （二）着火事故

甲苯从设备中泄漏出来，能沿地势迅速流淌扩散到相当远的地方，形成大面积扩散区，其蒸气比空气重，在比较低洼的地带停滞、积聚，与空气形成爆炸性混合物，遇明火、高热等火源会着火回燃，引起燃烧爆炸。与氧化剂能发生强烈反应。燃烧时的发热量大，火焰温度高。甲苯火灾具有热值高、火势猛、面积大、速度快的特点。

### （三）爆炸事故

蒸气能与空气形成爆炸性混合物，着火与爆炸同时发生、破坏性大，爆炸极限低，混合物的体积浓度在较低范围时即可发生爆炸。与硝酸、浓硫酸、高锰酸钾、重铬酸盐、液氯等强氧化剂发生剧烈反应，甚至发生燃烧爆炸。烷基铝催化剂存在下，零下 70℃ 即能与烯丙基氯或其他卤代烃发生剧烈反应，甚至导致爆炸。

## 三、甲苯事故处置

### （一）典型事故处置程序及措施

#### 1. 储存事故处置程序及措施

（1）泄漏事故

① 侦察检测

a. 通过询问、侦察、检测、监测等方法，以测定风力和风向，掌握泄漏区域泄漏量和扩散方向。

b. 查明事故区域遇险人数、位置和营救路线。

c. 查明泄漏储罐容量、泄漏部位、泄漏速度，以及安全阀、紧急切断阀、液位计、进出料管线、罐体等情况。

d. 查明储罐区储罐数量和总储量、泄漏罐邻近储罐储存量，以及管线、沟渠、下水道走向布局。

e. 了解事故单位已采取的处置措施、内部消防设施配备及运行、先期疏散抢救人员等情况。

f. 查明拟警戒区内重点单位情况、人员数量、地理位置、电源、火源及道路交通情况，掌握现场及周边的消防水源位置、储量及给水方式。

g. 分析评估泄漏扩散范围和可能引发着火爆炸的危险因素及后果。

② 疏散警戒

a. 根据侦察和检测情况，划分警戒区，设立警戒标志。合理设置出入口，严格控制进入警戒区特别是重危区的人员、车辆、物资，进行安全检查，逐一登记。

b. 疏散泄漏区域及扩散可能波及范围的一切无关人员。

c. 在整个处置过程中，要不间断地进行动态检测，适时调整警戒范围。

③ 禁绝火源

联系相关部门切断事故区域内的强弱电源，熄灭火源，停止高热设备，落实防静电措施。进入警戒区人员严禁携带、使用移动电话和非防爆通信、照明设备，严禁穿化纤类服装和带金属物件的鞋，严禁携带、使用非防爆工具，禁止机动车辆（包括无防爆装置的救援车辆）和非机动车辆随意进入警戒区。

④ 安全防护

人员进入现场或警戒区，必须佩戴呼吸器及各种防护器具。进入重危区的救援人员必须实施二级以上防护，并采取雾状水掩护。现场处置人员的防护等级不得低于二级。现场安全防护标准可参照表3-16。

表 3-16　泄漏事故现场安全防护标准

| 级别 | 形式 | 防化服 | 防护服 | 呼吸器 | 其他 |
|---|---|---|---|---|---|
| 一级 | 全身 | 内置式重型防化服 | 全棉防静电内衣 | — | — |
| 二级 | 全身 | 全封闭式防化服 | 全棉防静电内衣 | 正压式空气呼吸器或正压式氧气呼吸器 | 防化手套、防化靴 |
| 三级 | 头部 | 简易防化服或半封闭式防化服 | 全棉防静电内衣 | 滤毒罐、面罩或口罩、毛巾等防护器具 | 抢险救援手套、抢险救援靴 |

⑤ 技术支持

应急救援部门会同事故单位、石油化工等部门的专家、技术人员判断事故状况，提供技术支持，制定应急救援方案，并参加配合应急救援行动。

⑥ 应急处置

a. 稀释防爆。设置水幕，稀释、驱散蒸气，降低可燃气体浓度，防止可燃气体向重要目标或危险源扩散并形成爆炸性混合气体；甲苯在地面流淌，可采用低倍泡沫覆盖，降低其蒸发速度，防止遇火源引起爆炸燃烧。操作时要避免因强力射流冲击而导致泄漏面积扩大；对于聚集在低洼地段的甲苯，利用沙土构筑围堤或挖坑收容。用泡沫覆盖，降低蒸气灾害。用防爆泵转移至槽车或专用收集器内，回收或运至废物处理场所处置；严禁使用直流水直接冲击罐体和泄漏部位，防止因强水流冲击造成静电积聚、放电引起爆炸。

b. 关阀堵漏。生产装置或管道发生泄漏、阀门尚未损坏时，可协助技术人员或在技术人员的指导下，使用雾状水掩护，关闭阀门，制止泄漏；罐体、管道、阀门、法兰泄漏，采取相应堵漏方法（表3-17）实施堵漏。

表 3-17　堵漏方法

| 部位 | 形式 | 方法 |
|---|---|---|
| 罐体 | 砂眼 | 使用螺丝加黏合剂旋进堵漏 |
| | 缝隙 | 使用外封式堵漏袋、防爆型电磁式堵漏工具组、粘贴式堵漏密封胶（适用于高压）、潮湿绷带冷凝法或堵漏夹具、金属堵漏锥堵漏 |
| | 孔洞 | 使用各种堵漏夹具、粘贴式堵漏密封胶（适用于高压）、金属堵漏锥堵漏 |
| | 裂口 | 使用外封式堵漏袋、防爆型电磁式堵漏工具组、粘贴式堵漏密封胶（适用于高压）堵漏 |
| 管道 | 砂眼 | 使用螺丝加黏合剂旋进堵漏 |
| | 缝隙 | 使用外封式堵漏袋、防爆型电磁式堵漏工具组、金属封堵套管、潮湿绷带冷凝法或堵漏夹具、金属堵漏锥堵漏 |
| | 孔洞 | 使用各种堵漏夹具、粘贴式堵漏密封胶（适用于高压）、金属堵漏锥堵漏 |
| | 裂口 | 使用外封式堵漏袋、防爆型电磁式堵漏工具组、粘贴式堵漏密封胶（适用于高压）堵漏 |
| 阀门 | | 使用阀门堵漏工具组、注入式堵漏胶、堵漏夹具堵漏 |
| 法兰 | | 使用专门法兰夹具、注入式堵漏胶堵漏 |

c. 输转倒罐：使用防爆型的通风系统和设备，防止可燃气体聚集。避免与氧化剂接触。搬运设备和器材要轻装轻卸，在传送过程中，钢瓶和容器必须接地和跨接，防止产生静电，防止撞击和震荡。防爆泵倒罐：在确保现场安全的条件下，利用防爆泵直接向外部罐或储存容器倒罐，倒罐时应控制流速，且有接地装置，防止静电积聚。作业区环境甲苯浓度必须低于爆炸下限60%，必须有专业技术人员实施操作，应急救援人员给予保护，方可实施倒罐。

惰性气体置换：利用氮气等惰性气体，通过气相阀加压，将发生事故储罐内的甲苯置换到其他容器或储罐。压力差倒罐：利用水平落差产生的自然压力差将事故储罐的甲苯倒入其他容器、储罐或槽罐车，降低危险程度。

d. 少量泄漏。用活性炭或其他惰性材料吸收，也可以用不燃性分散剂制成的乳液刷洗，洗液稀释后放入废水系统。

e. 大量泄漏。构筑围堤或挖坑收容。用泡沫覆盖，抑制蒸发。用防爆泵转移至槽车或专用收集容器内，回收或运至处理场所处置。

⑦ 洗消处理

a. 在危险区出口处设置洗消站，用大量清水或肥皂水对从危险区出来的人员进行冲洗。

b. 用水冲洗救援中使用的装备及被污染的衣物，消除其危害。

c. 洗消方法：物理洗消法，即用吸附垫、活性炭等具有吸附能力的物质，吸附回收后转移处理，对染毒空气可用排烟机吹散降毒；也可对污染区暂时封闭，依靠自然条件如日晒、雨淋、通风等使毒气消失；也可喷雾状水进行稀释降毒。

⑧ 现场清理

a. 用雾状水、蒸汽或惰性气体清扫现场内事故罐、管道、低洼地、下水道、沟渠等处，确保不留残液。

b. 清点人员，收集、整理器材装备。

c. 撤除警戒，做好移交，安全归建。

（2）着火事故

① 第一时间了解灾情信息

a. 第一出动的火场指挥员，应在行车途中与指挥中心保持联系，不断了解火场情况，并及时听取上级指示，做好到场前的战斗准备。

b. 上级指挥员在向火场行驶的途中，应通过指挥中心及时与已经到达火场的辖区火场指挥员取得联系，或通过无线系统、图像数据传输系统、专家辅助决策系统了解火场信息。

c. 重点了解火场发展趋势，同时要了解指挥中心调动力量情况，掌握已经到场的力量以及赶赴现场的力量，综合分析各种渠道获得的火场信息，预测火灾发展趋势和着火建（构）筑物、压力容器储罐、化工装置等部位的变化情况，及时确定扑救措施。

② 安全防护

人员进入现场或警戒区，必须佩戴呼吸器及各种防护器具。进入重危区的救援人员必须实施二级以上防护，并采取雾状水掩护。现场安全防护标准可参照表 3-18。

表 3-18　着火事故现场安全防护标准

| 级别 | 形式 | 防化服 | 防护服 | 防护面具 |
| --- | --- | --- | --- | --- |
| 一级 | 全身 | 内置式重型防火服 | 全棉防静电内外衣 | 正压式空气呼吸器或全防型滤毒罐 |
| 二级 | 全身 | 隔热服 | 全棉防静电内外衣 | 正压式空气呼吸器或全防型滤毒罐 |
| 三级 | 呼吸 | 灭火防护服 | — | 简易滤毒罐、面罩或口罩、毛巾等防护器材 |

③ 现场侦检

a. 环境信息：风力、风向、周边环境、道路情况、电源、火源、现场及周边的消防水源位置、储量及给水方式。

b. 事故基础信息：事故地点、危害气体浓度、火灾严重程度、邻近建（构）筑物受火势威胁、事故单位已采取的处置措施、内部消防设施配备及运行。

c. 人员伤亡信息：事故区域遇险人数、位置、先期疏散抢救人员等情况。

d. 其他有关信息。

④ 火场警戒的实施

a. 设置警戒工作区域。应急救援队伍到场后，由火场指挥员确定是否需要实施火场警戒。通常在事故现场的上风方向停放警戒车，警戒人员做好个体防护后，按确定好的警戒范围实施警戒，在警戒区上风方向的适当位置建立各相关工作区域，主要有着装区、器材放置区、洗消区、警戒区出入口等。

b. 迅速控制火场秩序。火场指挥员必须尽快控制火场秩序，管制交通，疏导车辆和围观人员，将他们疏散到警戒区域以外的安全地点。维持好现场秩序。

⑤ 应急处置

a. 外围预先部署。到达火灾现场，指挥员在采取措施、组织力量控制火灾蔓延、防止爆炸的同时，必须组织到场力量在外围作强攻近战的部署，包括消防车占领水源铺设水带线路、确定进攻路线、调集增援力量等。

b. 消灭外围火焰。人员救出后，第一出动力量应根据地面流淌火火势大小，用足够的枪炮控制外围火焰，待增援队伍到场后，要从外围向火场中心推进，利用泡沫钩管、泡沫管枪、低倍数泡沫炮消灭甲苯罐体周围的所有火焰，若第一到场队伍冷却力量不足，要积极支援第一出动，加强冷却。

c. 工艺处置。根据现场情况，及时掩护工艺人员对甲苯进行关阀断料、输转倒罐等工艺处置，同时为防止火灾扑救中甲苯外流，应用沙袋或其他材料筑堤拦截流淌的液体，或挖沟导流，将物料导向安全地点，必要时用毛毡、草帘堵住下水井、窨井口等处，防止火势蔓延。

d. 泡沫覆盖灭火。主要是利用泡沫钩管、泡沫管枪、移动泡沫炮以及灭火机器人等移动泡沫灭火设备，在上风向或侧上风方向，通过泡沫强释放与缓释放组合操法，梯次架设覆盖灭火。

e. 干粉抑制法。主要是利用干粉能夺取燃烧中游离基的功能，起到干扰和抑制燃烧的作用。干粉对扑救甲苯火灾效果较为显著。

⑥ 洗消处理

a. 在危险区出口处设置洗消站，用大量清水对从危险区出来的人员进行冲洗。

b. 用水冲洗救援中使用的装备及被污染的衣物，消除其危害。

⑦ 清理移交

a. 用雾状水或惰性气体清扫现场内事故罐、管道、低洼地、下水道、沟渠等处，确保不留残液。

b. 清点人员，收集、整理器材装备。

c. 做好移交，安全归建。

(3) 爆炸事故

① 现场询情，制定处置方案

a. 应急救援人员到现场后，要问清事故单位的有关工程技术人员和当事人，全面了解事故区域还存在哪些爆炸物品及其数量。事故点存放的是单一品种，还是多种爆炸物品。

b. 根据掌握的现场情况，应立即成立技术组，研究行动处置方案。技术组应由发生事故单位的技术人员、专家及公安部门和应急救援机构人员组成。

② 实施现场警戒与撤离

a. 事故发生后，首先应维护现场秩序，划定警戒保护范围，安排专人做好警戒，防止无关人员进入危险区，以免引起不必要的伤亡。

b. 清除着火源，关闭非防爆通信工具。

c. 警戒范围内只允许极少数懂排爆技术的处置人员进入，无关人员不得滞留。

d. 为减少爆炸事故危害，应适度扩大警戒范围，撤离相关职工群众。但撤离范围不宜过大，应科学判断，否则会引起群众不满，甚至导致社会恐慌。

③ 转移

a. 对发生事故现场及附近未着火爆炸的物品在安全条件下应及时转移，防止火灾蔓延或爆炸物品的二次爆炸。

b. 转移前要充分了解有关物品的位置、外包装、能否转移和触动、周围环境和可能影响范围等情况，在时间允许的条件下，应制定转移方案，明确相关人员分工、器材准备、转移程序方法等。

（其余可参照着火事故处置程序及措施。）

**2. 运输事故处置程序及措施**

（1）现场询情

甲苯储存量、泄漏量、泄漏时间、部位、形式、扩散范围等；泄漏事故周边居民、地形、电源、火源等；应急措施、工艺措施、现场人员处理意见等。

（2）个体防护

参加泄漏处理人员应充分了解甲苯的化学性质和反应特征，要于高处和上风处进行处理，严禁单独行动，要有监护人。必要时要用雾状水掩护。要根据甲苯的性质和毒物接触形式，选择适当的防护用品，防止事故处理过程中发生伤亡、中毒事故。

（3）侦察检测

搜寻现场是否有遇险人员；使用检测仪器测定甲苯浓度及扩散范围；测定风向、风速及气象数据；确认在现场周围可能会引起火灾、爆炸的各种危险源；确定攻防路线、阵地；确定周边污染情况。

（4）疏散警戒

根据询情、侦检情况确定警戒区域；将警戒区域划分为重度危险区、中度危险区、轻度危险区和安全区并设置警戒标志，在安全区视情设立隔离带；合理设置出入口、严控进出人员、车辆、物资，并进行安全检查、逐一登记。

（5）禁绝火源和热源

为避免泄漏区发生爆炸等次生危害，应切断火源，停止一切非防爆的电气作业，包括手机、车辆和铁质金属器具。

（6）应急处置

① 输转倒罐。通过输转设备和管道采用防爆泵倒罐、压力差倒罐、惰性气体置换将甲苯从事故储运装置倒入安全装置或容器内。

② 关阀堵漏。生产装置或管道发生泄漏、阀门尚未损坏时，可协助技术人员或在技术人员的指导下，使用雾状水掩护，关闭阀门，制止泄漏；罐体、管道、阀门、法兰泄漏，采取相应堵漏方法（表3-19）实施堵漏，堵漏必须使用防爆工具。

表 3-19　堵漏方法

| 部位 | 形式 | 方　　法 |
|---|---|---|
| 罐体 | 砂眼 | 使用螺丝加黏合剂旋进堵漏 |
| | 缝隙 | 使用外封式堵漏袋、防爆型电磁式堵漏工具组、粘贴式堵漏密封胶(适用于高压)、潮湿绷带冷凝法或堵漏夹具、金属堵漏锥堵漏 |
| | 孔洞 | 使用各种堵漏夹具、粘贴式堵漏密封胶(适用于高压)、金属堵漏锥堵漏 |
| | 裂口 | 使用外封式堵漏袋、防爆型电磁式堵漏工具组、粘贴式堵漏密封胶(适用于高压)堵漏 |
| 管道 | 砂眼 | 使用螺丝加黏合剂旋进堵漏 |
| | 缝隙 | 使用外封式堵漏袋、防爆型电磁式堵漏工具组、金属封堵套管、潮湿绷带冷凝法或堵漏夹具、金属堵漏锥堵漏 |
| | 孔洞 | 使用各种堵漏夹具、粘贴式堵漏密封胶(适用于高压)、金属堵漏锥堵漏 |
| | 裂口 | 使用外封式堵漏袋、防爆型电磁式堵漏工具组、粘贴式堵漏密封胶(适用于高压)堵漏 |
| 阀门 | | 使用阀门堵漏工具组、注入式堵漏胶、堵漏夹具堵漏 |
| 法兰 | | 使用专门法兰夹具、注入式堵漏胶堵漏 |

（7）洗消处理

在作战条件允许或战斗任务完成后，对救援人员进行全面的洗消，开设洗消帐篷。同时对受染道路、地域及重要目标的洗消，对大面积的受染地面和不急需的装备、物资，采取风吹、日晒等自然方法洗消。

（8）清理移交

用雾状水、蒸汽、惰性气体清扫现场事故罐、管道、低洼、沟渠等处，确保不留残液；清点人员、车辆及器材；撤除警戒，做好移交，安全归建。

**3. 急救措施**

（1）人员吸入

迅速脱离现场至空气新鲜处，保持呼吸道通畅。如呼吸困难，给吸氧；如呼吸、心跳停止，立即进行心肺复苏。就医。

（2）皮肤接触

立即脱去被污染的衣着，用肥皂水或清水彻底冲洗。就医。

（3）眼睛接触

分开眼睑，用清水或生理盐水冲洗。就医。

（4）人员误食

漱口，饮水，禁止催吐。就医。

**（二）战斗编成**

**1. 基本战斗编组**

基本战斗编组应由作战指挥组(4人)、灭火冷却组(6人)、供水保障组(4人)、紧急救援组(4人)、安全员(1人)等五部分组成。各应急救援队伍根据实际执勤人数合理编配作战编组。

**2. 基本作战模块**

基本作战模块包括由重型泡沫消防车、大型水罐车、干粉车组成的主战模块；由举高车、水罐车组成的举高模块；由抢险车、救护车、其他车组成的抢险救援模块；由洗消车、水罐车、气防车组成的防化模块；由泵浦车、水带敷设车、大型水罐车、泡沫运输车等远程供水系统组成的供水、供泡沫液模块；由排烟车、供气车、照明车组成的保障模块；由机器人、无人机组成的支援模块等。

**3. 基本作战单元**

发生事故时，有针对性地选择作战指挥组、攻坚行动组、供水保障组、紧急救援组、安全员的数量及基本作战车辆模块，并有效组合，形成标准作战单元。如图3-13所示。

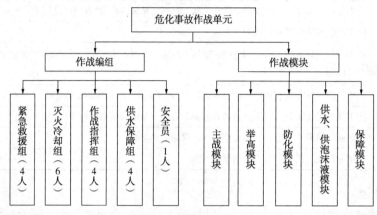

图 3-13　基本作战单元

### （三）注意事项

**1. 储存事故处置注意事项**

（1）泄漏事故

① 正确选择停车位置和进攻路线。消防车要选择从上风方向的入口、通道进入现场，停靠在上风方向的适当位置。进入危险区的车辆必须加装防火罩。使用上风方向的水源，从上风、侧上风向选择进攻路线，并设立救援阵地。指挥部应设置在安全区。

② 行动中要严防引发爆炸。进入危险区作业人员一定要专业、精干，防护措施要到位，同时使用雾状水进行掩护。在雷电天气下，采取行动要谨慎。

③ 设立现场安全员，确定撤离信号，实施全程动态仪器检测。一旦现场气体浓度接近爆炸浓度极限，事态还未得到有效控制，险情加剧，危及救援人员安全时，要及时发出撤离信号。一线指挥员在紧急情况下可不经请示，果断下达紧急撤离命令。紧急撤离时不收器材，不开车辆，保证人员迅速、安全撤出危险区。

④ 合理组织供水，保证持续、充足的现场消防供水，对甲苯储罐和泄漏区域不间断冷却稀释。

⑤ 严禁作业人员在泄漏区域的下水道或地下空间的顶部、井口等处滞留。

⑥ 做好医疗急救保障。配合医疗急救力量做好现场救护准备，一旦出现伤亡事故，立即实施救护。

⑦ 调集一定数量的消防车在泄漏区域集结待命。一旦发生着火爆炸事故，立即出动，控制火势，消除险情。

（2）着火、爆炸事故

① 合理停车、确保安全

a. 车辆停放在爆炸物危害不到的安全地带，要靠近掩蔽物。

b. 选择上风或侧上风方向停车，车头朝向便于撤退的方向。

c. 车辆不能停放在地沟、下水井、覆工板上面和架空管线下面。

② 安全防护、充分到位

a. 必须做好个人安全防护，负责主攻的前沿人员要着灭火防护服、隔热服。

b. 火场指挥员要注意观察风向、地形及火情，从上风或侧上风接近火场。

c. 在储罐着火时，要尽量避开封头位置，防止爆炸时封头飞出伤人。

③ 发现险情、果断撤退

根据甲苯储罐燃烧和对相邻储罐的威胁程度，为确保安全，必须设置安全员（火场观察哨和中控室观察哨）。现场观察哨当发现储罐的火焰由红变白、光芒耀眼，燃烧处发出刺耳的啸叫声，罐体出现抖动等爆炸的危险征兆时，应发出撤退信号，一律徒手撤离。中控室观察哨通过 DCS 系统发现罐内温度、压力等参数急剧升高时，应立即向现场指挥员汇报。

④ 无法堵漏、严禁灭火

在不能有效地制止甲苯泄漏的情况下，严禁将正在燃烧的储罐、管线泄漏处的火势扑灭。如果扑灭，甲苯将从储罐、管线等泄漏处继续泄漏，泄漏的甲苯遇到点火源就会发生复燃复爆，造成更为严重的危害。

**2. 运输事故处置注意事项**

（1）泄漏事故

① 车辆、人员从上风方向驶入事发区域，视情况做好熄火或加装防火罩准备，到场后，第一时间推动实现交通管制和警戒疏散，视情划定警戒区域。

② 进入重危区实施堵漏任务人员要做好个人安全防护，应穿着内置式重型防化服，佩戴空气呼吸器，尽量减少与甲苯和附近管线的不必要接触。

③ 处置过程中若发现罐体压力表示数急剧增大，说明罐体内胆破损严重，此时安全阀会开启，应慎重采取泄压处置。

④ 已燃泄漏甲苯，严禁用水流直接冲击，造成火焰和辐射范围人为扩大，堵漏时需避开爆破片等各类保险装置。

⑤ 加强对罐体（管道）状况勘察和故障情况分析，充分发挥技术人员、专家的辅助决策作用，特别是当罐车与其他危险化学品运输车发生事故时，情况不明严禁盲目行动，且在处置过程中要加强通信，随时做好撤离准备。

（2）着火、爆炸事故

① 除紧急工作如抢救人命、灭火堵漏外，不许无关人员进入危险区，对进入危险区工作的人员要加强防护，穿戴隔热服和防毒装具。

② 通知交通管理部门，依据警戒区域进行交通管制，无关车辆和人员禁止通行，切断电源，熄灭火种，停用加热设备，现场无线电通信设备必须防爆，否则不得使用。

③ 加强火场的通信联络，统一撤退信号。设立观察哨，严密监视火势情况和现场风向风力变化情况。

④ 甲苯若呈液相沿地面流动。可采用泡沫覆盖，降低其蒸发速度，缩小范围。禁止用直流水直接冲击罐体和泄漏部位，防止因强水流冲击而造成静电积聚、放电引起爆炸。

⑤ 当用水流扑灭火焰时，应首先找到泄漏口，清理现场和其他覆盖物后，将泄漏口暴露出来，便于施救。

⑥ 指挥员随时注意火势变化。如罐体摇晃变形发出异常声响、倾斜或安全阀放气声突然变得刺耳等危险状态，应组织人员迅速撤离现场，防止发生爆炸伤人。

⑦ 火势扑灭需要堵漏时必须使用防爆工具，设置水幕或蒸汽幕，驱散集聚、流动气体，稀释气体浓度，防止形成爆炸性混合物。

⑧ 冷却监护控制燃烧时，若罐内甲苯减少到一定程度，燃烧速度会明显减慢。此时为了防止回火，可以扑灭火焰，并通过裂口或阀门向罐内注水，加快甲苯泄放速度。

⑨ 火势被消灭后，要认真彻底检查现场，阀门是否关好，残火是否彻底消灭，是否稀释清理到位，并留下一定的消防车和人员进行现场看守，以防复燃。

# 第六节 汽 油

## 一、汽油通用知识

汽油，是从石油里分馏、裂解出来的具有挥发性、可燃性烃类混合物液体。可燃，馏程为 25~220℃，主要成分为 $C_5$~$C_{12}$ 脂肪烃和环烷烃，以及一定量芳香烃，汽油具有较高的辛烷值（抗爆震燃烧性能），并按辛烷值的高低分为 89#、92#、95#、98#。

### （一）理化性质（表 3-20）

表 3-20 汽油理化性质

| 成分 | $C_5$~$C_{12}$ 烃类混合物 |
| --- | --- |
| 外观与性状 | 无色或淡黄色，易挥发液体，具有特殊臭味 |
| 闪点 | -50℃ |
| 引燃温度 | 415~530℃ |
| 爆炸极限 | 1.3%~6.0%（体积） |
| 溶解性 | 不溶于水，易溶于苯、二硫化碳、醇、脂肪 |
| 熔点 | <-60℃ |
| 沸点 | 40~200℃ |
| 密度 | 相对蒸气密度（空气=1）：3.5（比空气重）<br>相对密度（水=1）：0.7~0.8（比水轻） |
| 燃烧热 | 44MJ/kg |

### （二）危害信息

**1. 危险性类别**

汽油属于危险化学品中的第 3 类易燃液体，火灾种类为甲类。

**2. 火灾与爆炸危险性**

易燃，其蒸气与空气形成爆炸性混合物，遇明火、高热极易燃烧爆炸。高速冲击、激荡后可因产生静电火花放电引起燃烧爆炸。与氧化剂能发生强烈反应。其蒸气比空气重，能在较低处扩散到相当远的地方，遇明火会引着回燃。

**3. 健康危害**

对中枢神经系统有麻醉作用。轻度中毒症状有头晕、头痛、恶心、呕吐、步态不稳、共济失调。高浓度吸入出现中毒性脑病。极高浓度吸入引起意识突然丧失、反射性呼吸停止。可伴有中毒性周围神经病及化学性肺炎。部分患者出现中毒性精神病。液体吸入呼吸道可引起吸入性肺炎。溅入眼内可致角膜溃疡、穿孔，甚至失明。皮肤接触致急性接触性皮炎，甚至灼伤。吞咽引起急性胃肠炎，重者出现类似急性吸入中毒症状，并可引起肝、肾损害。慢性中毒：神经衰弱综合征、植物神经功能症状类似精神分裂症。皮肤损害。

### （三）生产工艺

**1. 一次加工：常减压（图 3-14）**

粗汽油主要来源于对原油进行一次加工的常减压装置，根据原油中不同成分沸点不同的特性，将原油分割成不同温度范围的油品，属于纯物理过程。

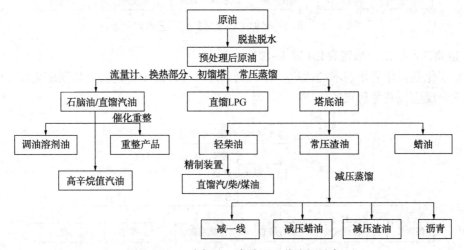

图 3-14 一次加工：常减压工艺流程示意

**2. 重油二次加工：催化裂化（图 3-15）**

催化裂化装置是原料油在催化剂作用在温度 500℃ 左右、压力 0.1～0.3MPa 条件下，发生裂解反应，使常减压装置蜡油和渣油发生裂化反应，裂解为液态烃、汽油和柴油等产品。

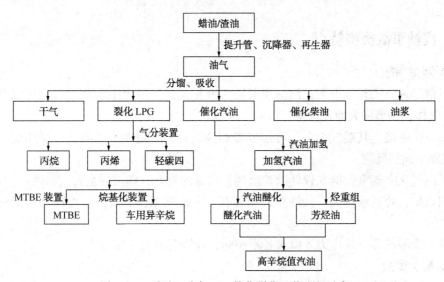

图 3-15 重油二次加工：催化裂化工艺流程示意

**3. 重油二次加工：延迟焦化（图3-16）**

延迟焦化是一种石油二次加工技术，是指以贫氢的重质油为原料，在高温（约500℃）下进行深度的热裂化和缩合反应，生产富气、粗汽油、柴油、蜡油和焦炭的技术。

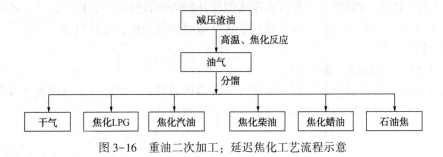

图3-16 重油二次加工：延迟焦化工艺流程示意

**4. 重油二次加工：加氢裂化（图3-17）**

加氢裂化是催化裂化技术的改进。在临氢条件下进行催化裂化，可抑制催化裂化时发生的脱氢缩合反应，避免焦炭的生成。

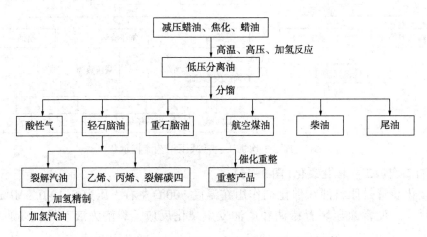

图3-17 重油二次加工：加氢裂化工艺流程示意

## 二、汽油事故类型特点

### （一）泄漏事故

① 扩散迅速，危害范围大。汽油泄漏后为液相，其挥发出来的蒸气与空气混合后可形成爆炸性气体，并形成大面积扩散区。

② 易发生燃烧，其蒸气与空气可形成爆炸性混合物，遇明火、高热极易燃烧爆炸。与氧化剂能发生强烈反应。

③ 其蒸气比空气重，能在较低处扩散到相当远的地方，遇火源会着火回燃。

④ 闪点低，处置难度大。汽油对人体具有一定的刺激性，吸入浓度高、大量的汽油能致人死亡。

⑤ 发生泄漏的部位及压力等因素各不相同，处置要求高，难度大。

### （二）着火事故

汽油着火后燃烧速度快，火焰温度高，辐射热强；易形成大面积流淌火，直接威胁救援人员、车辆及其他装置、设备的安全，导致人员伤亡和财产损失，同时造成土壤、水体等环境污染。

## （三）爆炸事故

汽油在敞口容器里能引起着火与爆炸交替发生，爆炸时飞出（溅出）的油品引起燃烧，燃烧波及油品引起爆炸。汽油蒸气在空气中含量达到 1.3%～6.0%（体积）时，遇到火源点火能量，即能发生燃烧、爆炸。爆炸将产生震荡作用、冲击波和碎物打击。同时，由于爆炸引起的高速气流，使人跌倒受伤，甚至肢体断离。

# 三、汽油事故处置

## （一）典型事故处置程序及措施

### 1. 储存事故处置程序及措施

（1）泄漏事故

① 侦察检测

a. 通过询问、侦检等方法，测定风力和风向，掌握泄漏区域油气浓度及扩散方向。

b. 查明事故区域遇险人数、位置。

c. 查明泄漏部位、泄漏速度，以及安全阀、紧急切断阀、周边危险源等情况。

d. 查明泄漏区域内管线、沟渠、下水道走向布局。

e. 了解事故单位已采取的处置措施、内部消防设施配备及运行、先期疏散抢救人员等情况。

f. 查明警戒区内重点单位情况、人员数量、地理位置、电源、火源及道路交通情况，掌握现场及周边的消防水源位置、储量及给水方式。

g. 分析评估泄漏扩散范围和可能引发着火爆炸的危险因素及后果。

② 疏散警戒

a. 根据侦察检测情况，划分警戒区，设立警戒标志。合理设置出入口，严格控制进入警戒区特别是重危区的人员、车辆、物资，进行安全检查，逐一登记。

b. 疏散泄漏区域及扩散可能波及范围的一切无关人员。

c. 在整个处置过程中，要不间断地进行动态检测，适时调整警戒范围。

③ 禁绝火源

联系相关部门切断事故区域内的强弱电源，熄灭火源，消除警戒区内一切能引起爆炸燃烧的火源条件。进入警戒区人员严禁携带、使用移动电话和非防爆通信、照明设备，严禁穿化纤类服装和带金属物件的鞋，严禁携带、使用非防爆工具。

④ 安全防护

人员进入现场或警戒区，必须佩戴呼吸器及各种防护器具。进入重危区的救援人员必须实施二级及以上防护，并采取雾状水掩护。现场安全防护标准可参照表3-21。

表 3-21　泄漏事故现场安全防护标准

| 级别 | 形式 | 防化服 | 防护服 | 呼吸器 | 其他 |
|------|------|--------|--------|--------|------|
| 一级 | 全身 | 内置式重型防化服 | 全棉防静电内衣 | — | — |
| 二级 | 全身 | 全封闭式防化服 | 全棉防静电内衣 | 正压式空气呼吸器或正压式氧气呼吸器 | 防化手套、防化靴 |
| 三级 | 头部 | 简易防化服或半封闭式防化服 | 全棉防静电内衣 | 滤毒罐、面罩或口罩毛巾等防护器具 | 抢险救援手套、抢险救援靴 |

⑤ 技术支持

应急救援部门会同事故单位、石油化工等部门的专家、技术人员判断事故状况，提供技术支持，制定应急救援方案，并参加配合应急救援行动。

⑥ 应急处置

a. 少量泄漏。用沙土、蛭石、吸油毡或其他惰性材料吸收。

b. 大量泄漏。在适合位置构筑围堤，保证有足够的时间在泄漏物到达前修好围堤。又要避免离泄漏点太远，使污染区域扩大，带来更大损失。

c. 挖坑收容。如果泄漏物沿一个方向流动，则在其流动的下方挖掘沟槽。如果泄漏物是四面流淌，则在泄漏点周围挖掘环形沟槽。操作时需特别注意，要使用防爆工器具，避免引起火灾。

d. 工艺处置。工艺处置往往能快速有效地控制灾情，达到"治本"的目的，一般工艺措施包括：紧急停车(停工)、泄压防爆、关阀断料、系统置换、倒料转输、填充物料、物料循环、工艺参数调整等。

e. 关阀堵漏。生产装置或管道发生泄漏、阀门尚未损坏时，可协助技术人员或在技术人员的指导下，使用雾状水掩护，关闭阀门，制止泄漏；罐体、管道、阀门、法兰泄漏，采取相应堵漏方法(表3-22)实施堵漏，堵漏必须使用防爆工具。

表3-22　堵漏方法

| 部位 | 形式 | 方　　法 |
|------|------|---------|
| 罐体 | 砂眼 | 使用螺丝加黏合剂旋进堵漏 |
|  | 缝隙 | 使用外封式堵漏袋、防爆型电磁式堵漏工具组、粘贴式堵漏密封胶(适用于高压)、潮湿绷带冷凝法或堵漏夹具、金属堵漏锥堵漏 |
|  | 孔洞 | 使用各种堵漏夹具、粘贴式堵漏密封胶(适用于高压)、金属堵漏锥堵漏 |
|  | 裂口 | 使用外封式堵漏袋、防爆型电磁式堵漏工具组、粘贴式堵漏密封胶(适用于高压)堵漏 |
| 管道 | 砂眼 | 使用螺丝加黏合剂旋进堵漏 |
|  | 缝隙 | 使用外封式堵漏袋、防爆型电磁式堵漏工具组、金属封堵套管、潮湿绷带冷凝法或堵漏夹具、金属堵漏锥堵漏 |
|  | 孔洞 | 使用各种堵漏夹具、粘贴式堵漏密封胶(适用于高压)、金属堵漏锥堵漏 |
|  | 裂口 | 使用外封式堵漏袋、防爆型电磁式堵漏工具组、粘贴式堵漏密封胶(适用于高压)堵漏 |
| 阀门 |  | 使用阀门堵漏工具组、注入式堵漏胶、堵漏夹具堵漏 |
| 法兰 |  | 使用专门法兰夹具、注入式堵漏胶堵漏 |

f. 输转倒罐。用烃泵倒罐。在确保现场安全的条件下，利用烃泵直接倒罐。必须有专业技术人员实施操作，应急救援人员给予保护。

⑦ 洗消处理

a. 在危险区出口处设置洗消站，用大量清水对从危险区出来的人员进行冲洗。

b. 用水冲洗救援中使用的装备及被污染的衣物，消除其危害。

⑧ 清理移交

a. 用雾状水或惰性气体清扫现场内事故罐、管道、低洼地、下水道、沟渠等处，确保不留残液。

b. 清点人员，收集、整理器材装备。

c. 做好移交，安全归建。

（2）着火事故

① 第一时间了解灾情信息

a. 第一出动的火场指挥员，应在行车途中与指挥中心保持联系，不断了解火场情况，并及时听取上级指示，做好到场前的战斗准备。

b. 上级指挥员在向火场行驶的途中，应通过指挥中心及时与已经到达火场的辖区火场指挥员取得联系，或通过无线系统、图像数据传输系统、专家辅助决策系统了解火场信息。

c. 重点了解火场发展趋势，同时要了解指挥中心调动力量情况，掌握已经到场的力量以及赶赴现场的力量，综合分析各种渠道获得的火场信息，预测火灾发展趋势和着火建（构）筑物、压力容器储罐、化工装置等部位的变化情况，及时确定扑救措施。

② 安全防护

人员进入现场或警戒区，必须佩戴呼吸器及各种防护器具。进入重危区的救援人员必须实施三级以上防护，并采取雾状水掩护。现场安全防护标准可参照表3-23。

表 3-23　着火事故现场安全防护标准

| 级别 | 形式 | 防化服 | 防护服 | 防护面具 |
|------|------|--------|--------|----------|
| 一级 | 全身 | 内置式重型防火服 | 全棉防静电内外衣 | 正压式空气呼吸器或全防型滤毒罐 |
| 二级 | 全身 | 隔热服 | 全棉防静电内外衣 | 正压式空气呼吸器或全防型滤毒罐 |
| 三级 | 呼吸 | 灭火防护服 | — | 简易滤毒罐、面罩或口罩、毛巾等防护器材 |

③ 现场侦检

a. 环境信息：风力、风向、周边环境、道路情况、电源、火源、现场及周边的消防水源位置、储量及给水方式。

b. 事故基础信息：事故地点、危害气体浓度、火灾严重程度、邻近建（构）筑物受火势威胁、事故单位已采取的处置措施、内部消防设施配备及运行。

c. 人员伤亡信息：事故区域遇险人数、位置、先期疏散抢救人员等情况。

d. 其他有关信息。

④ 火场警戒的实施

a. 火场应设置警戒工作区域。根据侦察检测情况，确定警戒范围，并划分危险区和安全区，设置警戒标志和出入口。严格控制进入警戒区的人员、车辆和物资，进行安全检查，做好记录。根据动态检测结果，适时调整警戒范围。及时疏散着火区域和爆炸可能波及范围的无关人员。

b. 迅速控制火场秩序。安排专人迅速控制火场秩序，管制交通，疏导车辆和围观人员到警戒区域以外的安全地点。

⑤ 应急处置

a. 外围预先部署。到达火灾现场，指挥员在采取措施、组织力量控制火灾蔓延、防止爆炸的同时，必须组织到场力量在外围作强攻近战的部署，包括消防车占领水源铺设水带线路、确定进攻路线、调集增援力量等。

b. 消灭外围火焰。人员救出后，第一出动力量应根据地面流淌火火势大小，用足够的枪炮控制外围火焰，待增援力量到场后，要从外围向火场中心推进，消灭汽油罐体周围的所有火焰，若第一到场队伍冷却力量不足，要积极支援第一出动，加强冷却。

c. 冷却防爆。冷却防爆是救援队到场时的首要任务。如果到场时，装置的全部或局部及地面均在燃烧，应先设法用泡沫扑灭地面火灾，并在地面及邻近沟槽表面喷射泡沫，在此基础上对事故装置及邻近设备可用水实施从上至下的全方位冷却。冷却中应优先选择重要部位，并分别利用装置邻近高压固定炮、半固定消火栓系统，快速出水。冷却水枪应来回摆动，不能停留在同一部位，防止冷却不均匀使装置变形，装置爆炸后防爆膜爆破，或装置开裂。冷却时应防止冷却水直接进入反应器而扩大事态。为防止燃爆对消防车辆和作战阵地构成的威胁，车辆停靠位置、指挥阵地、分水阵地应设置在上风或侧上风。冷却时，充分利用固定水喷淋系统对燃烧或受到火势威胁的储罐实施冷却，当固定与半固定设施损坏时，现场要加大冷却强度，以防止水流瞬间汽化。同时高喷、消防炮等远距离、大口径装备要合理运用，均匀射水。要重点冷却被火焰直接烘烤的罐壁表面和邻近罐壁，一般情况下，着火罐全部冷却，邻近罐冷却其面对着火罐一侧的表面积一半(具体根据实际情况来决定)。

d. 工艺处置。根据现场情况，及时掩护工艺人员进行关阀断料、输转倒罐等工艺处置，同时为防止火灾扑救中汽油外流，应用沙土或其他材料筑堤拦截流淌的液体，或挖沟导流，将物料导向安全地点，防止火焰蔓延。

⑥ 洗消处理

a. 在危险区出口处设置洗消站，用大量清水对从危险区出来的人员进行冲洗。

b. 用水冲洗救援中使用的装备及被污染的衣物，消除其危害。

⑦ 清理移交

a. 用雾状水或惰性气体清扫现场内事故罐、管道、低洼地、下水道、沟渠等处，确保不留残液。

b. 清点人员，收集、整理器材装备。

c. 做好移交，安全归建。

(3) 爆炸事故

① 现场询情，制定处置方案

a. 应急救援人员到现场后，要问清事故单位的有关工程技术人员和当事人，全面了解事故区域还存在哪些爆炸物品及其数量。事故点存放的是单一品种，还是多种爆炸物品。

b. 根据掌握的现场情况，应立即成立技术组，研究行动处置方案。技术组应由发生事故单位的技术人员、专家及公安部门和应急救援机构人员组成。

② 实施现场警戒与撤离

a. 事故发生后，首先应维护现场秩序，划定警戒保护范围，安排专人做好警戒，防止无关人员进入危险区，以免引起不必要的伤亡。

b. 清除着火源、清除关停周围热源，关闭非防爆通信工具。

c. 警戒范围内只允许极少数懂排爆技术的处置人员进入，无关人员不得滞留。

d. 为减少爆炸事故危害，应适度扩大警戒范围，撤离相关职工群众，做好疏散职工群众思想安全教育工作。

③ 转移

a. 对发生事故现场及附近未着火爆炸的物品在安全条件下应及时转移，防止火灾蔓延或爆炸物品的二次爆炸。

b. 转移前要充分了解有关物品的位置、外包装、能否转移和触动、周围环境和可能影响范围等情况，在时间允许的条件下，应制定转移方案，明确相关人员分工、器材准备、转移程序方法等。

（其余可参照着火事故处置程序及措施。）

**2. 运输事故处置程序及措施**

（1）现场询情

汽油储存量、泄漏量、泄漏时间、部位、形式、扩散范围等；泄漏事故周边居民、地形、电源、火源等；应急措施、工艺措施、现场人员处理意见等。

（2）个体防护

参加泄漏处理人员应充分了解汽油的理化性质，要于高处和上风处进行处理，严禁单独行动，要有监护人。必要时要用雾状水掩护。要根据汽油的性质和毒物接触形式，选择适当的防护用品，防止事故处理过程中发生伤亡、中毒事故。

（3）侦察检测

搜寻现场是否有遇险人员；使用检测仪器测定汽油浓度及扩散范围；测定风向、风速及气象数据；确认在现场周围可能会引起火灾、爆炸的各种危险源；确定攻防路线、阵地；确定周边污染情况。

（4）疏散警戒

根据询情、侦检情况确定警戒区域；将警戒区域划分为重危区、中危区、轻危区和安全区并设置警戒标志，在安全区视情设立隔离带；合理设置出入口、严控进出人员、车辆、物资，并进行安全检查、逐一登记。

（5）应急处置

① 启用喷淋、泡沫、蒸汽等固定、半固定灭火设施；消防车供水或选定水源、铺设水带、设置阵地、有序展开；设置水幕或蒸汽幕，稀释、降解汽油浓度；采用雾状射流形成水幕墙、防止汽油向重要目标或危险源扩散。

② 堵漏、注水排险。根据现场泄漏情况，研究堵漏方案，并严格按照堵漏方案实施；根据泄漏情况，在采取其他措施的同时，可通过向罐内注水，抬高液位。

③ 输转倒罐。通过输转设备和管道采用烃泵倒罐、压力差倒罐置换将汽油从事故储运装置倒入安全装置或容器内。

（6）洗消处理

在作战条件允许或战斗任务完成后，对遇险人员进行全面的洗消，开设洗消帐篷。同时对受染道路、地域及重要目标的洗消，对大面积的受染地面和不急需的装备、物资，采取风吹、日晒等自然方法洗消。

（7）清理移交

用喷雾水、蒸汽、惰性气体清扫现场内事故罐、管道、低洼、沟渠等处，确保不留残气（液）；清点人员、车辆及器材；撤除警戒，做好移交，安全归建。

**3. 急救措施**

（1）人员吸入

迅速脱离现场至空气新鲜处，保持呼吸道通畅。如呼吸困难，给输氧；如呼吸、心跳停止，立即进行心肺复苏。就医。

（2）皮肤接触

立即脱去被污染的衣着，用流动清水彻底冲洗。就医。

（3）眼睛接触

立即分开眼睑，用流动清水或生理盐水彻底冲洗。就医。

（4）人员误食

漱口，饮水，禁止催吐。就医。

**（二）战斗编成**

**1. 基本战斗编组**

基本战斗编组应由作战指挥组(3人)、攻坚行动组(3人)、紧急救援组(3人)、供水保障组(3人)、安全员(1人)等五部分组成。各应急救援队伍根据实际执勤人数合理编配作战编组。

**2. 基本作战模块**

基本作战模块包括由泡沫车、水罐车组成的主战模块；由举高车、水罐车组成的举高模块；由抢险车等其他车组成的抢险模块；由远程供水系统、供液消防车组成的供水、供液模块；由排烟车、供气车、照明车、机器人、无人机等组成的保障模块。各应急救援队伍根据实际车辆情况编配。

**3. 基本作战单元**

发生事故时，有针对性地选择作战指挥组、攻坚行动组、紧急救援组、供水保障组、安全员的数量及基本作战模块，并有效组合，形成标准作战单元。如图3-18所示。

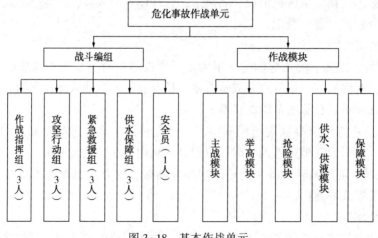

图3-18　基本作战单元

**（三）注意事项**

**1. 储存事故处置注意事项**

（1）泄漏事故

① 正确选择停车位置和进攻路线。消防车要选择从上风方向的入口、通道进入现场，停靠在上风方向的适当位置。进入危险区的车辆必须加装防火罩。使用上风方向的水源，从

108

上风、侧上风向选择进攻路线，并设立救援阵地。指挥部应设置在安全区。

② 行动中要严防引发爆炸。进入危险区作业人员一定要专业、精干，防护措施要到位，同时使用雾状水进行掩护。在雷电天气下，采取行动要谨慎。

③ 设立现场安全员，确定撤离信号，实施全程动态仪器检测。一旦现场气体浓度接近爆炸浓度极限，事态还未得到有效控制，险情加剧，危及应急救援人员安全时，要及时发出撤离信号。一线指挥员在紧急情况下可不经请示，果断下达紧急撤离命令。紧急撤离时不收器材，不开车辆，保证人员迅速、安全撤出危险区。

④ 合理组织供水，保证持续、充足的现场消防供水，对汽油储罐和泄漏区域不间断冷却稀释。

⑤ 严禁作业人员在泄漏区域的下水带或地下空间的顶部、井口等处滞留。

⑥ 做好医疗急救保障。配合医疗急救力量做好现场救护准备，一旦出现伤亡事故，立即实施救护。

⑦ 调集一定数量的消防车在泄漏区域集结待命。一旦发生着火爆炸事故，立即出动，控制火势，消除险情。

（2）着火、爆炸事故

① 合理停车、确保安全

a. 车辆停放在爆炸物危害不到的安全地带，要靠近掩蔽物。

b. 选择上风或侧上风方向停车，车头朝向便于撤退的方向。

c. 车辆不能停放在地沟、下水井、覆工板上面和架空管线下面。

② 安全防护、充分到位

a. 必须做好个人安全防护，负责主攻的前沿人员要着防火隔热服。

b. 火场指挥员要注意观察风向、地形及火情，从上风或侧上风接近火场。

c. 救援阵地要选择在靠近掩蔽物的位置，救援阵地及车辆尽可能避开地沟、覆工板、下水井的上方和着火架空管线的下方。

d. 在储罐着火时，要尽量避开封头位置，防止爆炸时封头飞出伤人。

③ 发现险情、果断撤退

根据汽油储罐燃烧和对相邻储罐的威胁程度，为确保安全，必须设置安全员（火场观察哨）。当发现储罐的火焰由红变白、光芒耀眼，燃烧处发出刺耳的啸叫声，罐体出现抖动等爆炸的危险征兆时，应发出撤退信号，一律徒手撤离。

④ 无法堵漏、严禁灭火

在不能有效地制止汽油泄漏的情况下，严禁将正在燃烧的储罐、管线、槽车泄漏处的火势扑灭。如果扑灭，汽油将从储罐、槽车、管线等泄漏处继续泄漏，泄漏的汽油遇到点火源就会发生复燃复爆，造成更为严重的危害。

**2. 运输事故处置注意事项**

（1）泄漏事故

① 车辆、人员从上风方向驶入事发区域，视情做好熄火或加装防火罩准备，到场后，第一时间推动实现交通管制和警戒疏散，视情划定警戒区域。

② 进入重危区实施堵漏任务人员要做好个人安全防护，可穿简易防化服或灭火防护服，佩戴空气呼吸器。

（2）着火、爆炸事故

① 除紧急工作如抢救人命、灭火堵漏外，不许无关人员进入危险区，对进入危险区工作的人员要加强防护，穿戴隔热服和防毒装具。

② 通知交通管理部门，依据警戒区域进行交通管制，无关车辆和人员禁止通行，切断电源，熄灭火种，停用加热设备，现场无线电通信设备必须防爆，否则不得使用。

③ 加强火场的通信联络，统一撤退信号。设立观察哨，严密监视火势情况和现场风向风力变化情况。

④ 火势扑灭需要堵漏时必须使用防爆工具，设置水幕或蒸汽幕，驱散集聚、流动气体，稀释气体浓度，防止形成爆炸性混合物。

⑤ 火势被消灭后，要认真彻底检查现场，阀门是否关好，残火是否彻底消灭，是否稀释清理到位，并留下一定的消防车和人员进行现场看守，以防复燃。

# 第七节　液　　氨

## 一、液氨通用知识

液氨，又称为无水氨，是一种无色液体。氨作为一种重要的化工原料，应用广泛，为运输及储存便利，通常将气态的氨气通过加压或冷却得到液态氨。氨易溶于水，氨在20℃水中的溶解度为34%，溶于水后形成氢氧化铵的碱性溶液。

（一）理化性质（表3-24）

表3-24　液氨理化性质

| 成分 | 氮、氢 |
|---|---|
| 外观与性状 | 无色、有刺激性、臭味的液体 |
| 自燃点 | 651.1℃ |
| 爆炸极限 | 16%~25% |
| 溶解性 | 易溶于乙醇和乙醚 |
| 熔点 | -78℃ |
| 沸点 | -33℃ |
| 密度 | 在标准状态下的密度为0.707g/cm³ |

（二）危害信息

**1. 危害性类别**

液氨属于危险化学品中的第8类腐蚀性物质，易挥发。

**2. 火灾与爆炸危险性**

与空气混合能形成爆炸性混合物，遇明火、高热能引起燃烧爆炸。与氟、氯等接触会发生剧烈的化学反应。若遇高热、容器内压增大，有开裂和爆炸的危险。

**3. 健康危害**

低浓度氨对黏膜有刺激作用，高浓度可造成组织溶解坏死。滴入皮肤，会造成冻伤和腐蚀。接触眼睛可使眼结膜水肿、角膜溃疡、虹膜炎、晶体浑浊甚至角膜穿孔。

急性中毒：轻度者出现流泪、咽痛、声音嘶哑、咳嗽等；眼结膜、鼻黏膜、咽部充血、水肿；胸部X线征象符合支气管或支气管周围炎。中度中毒者上述症状加剧，出现呼吸困难、紫绀；胸部X线征象符合肺炎或间质性肺炎。严重者可发生中毒性肺水肿，或有呼吸窘迫综合征，患者剧烈咳嗽、咯大量粉红色泡沫痰、呼吸窘迫、昏迷、休克等。可发生喉头水肿或支气管黏膜坏死脱落窒息。高浓度氨可引起反射性呼吸停止。

### （三）生产工艺

#### 1. 高压法

操作压力70~100MPa，温度为550~650℃。这种方法的主要优点是氨合成效率高，混合气中的氨易被分离。故流程、设备都比较紧凑。但因为合成效率高，放出的热量多，催化剂温度高，易过热而失去活性，所以催化剂的使用寿命较短。又因为是高温高压操作，对设备制造、材质要求都较高，投资费用大。工业上很少采用此法生产。

#### 2. 中压法（图3-19）

操作压力为20~60MPa，温度450~550℃，其优缺点介于高压法与低压法之间，此法技术比较成熟，经济性比较好。

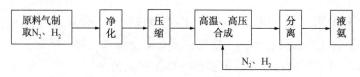

图3-19　中压法制液氨

## 二、液氨的事故类型特点

### （一）泄漏事故

发生泄漏时，由液相变为气相，液氨会迅速汽化，体积迅速扩大，未及时汽化的液氨以液滴的形式雾化在蒸气中；在泄漏初期，由于液氨的部分蒸发，使得氨蒸气的云团密度高于空气密度，氨气随风飘移，易形成大面积染毒区和燃烧爆炸区，需及时对危害范围内的人员进行疏散，并采取禁绝火源措施。

### （二）着火、爆炸事故

液氨易挥发，挥发后的氨气具有燃爆性，氨气泄漏后与空气混合形成爆炸性混合物，遇火源发生爆炸或燃烧。氨在空气中的含量达11%~14%时，遇明火即可燃烧，其火焰呈黄绿色，有油类存在时，更增加燃烧危险；当空气中氨的含量达16.1%~25%时，遇火源就会引起爆炸，最易引燃浓度17%，产生最大爆炸压力0.58MPa；液氨容器受热会膨胀，压力会升高，能使钢瓶或储罐爆炸。与卤素或强氧化剂接触引起燃烧或爆炸，蒸气可能会移动到着火源并回闪。受热或接触火焰可能会产生膨胀或爆炸性分解。氨气与空气或氧气混合会形成爆炸性混合物，储存容器受热时也极有可能发生爆炸。

## 三、液氨的事故处置

### （一）典型事故处置程序及措施

#### 1. 泄漏事故

（1）侦察检测

① 通过询问、侦察、检测、监测等方法，以及测定风力和风向，掌握泄漏区域泄漏量

和扩散方向。

② 查明遇险人员数量、位置和营救路线。

③ 查明泄漏容器储量、泄漏部位、泄漏强度，以及安全阀、紧急切断阀、液位计、液相管、气相管、罐体等情况。

④ 查明储罐区储罐数量和总储存量、泄漏罐储存量和邻近罐储存量，以及管线、沟渠、下水道布局及走向。

⑤ 了解事故单位已经采取的处置措施、内部消防设施配备及运行、先期疏散抢救人员等情况。

⑥ 查明拟定警戒区内的单位情况、人员数量、地形地物、电源、火源、交通道路等情况。

⑦ 掌握现场及周边的消防水源位置、储量和给水方式。

⑧ 分析评估泄漏扩散的范围、可能引发爆炸燃烧的危险因素及其后果、现场及周边污染等情况。

（2）疏散警戒

① 根据侦察和检测情况，划分警戒区，设立警戒标志。合理设置出入口，严格控制进入警戒区特别是重危区的人员、车辆、物资，进行安全检查，逐一登记。

② 疏散泄漏区域及扩散可能波及范围的一切无关人员。

③ 在整个处置过程中，要不间断地进行动态检测，适时调整警戒范围。

（3）禁绝火源

联系相关部门切断机房和设备间的电源，熄灭火源，停止高热设备，落实防静电措施。进入警戒区人员严禁携带、使用移动电话和非防爆通信、照明设备，严禁穿化纤类服装和带金属物件的鞋，严禁携带、使用非防爆工具，禁止机动车辆（包括无防爆装置的救援车辆）和非机动车辆随意进入警戒区。

（4）安全防护

人员进入现场或警戒区，必须佩戴正压式呼吸器及各种防护器具，着防化、防寒服。液氨泄漏事故救援中，要加强个体防护，进入重危区的人员必须实施一级防护。现场安全防护标准可参照表3-25。

表3-25 泄漏事故现场安全防护标准

| 级别 | 形式 | 防化服 | 防护服 | 呼吸器 | 其他 |
|------|------|--------|--------|--------|------|
| 一级 | 全身 | 内置式重型防化服 | 全棉防静电内衣 | — | 防寒防冻服 |
| 二级 | 全身 | 全封闭式防化服 | 全棉防静电内衣 | 正压式空气呼吸器或正压式氧气呼吸器 | 防化手套、防化靴 |
| 三级 | 头部 | 简易防化服或半封闭式防化服 | 全棉防静电内衣 | 滤毒罐、面罩或口罩、毛巾等防护器具 | 抢险救援手套、抢险救援靴 |

（5）技术支持

应急救援部门会同事故单位、石油化工等部门的专家、技术人员判断事故状况，提供技术支持，制定应急救援方案，并配合参加应急救援行动。

112

（6）应急处置

① 少量泄漏。泄漏的容器应转移到安全地带，并且仅在确保安全的情况下才能打开阀门泄压。可用沙土、蛭石等惰性吸收材料收集和吸附泄漏物。运输途中体积较小的液氨钢瓶发生泄漏，又无法制止外泄时，可将钢瓶浸入稀盐酸溶液中进行中和，也可将钢瓶浸入水中。储罐、容器壁发生少量泄漏，可将泄漏的液氨导流至水或稀盐酸溶液中，使其进行中和，形成无危害或微毒废水。收集的泄漏物应放在贴有相应标签的密闭容器中，以便废弃处理。

② 大量泄漏。喷雾状水或将泄漏的液氨倒流至水或稀盐酸溶液中，使泄漏的液氨中和、稀释、溶解。禁止接触或跨越泄漏的液氨。喷雾状水，禁止用水直接冲击泄漏的液氨或泄漏源。防止泄漏物进入水体、下水道、地下室或密闭性空间。

③ 现场供水。制定供水方案，选定水源，选用可靠高效的供水车辆和装备，采取合理的供水方式和方法，保证消防用水量。

④ 稀释防爆。若法兰或阀门填料大量泄漏，立刻启动事故防爆风机，加强事故房间现场通风，降低事故房间的氨气浓度；用雾状水喷淋泄漏部位中和稀释氨气；若冷凝器泄漏，要立刻开启冷凝器水泵用水进行稀释，其余地区或设备可同时进行喷淋；设置水幕，驱散集聚、流动的气体或液体，稀释气体浓度，防止气体向重要目标或危险源扩散并形成大量爆炸性混合气体；通过自然风吹散或通过防爆机械送风进行驱散；禁止用水直接冲击泄漏的液氨或泄漏源，防止泄漏物进入水体、下水道、地下室或密闭性空间，禁止进入氨气可能汇集的受限空间。

⑤ 关阀堵漏。生产装置或管道发生泄漏、阀门尚未损坏时，可协助技术人员或在技术人员的指导下，使用雾状水掩护，关闭阀门，制止泄漏；罐体、管道、阀门、法兰泄漏，采取相应堵漏方法（表3-26）实施堵漏，堵漏必须使用防爆工具。

表 3-26　堵漏方法

| 部　位 | 方　　法 |
| --- | --- |
| 罐　体 | 充气袋、充气垫等专用用具从外面包裹堵漏。带压管道泄漏可用捆绑式充气堵漏袋，或使用金属外壳内衬橡胶垫等专用用具实行堵漏 |
| 管　道 | 可使用不一样形状的堵漏垫、堵漏楔、堵漏胶、堵漏带等用具实行封堵 |
| 阀门、法兰 | 切断泄漏源，并对泄漏点进行紧固螺栓或改换垫片。用不一样型号的法兰夹具并注射密封胶的方法实行封堵，也能够直接使用特意异门堵漏工具实行堵漏 |

⑥ 输转倒罐。对于情况复杂，储量较大，难以实施有效堵漏的储罐、槽车等容器泄漏，应立即实施倒罐措施进行处置，即利用烃泵、压力差倒罐或惰性气体置换，把液氨输转到安全的容器中；倒罐输转操作必须在确保安全有效的前提下，由熟悉设备、工艺，经验丰富的专业技术人员具体实施；实施倒罐作业时，管线、设备必须做到良好接地。

（7）洗消处理

① 场地洗消。根据液氨的理化性质和受污染的具体情况，可采取不同的方法洗消。化学消毒法：即用稀盐酸等酸性溶液喷洒在染毒区域或受污染体表面，发生化学反应改变毒物性质，成为无毒或低毒物质。物理消毒法：即用吸附垫、活性炭等具有吸附能力

的物质，吸附回收转移处理；对污染空气可用水驱动排烟机吹散降毒；也可对污染区暂时封闭，依靠自然条件，如日晒、雨淋、通风等使毒气消失；也可喷射雾状水进行稀释降毒。

② 器材洗消。凡是进入染毒区内的车辆、器材都必须进行洗消。

③ 人员洗消。在危险区与安全区交界处设立洗消站。凡是进入危险区内的人员都要进行洗消。皮肤接触立即脱去被污染的衣着，应用 2% 硼酸溶液或大量清水彻底冲洗，眼睛接触立即提起眼睑，用大量流动清水或生理盐水彻底冲洗至 15min。

（8）清理移交

① 用雾状水清扫现场，确保不留残液。

② 清点人员，收集、整理器材装备。

③ 做好移交，安全归建。

**2. 着火事故**

（1）第一时间了解灾情信息

① 第一出动的火场指挥员，应在行车途中与指挥中心保持联系，不断了解火场情况，并及时听取上级指示，做好到场前的战斗准备。

② 上级指挥员在向火场行驶的途中，应通过指挥中心及时与已经到达火场的辖区火场指挥员取得联系，或通过无线系统、图像数据传输系统、专家辅助决策系统了解火场信息。

③ 重点了解火场发展趋势，同时要了解指挥中心调动力量情况，掌握已经到场的力量以及赶赴现场的力量，综合分析各种渠道获得的火场信息，预测火灾发展趋势和着火建（构）筑物、压力容器储罐、化工装置等部位的变化情况，及时确定扑救措施。

（2）安全防护

人员进入现场或警戒区，必须佩戴呼吸器及各种防护器具。进入重危区的救援人员必须实施二级以上防护，并采取雾状水掩护。现场安全防护标准可参照表3-27。

表 3-27　着火事故现场安全防护标准

| 级别 | 形式 | 防化服 | 防护服 | 防护面具 |
| --- | --- | --- | --- | --- |
| 一级 | 全身 | 内置式重型防火服 | 全棉防静电内外衣 | 正压式空气呼吸器或全防型滤毒罐 |
| 二级 | 全身 | 隔热服 | 全棉防静电内外衣 | 正压式空气呼吸器或全防型滤毒罐 |
| 三级 | 呼吸 | 灭火防护服 | — | 简易滤毒罐、面罩或口罩、毛巾等防护器材 |

（3）现场侦检

① 环境信息：风力、风向、周边环境、道路情况、电源、火源、现场及周边的消防水源位置、储量及给水方式。

② 事故基础信息：事故地点、危害气体浓度、火灾严重程度、邻近建（构）筑物受火势威胁、事故单位已采取的处置措施、内部消防设施配备及运行。

③ 人员伤亡信息：事故区域遇险人数、位置、先期疏散抢救人员等情况。

④ 其他有关信息。

（4）火场警戒的实施

① 设置警戒工作区域。应急救援队伍到场后，由火场指挥员确定是否需要实施火场警

戒。通常在事故现场的上风方向停放警戒车，警戒人员做好个体防护后，按确定好的警戒范围实施警戒，在警戒区上风方向的适当位置建立各相关工作区域，主要有着装区、器材放置区、洗消区、警戒区出入口等。

② 迅速控制火场秩序。火场指挥员必须尽快控制火场秩序，管制交通，疏导车辆和围观人员，将他们疏散到警戒区域以外的安全地点，维持好现场秩序。

（5）应急处置

① 外围预先部署。到达火灾现场，指挥员在采取措施、组织力量控制火灾蔓延、防止爆炸的同时，必须组织到场力量在外围作强攻近战的部署，包括消防车占领水源铺设水带线路、确定进攻路线、调集增援力量等。

② 冷却抑爆。冷却时，开启所有液氨储罐顶部喷淋装置进行喷淋和喷射大量清水实施冷却，当喷淋装置损坏时，现场要加大冷却强度，用大量清水喷向泄漏区进行稀释、溶解，防止氨气挥发，直至将氨液完全稀释，并冷却着火储罐及周围储罐。

③ 工艺处置。根据现场情况，及时掩护工艺人员进行关阀断料、输转倒罐等工艺处置，同时为防止火灾扑救中液氨外流，应用沙袋或其他材料筑堤拦截流淌的液体，或挖沟导流，将物料导向安全地点，防止火焰蔓延。

④ 火灾扑救。采用雾状水、抗溶性泡沫、二氧化碳、沙土作为灭火剂进行灭火，严禁直接对泄漏口或安全阀门喷水，防止产生冻结；灭火后要立即判断液氨泄漏的压力和泄漏口的大小及其形状，运用相应的堵漏材料进行堵漏，在堵漏时如果条件允许，可同时进行倒槽处理；如果泄漏口很大，并无法堵漏，应需冷却着火储罐及周围储罐，控制着火范围，直到液氨燃尽或符合实际条件下，将容器从火场转移至空旷处。

（6）洗消处理

① 场地洗消。根据液氨的理化性质和受污染的具体情况，可采取不同的方法洗消：化学消毒法。即用稀盐酸等酸性溶液喷洒在染毒区域或受污染体表面，发生化学反应改变毒物性质，成为无毒或低毒物质；物理消毒法。即用吸附垫、活性炭等具有吸附能力的物质，吸附回收转移处理；对污染空气可用水驱动排烟机吹散降毒；也可对污染区暂时封闭，依靠自然条件，如日晒、雨淋、通风等使毒气消失；也可喷射雾状水进行稀释降毒。

② 器材洗消。凡是进入染毒区内的车辆、器材都必须进行洗消。

③ 人员洗消。在危险区与安全区交界处设立洗消站。凡是进入危险区内的人员都要进行洗消。皮肤接触立即脱去被污染的衣着，应用 2% 硼酸溶液或大量清水彻底冲洗，眼睛接触立即提起眼睑，用大量流动清水或生理盐水彻底冲洗至 15min。

（7）清理移交

① 用雾状水清扫现场，确保不留残液。

② 清点人员，收集、整理器材装备。

③ 做好移交，安全归建。

**3. 爆炸事故**

（1）现场询情，制定处置方案

① 应急救援人员到现场后，要问清事故单位的有关工程技术人员和当事人，全面了解事故区域还存在哪些爆炸物品及其数量。事故点存放的是单一品种，还是多种爆

炸物品。

② 根据掌握的现场情况，应立即成立技术组，研究行动处置方案。技术组应由发生事故单位的技术人员、专家及公安部门和应急救援机构人员组成。

（2）实施现场警戒与撤离

① 事故发生后，首先应维护现场秩序，划定警戒保护范围，安排专人做好警戒，防止无关人员进入危险区，以免引起不必要的伤亡。

② 清除着火源、清除关停周围热源，关闭非防爆通信工具。

③ 警戒范围内只允许极少数懂排爆技术的处置人员进入，无关人员不得滞留。

④ 为减少爆炸事故危害，应适度扩大警戒范围，撤离相关职工群众，做好疏散职工群众思想安全教育工作。

（3）转移

① 对发生事故现场及附近未着火爆炸的物品在安全条件下应及时转移，防止火灾蔓延或爆炸物品的二次爆炸。

② 转移前要充分了解有关物品的位置、外包装、能否转移和触动、周围环境和可能影响范围等情况，在时间允许的条件下，应制定转移方案，明确相关人员分工、器材准备、转移程序方法等。

**4. 急救措施**

（1）人员吸入

迅速脱离现场至空气新鲜处，保持呼吸道通畅。如呼吸困难，给输氧；如呼吸、心跳停止，立即进行心肺复苏。就医。

（2）皮肤接触

立即脱去被污染的衣着，用大量流动清水彻底冲洗至少 15min。就医。

（3）眼睛接触

分开眼睑，用流动清水或生理盐水彻底冲洗 5~10min。就医。

**（二）战斗编成**

**1. 基本战斗编组**

基本战斗编组应由作战指挥组（3 人）、攻坚行动组（3 人）、供水保障组（3 人）、紧急救援组（3 人）、安全员（1 人）等五部分组成。各应急救援队伍根据实际执勤人数合理编配作战编组。

**2. 基本作战模块**

基本作战模块包括由主战车、泡沫水罐车组成的主战模块；由举高车、水罐车组成的举高模块；由抢险车、其他车组成的抢险模块；由洗消车、水罐车组成的防化模块；由泵浦车、水带敷设车等远程供水系统组成的供水、供泡沫液模块；由排烟车、供气车、照明车组成的保障模块；由机器人、无人机组成的支援模块等。各应急救援队伍根据实际车辆情况编配。

**3. 基本作战单元**

发生事故时，有针对性地选择作战指挥组、攻坚行动组、供水保障组、紧急救援组、安全员的数量及基本作战模块，并有效组合，形成标准作战单元。如图 3-20 所示。

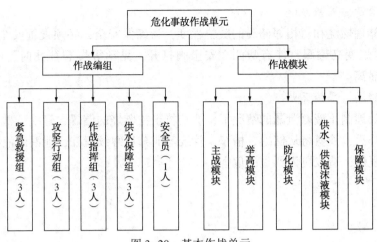

图 3-20　基本作战单元

### （三）注意事项

**1. 泄漏事故**

① 如果泄漏口很大，并无法堵漏，应需冷却着火储罐及周围储罐，控制着火范围，直到液氨燃尽或符合实际条件下，将容器从火场转移至空旷处。

② 正确选择停车位置和进攻路线。消防车要选择从上风方向的入口、通道进入现场，停靠在上风方向的适当位置。进入危险区的车辆必须加装防火罩。使用上风方向的水源，从上风、侧上风向选择进攻路线，并设立救援阵地。指挥部应设置在安全区。

③ 液氨极易挥发，且易造成中毒事故发生，救援人员务必着防寒、防化服，背正压式空气呼吸器，同时安全员要记录和严密监控空气呼吸器使用时间，防止救援人员造成中毒损伤。

④ 行动中要严防引发爆炸。进入危险区作业人员一定要专业、精干，防护措施要到位，同时使用雾状水进行掩护。在雷电天气下，采取行动要谨慎。

⑤ 设立现场安全员，确定撤离信号，实施全程动态仪器检测。一旦现场气体浓度接近爆炸浓度极限，事态还未得到有效控制，险情加剧，危及救援人员安全时，要及时发出撤离信号。一线指挥员在紧急情况下可不经请示，果断下达紧急撤离命令。紧急撤离时不收器材，不开车辆，保证人员迅速、安全撤出危险区。

**2. 着火、爆炸事故**

（1）合理停车、确保安全

① 车辆停放在爆炸物危害不到的安全地带，要靠近掩蔽物。

② 选择上风或侧上风方向停车，车头朝向便于撤退的方向。

③ 车辆不能停放在地沟、下水井、覆工板上面和架空管线下面。

（2）安全防护、充分到位

① 必须做好个人安全防护，负责主攻的前沿人员要着防火隔热服。

② 火场指挥员要注意观察风向、地形及火情，从上风或侧上风接近火场。

③ 救援阵地要选择在靠近掩蔽物的位置，救援阵地及车辆尽可能避开地沟、覆工板、下水井的上方和着火架空管线的下方。

④ 在储罐着火时，要尽量避开封头位置，防止爆炸时封头飞出伤人。

（3）发现险情、果断撤退

根据液氨储罐燃烧和对相邻储罐的威胁程度，为确保安全，必须设置安全员(火场观察哨)。着火处火焰变亮耀眼、伴有啸叫、安全阀打开，晃动等爆裂征兆时，应发出撤退信号，一律徒手撤离。

（4）无法堵漏、严禁灭火

在不能有效地制止液氨泄漏的情况下，严禁将正在燃烧的储罐、管线、槽车泄漏处的火势扑灭。如果扑灭，液氨将从储罐、槽车、管线等泄漏处继续泄漏，泄漏的液氨遇到点火源就会发生复燃复爆，造成更为严重的危害。

# 第四章
## 气体类危险化学品应急处置

# 第一节　光　气

## 一、光气通用知识

光气，又称碳酰氯（$COCl_2$），由一氧化碳和氯气的混合物通过活性炭制得，是氯塑料高温热解产物之一，用作有机合成、农药、药物、染料及其他化工制品的中间体。脂肪族氯烃类（如氯仿、三氯乙烯等）燃烧时可产生光气。环境中的光气主要来自染料、农药、制药等生产工艺。

### （一）理化性质（表4-1）

表4-1　光气理化性质

| 成分 | 以氧氯化碳为主，通常伴有少量的氯气、一氧化碳、氯甲酸 |
| --- | --- |
| 外观与性状 | 无色或略带黄色气体（工业品通常为已液化的淡黄色液体），当浓缩时，具有强烈刺激性气味或窒息性气味，纯品为无色有特殊气味的气体，低温时为黄绿色液体 |
| 溶解性 | 微溶于水，易溶于乙醇等有机溶剂 |
| 熔点 | $-127.84 \sim -118℃$ |
| 沸程 | $7.48 \sim 8.2℃$ |
| 密度 | 相对蒸气密度（空气=1）：3.5（比空气重）<br>相对密度（水=1）：1.37（比水重） |

### （二）危害信息

**1. 危险性类别**

光气属于危险化学品中的第2类第2.3项毒性气体。

**2. 火灾与爆炸危险性**

不燃，与空气混合不会形成爆炸性混合物。但在使用、运输和储存过程中有极大的危险性。遇水迅速分解，生成氯化氢，加热分解产生有毒和腐蚀性气体。

**3. 健康危害**

光气对人体的侵入途径包括吸入、食入、经皮肤吸收。吸入光气会导致皮肤或眼睛灼伤，刺激呼吸道，严重时会导致死亡。光气毒性比氯气大10倍，较低浓度时无明显的局部刺激作用，经一段时间后出现肺泡—毛细血管膜的损害而导致肺水肿。较高浓度时可因刺激作用而引起支气管痉挛，导致窒息。不同浓度光气的危害情况见表4-2。

表4-2　不同浓度光气的危害

| 浓度/（$mg/m^3$） | 标准来源/人体毒理反应 |
| --- | --- |
| 1.2 | 毒性终点浓度-2：当大气中危险物质浓度低于该限值时，暴露1h一般不会对人体造成不可逆的伤害，或出现的症状一般不会损伤该个体采取有效防护措施的能力 |
| 3.0 | 毒性终点浓度-1：当大气中危险物质浓度低于该限值时，绝大多数人员暴露1h不会对生命造成威胁，当超过该限值时，有可能对人群造成生命威胁 |
| 20 | 处于该浓度中1min内造成咳嗽，人已感觉不适 |
| 40 | 处于该浓度中1min内强烈刺激人的呼吸道以及眼睛 |
| 50 | 处于该浓度中30min内就存在生命危险 |
| 80 | 处于该浓度中2min对肺部有严重的危害 |
| 100 | 处于该浓度中20min之内存在生命危险 |

### （三）生产工艺（图4-1）

工业上制取：广泛应用的制造光气方法是采用一氧化碳和氯气为原料，在活性炭催化剂下生产光气，常用活性炭是椰壳炭和煤基炭。这是一个强烈放热的反应，装有活性炭的合成器应有水冷却夹套，控制反应温度200℃左右。为了获得高质量的光气和减少设备的腐蚀，经过彻底干燥的一氧化碳在与氯气混合时，应保持适当过量。将混合气从合成器上部通入，经过活性炭层后，很快转化为光气。

反应方程式为：
$$CO+Cl_2 = COCl_2+110kJ/mol$$

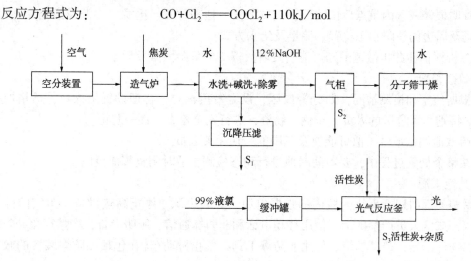

图4-1　光气的生产工艺流程

## 二、光气事故类型特点

### （一）中毒事故

光气有剧毒危害，主要损害呼吸道，导致化学性支气管炎、肺炎、肺水肿。轻度中毒时，会有流泪、畏光、咽部不适、咳嗽、胸闷及出现轻度呼吸困难、轻度紫绀等症状；严重中毒时，则出现支气管痉挛、肺水肿，患者剧烈咳嗽、咯大量泡沫痰、呼吸窘迫、明显紫绀。泄漏事故中极易导致人员中毒伤亡。

### （二）腐蚀灼伤事故

光气化学活性较高，遇水反应发热，且产生有强腐蚀性的气体。皮肤直接接触，易被表面水分吸收而引起腐蚀性灼伤，尤其是眼睛、呼吸道黏膜，会造成严重灼伤。潮湿环境中，对设备和建筑物也具有强烈的腐蚀性，其中钢铁等金属被腐蚀过程中还会产生氢气，有发生燃烧爆炸并引发火灾的危险。

## 三、光气事故处置

### （一）典型事故处置程序及措施

**1. 储存事故处置程序及措施**

（1）泄漏事故

① 侦察检测

a. 通过询问、侦察、检测、监测等方法，以测定风力和风向，掌握泄漏区域泄漏量和扩散方向。

b. 查明事故区域遇险人数、位置和营救路线。

c. 查明泄漏管线、泄漏部位、泄漏速度，以及安全阀、紧急切断阀、液位计、液相管、气相管、罐体等情况。

d. 查明储罐区储罐数量和总储量、泄漏罐邻近储罐储存量。

e. 了解事故单位已采取的处置措施、内部消防设施配备及运行、先期疏散抢救人员等情况。

f. 查明拟警戒区内重点单位情况、人员数量、地理位置、电源、火源及道路交通情况，掌握现场及周边的消防水源位置、储量及给水方式。

g. 分析评估泄漏扩散范围和可能引发着火爆炸的危险因素及后果。

② 疏散警戒

a. 根据侦察和检测情况，划分警戒区，设立警戒标志，合理设置出入口，严格控制进入警戒区特别是重危区的人员、车辆、物资，进行安全检查，逐一登记。

b. 疏散泄漏区域及扩散可能波及范围的一切无关人员。

c. 在整个处置过程中，要不间断地进行动态检测，适时调整警戒范围。

③ 禁绝火源

联系相关部门切断事故区域内的强弱电源，熄灭火源，停止高热设备，落实防静电措施。进入警戒区人员严禁携带、使用移动电话和非防爆通信、照明设备，严禁穿化纤类服装和带金属物件的鞋，严禁携带、使用非防爆工具，禁止机动车辆(包括无防爆装置的救援车辆)和非机动车辆随意进入警戒区。

④ 安全防护

人员进入现场或警戒区，必须佩戴呼吸器及各种防护器具。进入重危区的救援人员必须实施一级以上防护，并采取雾状水掩护。未出危险区域，救援人员不得随意解除防护装备。现场安全防护标准可参照表4-3。

表 4-3　泄漏事故现场安全防护标准

| 级别 | 形式 | 防化服 | 防护服 | 呼吸器 | 其他 |
|------|------|--------|--------|--------|------|
| 一级 | 全身 | 内置式重型防化服 | 全棉防静电内衣 | — | — |
| 二级 | 全身 | 全封闭式防化服 | 全棉防静电内衣 | 正压式空气呼吸器或正压式氧气呼吸器 | 防化手套、防化靴 |
| 三级 | 头部 | 简易防化服或半封闭式防化服 | 全棉防静电内衣 | 滤毒罐、面罩或口罩、毛巾等防护器具 | 抢险救援手套、抢险救援靴 |

⑤ 技术支持

应急救援部门会同事故单位、石油化工等部门的专家、技术人员判断事故状况，提供技术支持，制定应急救援方案，并参加配合应急救援行动。

⑥ 应急处置

a. 现场供水。制定供水方案，选定水源，选用可靠高效的供水车辆和装备，采取合理的供水方式和方法，保证消防用水量。

b. 稀释防爆。启用事故单位喷淋泵等固定、半固定消防设施；设置水幕，驱散集聚、流动的气体或液体，稀释气体浓度，确保液碱的供应，防止光气向重要目标或危险源扩散并形成大量爆炸性混合气体；在光气厂房，应设有液氨喷淋和消防水幕设施，一旦厂房内发生大量泄漏，通过喷液氨降解光气，同时，在厂房内部四周，形成消防水幕，防止光气外漏；采用光气碱性破坏系统，要保障双回路供电(柴油供电)，负压要对准光气泄漏点；严禁使用直流水直接冲击管线和泄漏部位，防止因强水流冲击造成静电积聚、放电引起爆炸。

c. 湿法捕消。固定式喷淋。即将40%液态碱、水直接喷洒到光气泄漏区，中和分解或稀释泄漏在空气中的光气；负压吸收。采用负压对准光气泄漏点，将泄漏光气吸到碱罐，中和泄漏光气；移动喷淋。用消防水罐车，加装液碱、水，用雾状水炮或水枪直接喷向光气泄漏区域。

d. 干法捕消。使用光气捕消粉对泄漏在空气中的光气进行捕消，使用的装置为光气捕消器(车)。光气捕消器(车)内装光气捕消粉和驱动气体(氮气)。使用中，捕消器(车)内的捕消粉在氮气的驱动下，从炮或枪的喷嘴喷出，与空气中的光气发生化学反应，从而达到有效捕消光气的效果。研制的光气捕消粉是一种湿法工艺生成并经过表面改性的氢氧化钙粉体，该粉体是一种干燥的、微细的淡粉色固体粉末。

e. 关阀堵漏。生产装置或管道发生泄漏、阀门尚未损坏时，可协助技术人员或在技术人员的指导下，使用雾状水掩护，关闭阀门，制止泄漏；光化反应分离塔、管道、阀门、法兰泄漏，采取相应堵漏方法(表4-4)实施堵漏；法兰盘、液相管道裂口泄漏，在寒冷季节和地区可采用冻结止漏，即用麻袋片等织物强行包裹法兰盘泄漏处，浇水使其冻冰，从而制止或减少泄漏。

表4-4　堵漏方法

| 部位 | 形式 | 方法 |
|---|---|---|
| 罐体 | 砂眼 | 使用螺丝加黏合剂旋进堵漏 |
| | 缝隙 | 使用外封式堵漏袋、防爆型电磁式堵漏工具组、粘贴式堵漏密封胶(适用于高压)、潮湿绷带冷凝法或堵漏夹具、金属堵漏锥堵漏 |
| | 孔洞 | 使用各种堵漏夹具、粘贴式堵漏密封胶(适用于高压)、金属堵漏锥堵漏 |
| | 裂口 | 使用外封式堵漏袋、防爆型电磁式堵漏工具组、粘贴式堵漏密封胶(适用于高压)堵漏 |
| 管道 | 砂眼 | 使用螺丝加黏合剂旋进堵漏 |
| | 缝隙 | 使用外封式堵漏袋、防爆型电磁式堵漏工具组、金属封堵套管、潮湿绷带冷凝法或堵漏夹具、金属堵漏锥堵漏 |
| | 孔洞 | 使用各种堵漏夹具、粘贴式堵漏密封胶(适用于高压)、金属堵漏锥堵漏 |
| | 裂口 | 使用外封式堵漏袋、防爆型电磁式堵漏工具组、粘贴式堵漏密封胶(适用于高压)堵漏 |
| 阀门 | | 使用阀门堵漏工具组、注入式堵漏胶、堵漏夹具堵漏 |
| 法兰 | | 使用专门法兰夹具、注入式堵漏胶堵漏 |

⑦ 洗消处理

a. 在危险区出口处设置洗消站，用大量清水或肥皂水对从危险区出来的人员进行冲洗。

b. 用水冲洗救援中使用的装备及被污染的衣物，消除其危害。

⑧ 清理移交

a. 利用催化水解法和氨水处理尾气(废液)，利用模式吸收器将尾气中的氯化氢回收，余下的尾气用催化水和氢氧化钠溶液破坏掉光气，就可以排放到高空。清扫现场内事故罐、管道、低洼地、下水道、沟渠等处，确保不留残液(气)。

b. 清点人员，收集、整理器材装备。

c. 做好移交，安全归建。

（2）爆炸事故

① 现场询情，制定处置方案

a. 应急救援人员到现场后，要问清事故单位的有关工程技术人员和当事人，全面了解事故区域还存在哪些爆炸物品及其数量。事故点存放的是单一品种，还是多种爆炸物品。

b. 根据掌握的现场情况，应立即成立技术组，研究行动处置方案。技术组应由发生事故单位的技术人员、专家及公安部门和应急救援机构人员组成。

② 实施现场警戒与撤离

a. 事故发生后，首先应维护现场秩序，划定警戒保护范围，安排专人做好警戒，防止无关人员进入危险区，以免引起不必要的伤亡。

b. 清除着火源，关闭非防爆通信工具。

c. 警戒范围内只允许极少数懂排爆技术的处置人员进入，无关人员不得滞留。

d. 为减少爆炸事故危害，应适度扩大警戒范围，撤离相关职工群众。但撤离范围不宜过大，应科学判断，否则会引起群众不满，甚至导致社会恐慌。

③ 转移

a. 对发生事故现场及附近未着火爆炸的物品在安全条件下应及时转移，防止火灾蔓延或爆炸物品的二次爆炸。

b. 转移前要充分了解有关物品的位置、外包装、能否转移和触动、周围环境和可能影响范围等情况，在时间允许的条件下，应制定转移方案，明确相关人员分工、器材准备、转移程序方法等。

国家标准明确规定："严禁从外地或本地区的其他生产厂运输光气和异氰酸甲酯为原料进行产品生产"，意味着光气化产品生产厂必须自建光气生产装置，以实现自给自足。

**2. 急救措施**

（1）人员吸入

迅速脱离现场至空气新鲜处，保持呼吸道通畅。如呼吸困难，给输氧；如呼吸、心跳停止，立即进行心肺复苏。就医。

（2）皮肤接触

立即脱去被污染的衣着，用大量流动清水彻底冲洗至少 15min。就医。

（3）眼睛接触

分开眼睑，用流动清水或生理盐水彻底冲洗 5~10min。就医。

**（二）战斗编成**

**1. 基本战斗编组**

基本战斗编组应由作战指挥组（3人）、攻坚行动组（3人）、供水保障组（3人）、环境监测组（2人）、洗消组（3人）、紧急救援组（3人）、安全员（1人）等七部分组成。各应急救援队伍根据实际执勤人数合理编配作战编组。

**2. 基本作战模块**

基本作战模块包括由主战车、泡沫水罐车组成的主战模块；由举高车、水罐车组成的举高模块；由抢险车、其他车组成的抢险模块；由洗消车、水罐车组成的防化模块；由泵浦车、水带敷设车等远程供水系统组成的供水、供泡沫液模块；由排烟车、供气车、照明车组成的保障模块；由机器人、无人机组成的支援模块等。各应急救援队伍根据实际车辆情况编配。

**3. 基本作战单元**

发生事故时，有针对性地选择作战指挥组、攻坚行动组、供水保障组、环境监测组、洗消组、紧急救援组、安全员的数量及基本作战模块，并有效组合，形成标准作战单元。如图 4-2 所示。

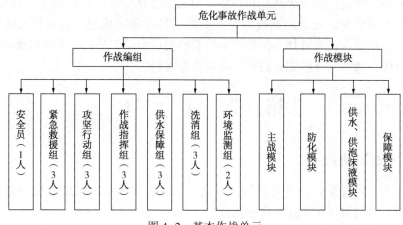

图 4-2　基本作战单元

**（三）注意事项**

**1. 泄漏事故**

① 正确选择停车位置和进攻路线。消防车要选择从上风方向的入口、通道进入现场，停靠在上风方向的适当位置。使用上风方向的水源，从上风、侧上风向选择进攻路线，并设立救援阵地。指挥部应设置在安全区。

② 行动中要严防引发爆炸。进入危险区作业人员一定要专业、精干，防护措施要到位，同时使用雾状水进行掩护。在雷电天气下，采取行动要谨慎。

③ 设立现场安全员，确定撤离信号，实施全程动态仪器检测。一旦现场气体浓度超过 20mg/m³，事态还未得到有效控制，险情加剧，危及救援人员安全时，要及时发出撤离信号。一线指挥员在紧急情况下可不经请示，果断下达紧急撤离命令。紧急撤离时不收器材，不开车辆，保证人员迅速、安全撤出危险区。

④ 合理组织供水，保证持续、充足的现场消防供水，对泄漏区域不间断冷却稀释。

⑤ 严禁作业人员在泄漏区域的下水带或地下空间的顶部、井口等处滞留。

⑥ 做好医疗急救保障。配合医疗急救力量做好现场救护准备，一旦出现伤亡事故，立即实施救护。

⑦ 调集一定数量的液碱、浓氨水在泄漏区域集结待命。一旦发现无法堵漏，立即出动，消除险情。

**2. 着火、爆炸事故**

（1）合理停车、确保安全

① 车辆停放在爆炸物危害不到的安全地带，要靠近掩蔽物。

② 选择上风或侧上风方向停车，车头朝向便于撤退的方向。

③ 车辆不能停放在地沟、下水井、覆工板上面和架空管线下面。

（2）安全防护、充分到位

① 必须做好个人安全防护，负责主攻的前沿人员要着重型防化服。

② 火场指挥员要注意观察风向、地形及火情，从上风或侧上风接近火场。

③ 救援阵地要选择在靠近掩蔽物的位置，救援阵地及车辆尽可能避开地沟、覆工板、下水井的上方和着火架空管线的下方。

（3）发现险情、果断撤退

设立观察哨，严密监视火势情况和现场风向风力变化情况。指挥员随时注意火势变化。如光气室发出异常声响，安全阀放气声突然变得刺耳等危险状态，应组织人员迅速撤离现场，防止发生爆炸伤人。火势扑灭需要堵漏时必须使用防爆工具，设置水幕或蒸汽幕，驱散集聚、流动气体，稀释气体浓度，防止形成爆炸性混合物。

# 第二节 氢 气

## 一、氢气通用知识

常温常压下，氢气是一种极易燃烧，无色透明、无臭无味的气体。用于合成氨和甲醇等，石油精制，有机物氢化及作火箭燃料。

### （一）理化性质（表4-5）

表4-5 氢气理化性质

| 成分 | 氢元素组成 |
| --- | --- |
| 外观与性状 | 无色透明、无臭无味的气体 |
| 引燃温度 | 400℃ |
| 爆炸极限 | 4.0%~75.6% |
| 溶解性 | 难溶于水 |
| 熔点 | −259.2℃ |
| 沸点 | −252.77℃ |
| 密度 | 0.0899kg/m³ |
| 燃烧热 | 143MJ/kg |

### （二）危害信息

**1. 危险性类别**

氢气属于危险化学品中的第2类第2.1项易燃气体，火灾种类为甲类。

**2. 火灾与爆炸危险性**

易燃易爆的气体，和氟、氯、氧、一氧化碳以及空气混合均有爆炸的危险，其中，氢与氟的混合物在低温和黑暗环境就能发生自发性爆炸，与氯的混合比为1:1时，在光照下也可爆炸。液氢外溢并突然大面积蒸发还会造成环境缺氧，并有可能和空气一起形成爆炸混合物，引发燃烧爆炸事故。

**3. 健康危害**

氢气虽无毒，但若空气中氢含量增高，将引起缺氧性窒息。

### （三）生产工艺（图4-3）

制氢原料与 $H_2$ 混合后，送原料气压缩机压缩升压至3.6MPa，与高压天然气混合后进入反应器加氢饱和，经脱硫罐脱硫、脱氯后，与水蒸气按一定的水碳比混合，进入转化炉。转化炉内设有 264 根转化管，原料混合气在装有催化剂的转化管内进行蒸汽转化反应，得到以 $H_2$、CO、$CO_2$、未反应 $CH_4$ 和水为主要组分的转化气。转化气进中变反应器经变换反应将转化气中的 CO 浓度降至 3% 左右，再经换热器、分水罐、空冷冷却至 40℃，经气液分离器分离掉游离水后送 PSA 变压吸附分离提纯 $H_2$ 工序。

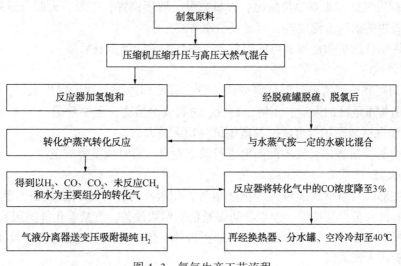

图 4-3　氢气生产工艺流程

## 二、氢气事故类型特点

### (一)泄漏事故

扩散迅速，危害范围大，易发生着火爆炸事故，处置难度大。

### (二)着火事故

由于 $H_2$ 气体比空气轻，从设备中泄漏不会积聚在地面；$H_2$ 具有一定的扩散性，能随空气流动扩散至很远，形成大面积的燃烧或爆炸；$H_2$ 燃烧发热量大，火焰温度很高。鉴于以上三种特性，$H_2$ 火灾具有火势猛、面积大、速度快的特点。

### (三)爆炸事故

着火与爆炸同时发生、破坏性大、火焰温度高，辐射热强、易形成二次爆炸、火灾初发面积大(注：二次爆炸分为三种情况，第一种是容器物理性爆炸后，逸散气体遇火源再次产生化学爆炸；第二种是第一次化学爆炸火灾后，气体泄漏未能得到有效控制，遇火源而导致再次爆炸；第三种是发生爆炸后，若处于爆炸中心区域的火源未得到及时控制，会使邻近的储罐受热，继而发生爆炸)。

## 三、氢气事故处置

### (一)典型事故处置程序及措施

**1. 储存事故处置程序及措施**

(1)泄漏事故

① 侦察检测

a. 通过询问、侦察、检测、监测等方法，以测定风力和风向，掌握泄漏区域泄漏量和扩散方向。

b. 查明事故区域遇险人数、位置和营救路线。

c. 查明毗邻装置、泄漏部位、泄漏速度，以及紧急切断阀等情况。

d. 了解事故单位已采取的处置措施、内部消防设施配备及运行、先期疏散抢救人员等情况。

e. 查明拟警戒区内重点单位情况、人员数量、地理位置、电源、火源及道路交通情况，掌握现场及周边的消防水源位置、储量及给水方式。

f. 分析评估泄漏扩散范围和可能引发着火爆炸的危险因素及后果。

② 疏散警戒

a. 根据侦察和检测情况，划分警戒区，设立警戒标志。合理设置出入口，严格控制进入警戒区特别是重危区的人员、车辆、物资，进行安全检查，逐一登记。

b. 疏散泄漏区域及扩散可能波及范围的一切无关人员。

c. 在整个处置过程中，要不间断地进行动态检测，适时调整警戒范围。

③ 禁绝火源

联系相关部门切断事故区域内的强弱电源，熄灭火源，停止高热设备，落实防静电措施。进入警戒区人员严禁携带、使用非防爆通信、照明设备，严禁着化纤类服装和穿带金属物件的鞋，严禁携带、使用非防爆工具，禁止机动车辆（包括无防爆装置的救援车辆）和非机动车辆随意进入警戒区。

④ 安全防护

人员进入现场或警戒区，必须佩戴正压式呼吸器及各种防护器具。进入重、中危区的救援人员必须实施二级以上防护，并采取雾状水掩护。现场安全防护标准可参照表4-6。

表4-6 泄漏事故现场安全防护标准

| 级别 | 形式 | 防化服 | 防护服 | 呼吸器 | 其他 |
| --- | --- | --- | --- | --- | --- |
| 一级 | 全身 | 内置式重型防化服 | 全棉防静电内衣 | — | — |
| 二级 | 全身 | 全封闭式防化服 | 全棉防静电内衣 | 正压式空气呼吸器或正压式氧气呼吸器 | 防化手套、防化靴 |
| 三级 | 头部 | 简易防化服或半封闭式防化服 | 全棉防静电内衣 | 滤毒罐、面罩或口罩、毛巾等防护器具 | 抢险救援手套、抢险救援靴 |

⑤ 技术支持

应急救援部门会同事故单位、石油化工等部门的专家、技术人员判断事故状况，提供技术支持，制定应急救援方案，并参加配合应急救援行动。

⑥ 应急处置

a. 现场供水。制定供水方案，选定水源，选用可靠高效的供水车辆和装备，采取合理的供水方式和方法，保证消防用水量。

b. 稀释防爆。启用事故单位喷淋泵等固定、半固定消防设施；设置水幕，驱散集聚、流动的气体或液体，稀释气体浓度，防止气体向重要目标或危险源扩散并形成大量爆炸性混合气体；严禁使用直流水直接冲击罐体和泄漏部位，防止因强水流冲击造成静电积聚、放电引起爆炸。

c. 关阀堵漏。生产装置或管道发生泄漏、阀门尚未损坏时，可协助技术人员或在技术人员的指导下，使用雾状水掩护，关闭阀门，制止泄漏；罐体、管道、阀门、法兰泄漏，采取相应堵漏方法(表4-7)实施堵漏，堵漏必须使用防爆工具。

表4-7　堵漏方法

| 部位 | 形式 | 方　　法 |
|------|------|---------|
| 罐体 | 砂眼 | 使用螺丝加黏合剂旋进堵漏 |
| | 缝隙 | 使用外封式堵漏袋、防爆型电磁式堵漏工具组、粘贴式堵漏密封胶(适用于高压)、潮湿绷带冷凝法或堵漏夹具、金属堵漏锥堵漏 |
| | 孔洞 | 使用各种堵漏夹具、粘贴式堵漏密封胶(适用于高压)、金属堵漏锥堵漏 |
| | 裂口 | 使用外封式堵漏袋、防爆型电磁式堵漏工具组、粘贴式堵漏密封胶(适用于高压)堵漏 |
| 管道 | 砂眼 | 使用螺丝加黏合剂旋进堵漏 |
| | 缝隙 | 使用外封式堵漏袋、防爆型电磁式堵漏工具组、金属封堵套管、潮湿绷带冷凝法或堵漏夹具、金属堵漏锥堵漏 |
| | 孔洞 | 使用各种堵漏夹具、粘贴式堵漏密封胶(适用于高压)、金属堵漏锥堵漏 |
| | 裂口 | 使用外封式堵漏袋、防爆型电磁式堵漏工具组、粘贴式堵漏密封胶(适用于高压)堵漏 |
| 阀门 | | 使用阀门堵漏工具组、注入式堵漏胶、堵漏夹具堵漏 |
| 法兰 | | 使用专门法兰夹具、注入式堵漏胶堵漏 |

d. 主动点燃。实施主动点燃时，必须具备可靠的点燃条件。在经专家论证和工程技术人员的参与配合下，严格安全防范措施，谨慎果断实施。

点燃条件。一是在容器顶部受损泄漏，无法堵漏输转时；二是遇有不点燃会带来严重后果，引火点燃使之形成稳定燃烧，或泄漏量已经减小的情况下，可主动实施点燃措施。若现场气体扩散已到达一定范围，点燃很可能造成爆燃或爆炸，产生巨大冲击波，危及其他储罐、救援力量及周围群众安全，造成难以预料后果的，严禁采取点燃措施。

点燃准备。使用雾状水担任掩护和防护，确认危险区人员全部撤离，泄漏点周边经过检测，混合气浓度低于$H_2$爆炸下限的，可使用点火棒、信号弹、烟花爆竹、魔术弹等点火工具，并采用正确的点火方法。

点燃时机。主动点燃泄漏火炬，一是在罐顶开口泄漏，一时无法实施堵漏，而气体泄漏的范围和浓度有限，同时又有雾状水稀释掩护以及各种防护措施准备就绪的情况下，用点火棒或安全的点火工具点燃。二是罐顶爆裂已经形成稳定燃烧，罐体被冷却保护后罐内气压减少，火焰被风吹灭或被冷却水流打灭，但还有气体扩散出来，如不再次点燃，仍能造成危害，此时在继续冷却的同时，应予果断点燃。

⑦ 洗消处理

a. 在危险区出口处设置洗消站，用大量清水对从危险区出来的人员进行冲洗。

b. 用水冲洗救援中使用的装备及被污染的衣物，消除其危害。

⑧ 现场清理

a. 用喷雾水、蒸汽或惰性气体清扫现场内事故罐、管道。

b. 清点人员，收集、整理器材装备。

c. 撤除警戒，做好移交，安全归建。

(2) 着火事故

① 第一时间了解灾情信息

a. 第一出动的火场指挥员，应在行车途中与指挥中心保持联系，不断了解火场情况，并及时听取上级指示，做好到场前的战斗准备。

b. 火场指挥员在向火场行驶的途中，应通过指挥中心及时与已经到达火场的辖区火场指挥员取得联系，或通过无线系统、图像数据传输系统、专家辅助决策系统了解火场信息。

c. 重点了解火场发展趋势，同时要了解指挥中心调动力量情况，掌握已经到场的力量以及赶赴现场的力量，综合分析各种渠道获得的火场信息，预测火灾发展趋势和着火建（构）筑物、压力容器储罐、化工装置等部位的变化情况，及时确定扑救措施。

② 安全防护

人员进入现场或警戒区，必须佩戴呼吸器及各种防护器具。进入重危区的救援人员必须实施二级以上防护，并采取雾状水掩护。现场安全防护标准可参照表4-8。

表4-8 着火事故现场安全防护标准

| 级别 | 形式 | 防化服 | 防护服 | 防护面具 |
|------|------|--------|--------|----------|
| 一级 | 全身 | 内置式重型防火服 | 全棉防静电内外衣 | 正压式空气呼吸器或全防型滤毒罐 |
| 二级 | 全身 | 隔热服 | 全棉防静电内外衣 | 正压式空气呼吸器或全防型滤毒罐 |
| 三级 | 呼吸 | 灭火防护服 | — | 简易滤毒罐、面罩或口罩、毛巾等防护器材 |

③ 现场侦检

a. 环境信息：风力、风向、周边环境、道路情况、电源、火源、现场及周边的消防水源位置、储量及给水方式。

b. 事故基础信息：事故地点、危害气体浓度、火灾严重程度、邻近建（构）筑物受火势威胁、事故单位已采取的处置措施、内部消防设施配备及运行。

c. 人员伤亡信息：事故区域遇险人数、位置、先期疏散抢救人员等情况。

d. 其他有关信息。

④ 火场警戒的实施

a. 设置警戒工作区域。应急救援队伍到场后，由火场指挥员确定是否需要实施火场警戒。通常在事故现场的上风方向停放警戒车，警戒人员做好个体防护后，按确定好的警戒范围实施警戒，在警戒区上风方向的适当位置建立各相关工作区域，主要有着装区、器材放置区、警戒区出入口等。

b. 迅速控制火场秩序。火场指挥员必须尽快控制火场秩序，管制交通，疏导车辆和围观人员，将他们疏散到警戒区域以外的安全地点。维持好现场秩序。

⑤ 应急处置

a. 外围预先部署。到达火灾现场，指挥员在采取措施、组织力量控制火灾蔓延、防止爆炸的同时，必须组织到场力量在外围作强攻近战的部署，包括消防车占领水源铺设水带线路、确定进攻路线、调集增援力量等。

b. 消灭外围火焰。人员救出后，第一出动力量用足够的枪炮控制外围火焰，待增援队到场后，要从外围向火场中心推进，消灭氢气罐体周围的所有火焰，若第一到场队伍冷却力量不足，要积极支援第一出动，加强冷却。

c. 冷却抑爆。冷却时，充分利用固定水喷淋系统对燃烧或受到火势威胁的储罐实施冷却，当固定与半固定设施损坏时，现场要加大冷却强度，以防止水流瞬间汽化。同时高喷、消防炮等远距离、大口径装备要合理运用，均匀射水。要重点冷却被火焰直接烧烤的罐壁表面和邻近罐壁，一般情况下，着火罐全部冷却，邻近罐冷却其面对着火罐一侧的表面积一半

（具体根据实际情况来决定）。

d. 工艺处置。根据现场情况，及时掩护工艺人员对氢气进行关阀断料、输转等工艺处置。

e. 分离冷却法。这种方法主要是扑救氢气瓶大量堆积的罐瓶厂（站）火灾时使用。要集中力量，四面包围，用雾状水冷却已着火或受火势威胁的气瓶，不能急于灭火。如地势开阔，可将未燃气瓶和已灭的气瓶关闭阀门，搬到安全地带，仍要加以冷却降温，防止形成第二火场。

f. 干粉抑制法。主要是利用干粉能夺取燃烧中游离基的功能，起到干扰和抑制燃烧的作用。

g. 关阀断气法。当确认阀门未被烧坏，可以逆火势方向，在雾状水的掩护下，接近关闭阀门，断绝气源。如火势过大，关阀人员难以接近阀门时，穿避火服并用雾状水掩护。

h. 覆盖窒息法。只适用于压力小，火势不大的氢气火灾。将棉被浸湿后，在水幕的掩护下，将覆盖物盖在气罐的破漏处，将火熄灭，也可在灭火后用木楔子塞住出气口。

i. 旁通注入法。将卤代烷、惰性气体等灭火剂在喷口前的管道旁通处注入灭火。

⑥ 洗消处理

a. 在危险区出口处设置洗消站，用大量清水对从危险区出来的人员进行冲洗。

b. 用水冲洗救援中使用的装备及被污染的衣物，消除其危害。

⑦ 清理移交

a. 用喷雾水、蒸汽或惰性气体清扫现场内事故罐、管道。

b. 清点人员，收集、整理器材装备。

c. 撤除警戒，做好移交，安全归建。

（3）爆炸事故

① 现场询情，制定处置方案

a. 应急救援人员到现场后，要问清事故单位的有关工程技术人员和当事人，全面了解事故区域还存在哪些爆炸物品及其数量。事故点存放的是单一品种，还是多种爆炸物品。

b. 根据掌握的现场情况，应立即成立技术组，研究行动处置方案。技术组应由发生事故单位的技术人员、专家及公安部门和应急救援机构人员组成。

② 实施现场警戒与撤离

a. 事故发生后，首先应维护现场秩序，划定警戒保护范围，安排专人做好警戒，防止无关人员进入危险区，以免引起不必要的伤亡。

b. 清除着火源，关闭非防爆通信工具。

c. 警戒范围内只允许极少数懂排爆技术的处置人员进入，无关人员不得滞留。

d. 为减少爆炸事故危害，应适度扩大警戒范围，撤离相关职工群众。但撤离范围不宜过大，应科学判断，否则会引起群众不满，甚至导致社会恐慌。

③ 转移

a. 对发生事故现场及附近未着火爆炸的物品在安全条件下应及时转移，防止火灾蔓延或爆炸物品的二次爆炸。

b. 转移前要充分了解有关物品的位置、外包装、能否转移和触动、周围环境和可能影响范围等情况，在时间允许的条件下，应制定转移方案，明确相关人员分工、器材准备、转移程序方法等。

**2. 运输事故处置程序及措施**

（1）现场询情

氢气储存量、泄漏量、泄漏时间、部位、形式、扩散范围等；泄漏事故周边居民、地形、电源、火源等；应急措施、工艺措施、现场人员处理意见等。

（2）个体防护

参加泄漏处理人员应充分了解氢气的化学性质和反应特征，要于高处和上风处进行处理，严禁单独行动，要有监护人。必要时要用雾状水掩护。要根据氢气的性质和毒物接触形式，选择适当的防护用品，防止事故处理过程中发生伤亡事故。

（3）侦察检测

搜寻现场是否有遇险人员；使用检测仪器测定 $H_2$ 浓度及扩散范围；测定风向、风速及气象数据；确认在现场周围可能会引起火灾、爆炸的各种危险源；确定攻防路线、阵地；确定周边污染情况。

（4）疏散警戒

根据询情、侦检情况确定警戒区域；将警戒区域划分为重危区、中危区、轻危区和安全区并设置警戒标志，在安全区视情设立隔离带；合理设置出入口、严控进出人员、车辆、物资，并进行安全检查、逐一登记。

（5）禁绝火源和热源

为避免泄漏区发生爆炸等次生危害，应切断火源，停止一切非防爆的电气作业，包括手机、车辆和铁质金属器具。

（6）应急处置

① 分离冷却法。这种方法主要是扑救运输氢气瓶火灾。要集中力量，四面包围，用雾状水冷却已着火或受火势威胁的气瓶，不能急于灭火。如地势开阔，可将未燃气瓶和已灭的气瓶关闭阀门，搬到安全地带，仍要加以冷却降温，防止形成第二火场。

② 干粉抑制法。主要是利用干粉能夺取燃烧中游离基的功能，起到干扰和抑制燃烧的作用。

③ 关阀断气法。当确认阀门未被烧坏，可以逆火势方向，在雾状水的掩护下，接近关闭阀门，断绝气源。如火势过大，关阀人员难以接近阀门时，可穿灭火防护服、隔热服并用雾状水掩护。

④ 覆盖窒息法。只适用于压力小，火势不大的氢气火灾。将棉被浸湿后，在水幕的掩护下，将覆盖物盖在气罐的破漏处，将火熄灭，也可在灭火后用木楔子塞住出气口。

⑤ 旁通注入法。将卤代烷、惰性气体等灭火剂在喷口前的管道旁通处注入灭火。

⑥ 关阀堵漏。生产装置或管道发生泄漏、阀门尚未损坏时，可协助技术人员或在技术人员的指导下，使用雾状水掩护，关闭阀门，制止泄漏；罐体、管道、阀门、法兰泄漏，采取相应堵漏方法(表4-9)实施堵漏，堵漏必须使用防爆工具。

表4-9 堵漏方法

| 部位 | 形式 | 方　　法 |
|------|------|---------|
| 罐体 | 砂眼 | 使用螺丝加黏合剂旋进堵漏 |
|  | 缝隙 | 使用外封式堵漏袋、防爆型电磁式堵漏工具组、粘贴式堵漏密封胶(适用于高压)、潮湿绷带冷凝法或堵漏夹具、金属堵漏锥堵漏 |

| 部位 | 形式 | 方　法 |
|------|------|--------|
| 罐体 | 孔洞 | 使用各种堵漏夹具、粘贴式堵漏密封胶(适用于高压)、金属堵漏锥堵漏 |
| | 裂口 | 使用外封式堵漏袋、防爆型电磁式堵漏工具组、粘贴式堵漏密封胶(适用于高压)堵漏 |
| 管道 | 砂眼 | 使用螺丝加黏合剂旋进堵漏 |
| | 缝隙 | 使用外封式堵漏袋、防爆型电磁式堵漏工具组、金属封堵套管、潮湿绷带冷凝法或堵漏夹具、金属堵漏锥堵漏 |
| | 孔洞 | 使用各种堵漏夹具、粘贴式堵漏密封胶(适用于高压)、金属堵漏锥堵漏 |
| | 裂口 | 使用外封式堵漏袋、防爆型电磁式堵漏工具组、粘贴式堵漏密封胶(适用于高压)堵漏 |
| 阀门 | | 使用阀门堵漏工具组、注入式堵漏胶、堵漏夹具堵漏 |
| 法兰 | | 使用专门法兰夹具、注入式堵漏胶堵漏 |

(7) 洗消处理

在作战条件允许或战斗任务完成后，对遇险人员进行全面的洗消，开设洗消帐篷。同时对受染道路、地域及重要目标的洗消，对大面积的受染地面和不急需的装备、物资，采取洗消后进行无害处置。

(8) 清理移交

用雾状水、惰性气体清扫现场内事故罐、管道等处，确保不留残液；清点人员、车辆及器材；撤除警戒，做好移交，安全归建。

**3. 急救措施**

(1) 人员吸入

迅速脱离现场至空气新鲜处，保持呼吸道通畅。如呼吸困难，给输氧；如呼吸、心跳停止，立即进行心肺复苏。就医。

(2) 皮肤接触

如发生冻伤，用温水(38~42℃)复温，忌用热水或辐射热，不要揉搓。就医。

**(二) 战斗编成**

**1. 基本战斗编组**

基本战斗编组应由作战指挥组(3人)、攻坚行动组(3人)、供水保障组(3人)、紧急救援组(3人)、安全员(1人)等五部分组成。各应急救援队伍根据实际执勤人数合理编配作战编组。

**2. 基本作战模块**

基本作战模块包括由水罐车、泡沫水罐车组成的主战模块；由举高车、水罐车组成的举高模块；由抢险车、其他车组成的抢险模块；由泵浦车、水带敷设车等远程供水系统组成的供水、供泡沫液模块；由排烟车、供气车、照明车组成的保障模块；由机器人、无人机组成的支援模块等。各应急救援队伍根据实际车辆情况编配。

**3. 基本作战单元**

发生事故时，有针对性地选择作战指挥组、攻坚行动组、供水保障组、紧急救援组、安全员的数量及基本作战模块，并有效组合，形成标准作战单元。如图4-4所示。

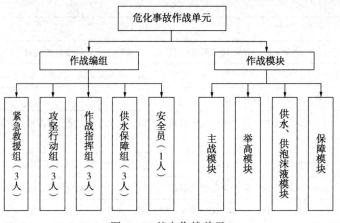

图 4-4　基本作战单元

### （三）注意事项

#### 1. 储存事故处置注意事项

（1）泄漏事故

① 正确选择停车位置和进攻路线。消防车要选择从上风方向的入口、通道进入现场，停靠在上风方向的适当位置。进入危险区的车辆必须加装防火罩。使用上风方向的水源，从上风、侧上风向选择进攻路线，并设立救援阵地。指挥部应设置在安全区。

② 行动中要严防引发爆炸。进入危险区作业人员一定要专业、精干，防护措施要到位，同时使用雾状水进行掩护。在雷电天气下，采取行动要谨慎。

③ 设立现场安全员，确定撤离信号，实施全程动态仪器检测。一旦现场气体浓度接近爆炸浓度极限，事态还未得到有效控制，险情加剧，危及救援人员安全时，要及时发出撤离信号。一线指挥员在紧急情况下可不经请示，果断下达紧急撤离命令。紧急撤离时不收器材，不开车辆，保证人员迅速、安全撤出危险区。

④ 合理组织供水，保证持续、充足的现场消防供水，对氢气储罐和泄漏区域连续冷却稀释。

⑤ 严禁作业人员在泄漏区域处滞留。

⑥ 做好医疗急救保障。配合医疗急救力量做好现场救护准备，一旦出现伤亡事故，立即实施救护。

⑦ 调集一定数量的消防车在泄漏区域集结待命。一旦发生着火爆炸事故，立即出动，控制火势，消除险情。

（2）着火、爆炸事故

① 合理停车、确保安全

a. 车辆停放在爆炸物危害不到的安全地带，要靠近掩蔽物。

b. 选择上风或侧上风方向停车，车头朝向便于撤退的方向。

c. 车辆不能停放在地沟、下水井、覆工板上面和架空管线下面。

② 安全防护、充分到位

a. 必须做好个人安全防护，负责主攻的前沿人员要着防火隔热服。

b. 火场指挥员要注意观察风向、地形及火情，从上风或侧上风接近火场。

c. 救援阵地要选择在靠近掩蔽物的位置，救援阵地及车辆尽可能避开地沟、覆工板、下水井的上方和着火架空管线的下方。

d. 在储罐着火时，要尽量避开封头位置，防止爆炸时封头飞出伤人。

　　③ 发现险情、果断撤退

　　根据氢气储罐燃烧和对相邻储罐的威胁程度，为确保安全，必须设置安全员（火场观察哨）。当发现储罐的火焰由红变白、光芒耀眼，燃烧处发出刺耳的啸叫声，罐体出现抖动等爆炸的危险征兆时，应发出撤退信号，一律徒手撤离。

　　④ 无法堵漏、严禁灭火

　　在不能有效地制止氢气泄漏的情况下，严禁将正在燃烧的储罐、管线、槽车泄漏处的火势扑灭。如果扑灭，氢气将从储罐、槽车、管线等泄漏处继续泄漏，泄漏的氢气遇到点火源就会发生复燃复爆，造成更为严重的危害。

　　**2. 运输事故处置注意事项**

　　（1）泄漏事故

　　① 车辆、人员从上风方向驶入事发区域，视情做好熄火或加装防火罩准备，到场后，第一时间推动实现交通管制和警戒疏散，视情划定警戒区域。

　　② 进入重危区实施堵漏任务人员要做好个人安全防护，可灭火防护服，佩戴空气呼吸器，尽量减少与管线的不必要接触。

　　③ 已燃泄漏氢气，严禁用水直接射流，造成火焰和辐射范围人为扩大，堵漏时需避开爆破片等各类保险装置。

　　④ 充分发挥技术人员、专家的辅助决策作用，特别是当罐车与其他危险化学品运输车发生事故时，情况不明严禁盲目行动，且在处置过程中要加强通信，随时做好撤离准备。

　　（2）着火、爆炸事故

　　① 除紧急工作如抢救人命、灭火堵漏外，不许无关人员进入危险区，对进入危险区工作的人员要加强防护，着隔热服。

　　② 通知交通管理部门，依据警戒区域进行交通管制，无关车辆和人员禁止通行，切断电源，熄灭火种，停用加热设备，现场无线电通信设备必须防爆，否则不得使用。

　　③ 加强火场的通信联络，统一撤退信号。设立观察哨，严密监视火势情况和现场风向风力变化情况。

　　④ 禁止用直流水直接冲击罐体和泄漏部位，防止因强水流冲击而造成静电积聚、放电引起爆炸。

　　⑤ 当用水流扑灭火焰时，应首先找到泄漏口，清理现场和其他覆盖物后，将泄漏口暴露出来，便于施救。

　　⑥ 火势扑灭需要堵漏时必须使用防爆工具，设置水幕或蒸汽幕，驱散集聚、流动气体，稀释气体浓度，防止形成爆炸性混合物。

　　⑦ 火势被消灭后，要认真彻底检查现场，阀门是否关好，残火是否彻底消灭，是否稀释清理到位，并留下一定的消防车和人员进行现场看守，以防复燃。

# 第三节　氯　　气

## 一、氯气通用知识

　　氯气属剧毒品，室温下为黄绿色不燃气体，有刺激性，加压液化或冷冻液化后，为黄绿色油状液体。氯气易溶于二硫化碳和四氯化碳等有机溶剂，微溶于水。溶于水后，生成次氯酸($HClO$)和盐酸，不稳定的次氯酸迅速分解生成活性氧自由基，因此水会加强氯的氧化作用和腐蚀作用。氯气能和碱液(如氢氧化钠和氢氧化钾溶液)发生反应，生成氯化物和次氯酸盐。氯气在高温下与一氧化碳作用，生成毒性更大的光气。氯气能与可燃气体形成爆炸性混合物，液氯与许多有机物如烃、醇、醚、氢气等发生爆炸性反应。氯作为强氧化剂，是一种基本有机化工原料，用途极为广泛，一般用于纺织、造纸、医药、农药、冶金、自来水杀菌剂和漂白剂等。

## (一) 理化性质(表4-10)

表4-10　氯气理化性质

| | |
|---|---|
| 相对分子质量 | 70.9 |
| 外观与性状 | 黄绿色、有刺激性气味的气体 |
| 临界温度 | 144℃ |
| 爆炸极限 | 9.8%~52.8%(体积) |
| 溶解性 | 易溶于二硫化碳和四氯化碳等有机溶剂，微溶于水 |
| 熔点 | -101℃ |
| 沸点 | -34.5℃ |
| 密度 | 相对密度(水=1)：1.41(101kPa，20℃)<br>相对蒸气密度(空气=1)：2.48 |

## (二) 危害信息

### 1. 危险性类别

氯气属于危险化学品中的第2类第2.3项毒性气体，次要危险性为第5类第5.1项氧化性物质及第8类腐蚀性物质。

### 2. 火灾与爆炸危险性

氯气本身不燃烧，但可助燃，一般可燃物大都能在氯气中燃烧，一般易燃物质或蒸气也能与氯气形成爆炸性混合物。氯气能与许多化学品如乙炔、松节油、乙醚、氨、燃料气、烃类、氢气、金属粉末等发生猛烈反应而引起爆炸或生成爆炸性物质。

对大部分金属和非金属都有腐蚀性。

与氮化合物如氨等生成高爆性的三氯化氮($NCl_3$)，是一种剧烈的爆炸物，爆炸点95℃，在热水中易分解，冷水中不溶，在空气中易挥发、不稳定，当气相中浓度达到5%~6%(体积)时，有潜在的爆炸危险。60℃时受震动或在超声波条件下，易发生分解性爆炸，与油脂或有机物等接触也可发生爆炸。

### 3. 健康危害

氯气是一种强烈的刺激性气体，经呼吸道吸入时，与呼吸道黏膜表面水分接触，产生盐酸、次氯酸，次氯酸再分解为盐酸和新生态氧，产生局部刺激和腐蚀作用。皮肤接触液氯可引起严重冻伤，吸入氯气会造成接触者急性中毒、喉头痉挛、窒息、死亡或陷入昏迷，出现脑水肿或中毒性休克，甚至心搏骤停而发生死亡，或可引起支气管黏膜坏死脱落，导致窒息。轻度者有流泪、咳嗽、咯少量痰、胸闷，出现支气管炎的表现；中度中毒发生支气管肺炎、局限性肺泡性肺水肿、间质性肺水肿或哮喘发作，病人除有上述症状的加重外，还会出现呼吸困难、轻度紫绀等；重者发生肺泡性水肿、急性呼吸窘迫综合征、严重窒息、昏迷或休克，可出现气胸、纵隔气肿等并发症。眼睛接触可引起急性结膜炎，高浓度氯可造成角膜损伤。

## （三）生产工艺（图4-5）

电解法生产氯气目前有三种方法，即水银电解法、隔膜电解法和离子膜电解法。目前，水银电解法在我国已基本淘汰，主要以隔膜电解法和离子膜电解法为主，离子膜制氯工艺以其先进的工艺和优良的技术指标得到了迅猛发展，离子膜制氯工艺与传统的隔膜法、水银法相比，具有能耗低、产品质量高、占地面积小、生产能力大、污染小等优点，是氯碱工业发展的方向。

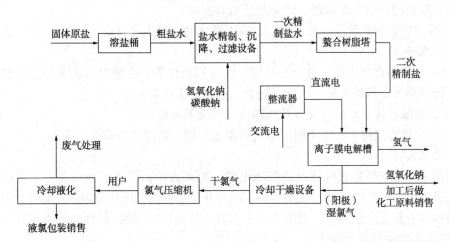

图4-5　离子膜电解法制氯气生产工艺流程

## 二、氯气事故类型特点

### （一）泄漏事故

氯气泄漏往往是由于管道、容器破裂和阀门损坏所致，处置难度较大。一是堵漏难度大。管道或储罐破裂开口不规则，有的长有的短，宽窄不一，加之所处环境条件也不同，采取堵塞漏洞的措施方法难以实施。二是消除逸出有毒气体的技术措施难。氯气比空气重，泄漏后沿地面到处扩散，为周围群众和排险人员带来严重威胁，因泄漏所处地点不同，采取化学中和反应的措施消除有一定困难。三是救援人员行动不便。救援人员深入毒区排险，必须着防毒衣佩戴空气呼吸器，行动不便，如果空气呼吸器的口罩未系紧或防护服未穿紧，会导致中毒风险。

### （二）爆炸事故

氯气不燃，在日光下与易燃气体混合时会发生爆炸，自身虽不燃但有助燃性。

## 三、氯气事故处置

### （一）典型事故处置程序及措施

**1. 储存事故处置程序及措施**

（1）侦察检测

① 通过询问、侦察、检测、监测等方法，以测定风力和风向，掌握泄漏区域泄漏量和扩散方向。

② 查明事故区域遇险人数、位置和营救路线。

③ 查明泄漏储罐容量、泄漏部位、泄漏速度，以及安全阀、紧急切断阀、液位计、液相管、气相管、罐体等情况。

④ 查明储罐区储罐数量和总储量、泄漏罐邻近储罐储存量，以及管线、沟渠、下水道走向布局。

⑤ 了解事故单位已采取的处置措施、内部消防设施配备及运行、先期疏散抢救人员等情况。

⑥ 查明拟警戒区内重点单位情况、人员数量、地理位置、电源、火源及道路交通情况，掌握现场及周边的消防水源位置、储量及给水方式。

⑦ 分析评估泄漏扩散范围和可能引发着火爆炸的危险因素及后果。

（2）疏散警戒

① 根据侦察和检测情况，划分警戒区，设立警戒标志。合理设置出入口，严格控制进入警戒区特别是重危区的人员、车辆、物资，进行安全检查，逐一登记。

② 疏散泄漏区域及扩散可能波及范围的一切无关人员。

③ 在整个处置过程中，要不间断地进行动态检测，适时调整警戒范围。

（3）禁绝火源

联系相关部门切断事故区域内的强弱电源，熄灭火源，停止高热设备，落实防静电措施。进入警戒区人员严禁携带、使用移动电话和非防爆通信、照明设备，严禁穿化纤类服装和带金属物件的鞋，严禁携带、使用非防爆工具，禁止机动车辆(包括无防爆装置的救援车辆)和非机动车辆随意进入警戒区。

（4）安全防护

人员进入现场或警戒区，必须佩戴呼吸器及各种防护器具。进入重危区的救援人员必须实施二级以上防护，并采取雾状水掩护。现场安全防护标准可参照表4-11。

表 4-11　泄漏事故现场安全防护标准

| 级别 | 形式 | 防化服 | 防护服 | 呼吸器 | 其他 |
|------|------|--------|--------|--------|------|
| 一级 | 全身 | 内置式重型防化服 | 全棉防静电内衣 | — | — |
| 二级 | 全身 | 全封闭式防化服 | 全棉防静电内衣 | 正压式空气呼吸器或正压式氧气呼吸器 | 防化手套、防化靴 |
| 三级 | 头部 | 简易防化服或半封闭式防化服 | 全棉防静电内衣 | 滤毒罐、面罩或口罩、毛巾等防护器具 | 抢险救援手套、抢险救援靴 |

（5）技术支持

应急救援部门会同事故单位、石油化工等部门的专家、技术人员判断事故状况，提供技术支持，制定应急救援方案，并配合参加应急救援行动。

（6）应急处置

① 在封闭的区域或无风的条件下发生泄漏，应利用水源或消防水枪建立水幕墙，喷雾状水或稀碱液，吸收已经挥发到空气中的氯气，也可用沙袋或泥土筑堤拦截，或开挖沟坑导流、蓄积，防止泄漏物流入水体、地下水管道或排洪沟等限制性空间。构筑围堤或挖坑收容所产生的大量废水。如有可能，用管道将泄漏的氯气导至碱液池或事故氯吸收(塔)装置，彻底消除氯气造成的危害。转移泄漏区内的易燃物、可燃物和液氯等禁配物避免泄漏物接触到上述物质。

② 生产装置或管道发生泄漏、阀门尚未损坏时，可协助技术人员或在技术人员的指导下，使用雾状水掩护，关闭阀门，制止泄漏；罐体、管道、阀门、法兰泄漏，采取相应堵漏方法(表4-12)实施堵漏，堵漏必须使用防爆工具。

表4-12　堵漏方法

| 部位 | 形式 | 方 法 |
|---|---|---|
| 罐体 | 砂眼 | 使用螺丝加黏合剂旋进堵漏 |
| | 缝隙 | 使用外封式堵漏袋、防爆型电磁式堵漏工具组、粘贴式堵漏密封胶(适用于高压)、潮湿绷带冷凝法或堵漏夹具、金属堵漏锥堵漏 |
| | 孔洞 | 使用各种堵漏夹具、粘贴式堵漏密封胶(适用于高压)、金属堵漏锥堵漏 |
| | 裂口 | 使用外封式堵漏袋、防爆型电磁式堵漏工具组、粘贴式堵漏密封胶(适用于高压)堵漏 |
| 管道 | 砂眼 | 使用螺丝加黏合剂旋进堵漏 |
| | 缝隙 | 使用外封式堵漏袋、防爆型电磁式堵漏工具组、金属封堵套管、潮湿绷带冷凝法或堵漏夹具、金属堵漏锥堵漏 |
| | 孔洞 | 使用各种堵漏夹具、粘贴式堵漏密封胶(适用于高压)、金属堵漏锥堵漏 |
| | 裂口 | 使用外封式堵漏袋、防爆型电磁式堵漏工具组、粘贴式堵漏密封胶(适用于高压)堵漏 |
| 阀门 | | 使用阀门堵漏工具组、注入式堵漏胶、堵漏夹具堵漏 |
| 法兰 | | 使用专门法兰夹具、注入式堵漏胶堵漏 |

(7) 洗消处理

① 在危险区出口处设置洗消站，用大量清水对从危险区出来的人员进行冲洗。

② 用水冲洗救援中使用的装备及被污染的衣物，消除其危害。

(8) 清理移交

① 用雾状水或惰性气体清扫现场内事故罐、管道、低洼地、下水道、沟渠等处，确保不留残液。

② 清点人员，收集、整理器材装备。

③ 做好移交，安全归建。

(其余可参照着火事故处置程序及措施。)

**2. 运输事故处置程序及措施**

(1) 现场询情

氯气储存量、泄漏量、泄漏时间、部位、形式、扩散范围等；泄漏事故周边居民、地形、电源、火源等；应急措施、工艺措施、现场人员处理意见等。

(2) 个体防护

参加泄漏处理人员应充分了解氯气的理化性质，要于高处和上风处进行处理，严禁单独行动，要有监护人。必要时要用雾状水掩护。要根据氯气的性质和毒物接触形式，选择适当的防护用品，防止事故处理过程中发生伤亡、中毒事故。

(3) 侦察检测

搜寻现场是否有遇险人员；使用检测仪器测定氯气浓度及扩散范围；测定风向、风速及气象数据；确认在现场周围可能会引起火灾、爆炸的各种危险源；确定攻防路线、阵地；确定周边污染情况。

(4) 疏散警戒

根据询情、侦检情况确定警戒区域；将警戒区域划分为重危区、中危区、轻危区和安全区并设置警戒标志，在安全区视情设立隔离带；合理设置出入口、严控进出人员、车辆、物资，并进行安全检查、逐一登记。

（5）应急处置

① 启用喷淋、泡沫、蒸汽等固定、半固定灭火设施；消防车供水或选定水源、铺设水带、设置阵地、有序展开；设置水幕或蒸汽幕，稀释气体浓度；采用雾状射流形成水幕墙、防止氯气向重要目标或危险源扩散。

② 堵漏、注水排险。根据现场泄漏情况，研究堵漏方案，并严格按照堵漏方案实施；根据泄漏情况，在采取其他措施的同时，可通过向罐内注水，抬高液位。

③ 输转倒罐。通过输转设备和管道采用烃泵倒罐、压力差倒罐、惰性气体置换将氯气从事故储运装置倒入安全装置或容器内。

（6）洗消处理

在作战条件允许或战斗任务完成后，对遇险人员进行全面的洗消，开设洗消帐篷。同时对受染道路、地域及重要目标的洗消，对大面积的受染地面和不急需的装备、物资，采取风吹、日晒等自然方法洗消。

（7）清理移交

用喷雾水、蒸汽、惰性气体清扫现场内事故罐、管道、低洼、沟渠等处，确保不留残气（液）；清点人员、车辆及器材；撤除警戒，做好移交，安全归建。

**3. 急救措施**

（1）人员吸入

迅速脱离现场至空气新鲜处，保持呼吸道通畅。如呼吸困难，给输氧；如呼吸、心跳停止，立即进行心肺复苏。就医。

（2）皮肤接触

立即脱去被污染的衣着，用流动清水彻底冲洗。就医。

（3）眼睛接触

分开眼睑，用流动清水或生理盐水彻底冲洗。就医。

**（二）战斗编成**

**1. 基本战斗编组**

基本战斗编组应由作战指挥组(3 人)、攻坚行动组(3 人)、供水保障组(3 人)、紧急救援组(3 人)、安全员(1 人)等五部分组成。各应急救援队伍根据实际执勤人数合理编配作战编组。

**2. 基本作战模块**

基本作战模块包括由主战车、泡沫水罐车组成的主战模块；由举高车、水罐车组成的举高模块；由抢险车、其他车组成的抢险模块；由洗消车、水罐车组成的防化模块；由泵浦车、水带敷设车等远程供水系统组成的供水、供泡沫液模块；由排烟车、供气车、照明车组成的保障模块；由机器人、无人机组成的支援模块等。各应急救援队伍根据实际车辆情况编配。

**3. 基本作战单元**

发生事故时，有针对性地选择作战指挥组、攻坚行动组、供水保障组、紧急救援组、安全员的数量及基本作战模块，并有效组合，形成标准作战单元。如图 4-6 所示。

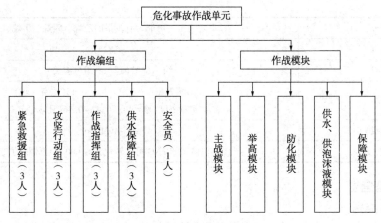

图 4-6　基本作战单元

### （三）注意事项

① 进入现场必须正确选择行车路线、停车位置、指挥及抢险人员集结地。

② 严格控制人员在重危区逗留时间。

③ 严密监视扩散情况，防止灾情扩大。

④ 注意风向变化，适时调整部署。

⑤ 做好安全防护。为防止有毒物质对人员的伤害，应科学划定相应的人员疏散区域，确保被威胁人员安全，同时应划定应急救援作业区域，并根据划定区域确定相应的防护等级，确保救援人员安全。

⑥ 要有技术人员参与制定作战方案，并协助现场指挥员解决作战过程中遇到的疑难问题。防止盲目射水造成水渍损失；对跑、冒、滴、漏的液体原料，应采用沙土、水泥粉阻挡、覆盖。

# 第四节　液化天然气

## 一、液化天然气通用知识

液化天然气（以下统称为 LNG）是油田或天然气田的天然气，经过脱除酸性气体、重烃、水分等杂质的净化处理，压缩、冷却至其凝点（-162℃）后形成的天然气液体状态。主要用于电厂发电、工业生产、环保汽车、城市燃气等新型燃料及化工原料，完全燃烧后生成二氧化碳和水，是一种清洁绿色能源。

### （一）理化性质（表 4-13）

表 4-13　液化天然气理化性质

| 成分 | 以甲烷为主，可能含有少量的乙烷、丙烷、丁烷、氮 |
|---|---|
| 外观与性状 | 无色、无味、无毒且无腐蚀性 |
| 闪点 | -188℃ |
| 引燃温度 | 650℃ |
| 爆炸极限 | 5%~15%（体积） |
| 溶解性 | 微溶于水，溶于乙醇、乙醚等 |

| 成分 | 以甲烷为主,可能含有少量的乙烷、丙烷、丁烷、氮 |
|---|---|
| 熔点 | -182℃ |
| 沸点 | 约-162℃(还与其组分有关) |
| 密度 | 相对蒸气密度(空气=1):0.45(比空气轻) |
| | 相对密度(水=1):0.42~0.46(比水轻) |
| 燃烧热 | 45~46MJ/kg |
| 膨胀度 | 1单位体积的LNG可以转化为约600单位体积的气体 |

### (二)危害信息

**1. 危险性类别**

LNG属于危险化学品中的第2类第2.1项易燃气体,火灾种类为甲类。

**2. 火灾与爆炸危险性**

易燃,与空气混合形成爆炸性混合物,遇热源或明火有着火爆炸危险。LNG泄漏时,迅速蒸发产生大量的天然气气体,形成蒸气云团,易形成大面积火灾或爆炸。

**3. 健康危害**

对人体基本无伤害。当空气中甲烷含量达到25%~30%时,可引起头痛、头晕乏力、注意力不集中、呼吸和心跳加速,若不及时脱离,可致窒息死亡。

### (三)生产工艺

**1. 净化**

如图4-7所示,原料气经调压计量,进入原料气分离器,分离原料气中夹带的游离液体和机械杂质,进入天然气压缩机增压至5.0MPa(≤40℃)后,经分离器分离液体后,通过脱碳系统、脱水系统、脱苯系统、脱汞系统,脱除酸性气体、重烃、水分等杂质,达到净化气设计指标。

图4-7 液化天然气生产工艺流程

**2. 液化**

处理后合格的天然气通过闭式混合制冷工艺,采用氮气和烃类混合物($N_2$、$C_1$、$C_2$、$C_3$、$C_5$)作为制冷剂,利用多组分混合物中重组分先冷凝、轻组分后冷凝的特性,将其依次冷凝、分离、节流蒸发得到-56℃、-122℃、-165℃温度级的冷量,在冷箱内冷量传给净化后的原料气,原料气逐渐被预冷、液化,最后过冷至-159℃出冷箱,再经节流降压得到-162℃的LNG产品,送至LNG储罐储存和外运。

## 二、液化天然气事故类型特点

### (一)泄漏事故

LNG气体比空气轻,在发生少量泄漏时会迅速气化,并在大气中较快挥发、稀释;发生大量泄漏后,会在地面形成流淌液池,危害范围大,易发生着火爆炸事故,处置难度大。LNG是-162℃的深冷液体,发生泄漏,超低温LNG液体和过冷蒸气会对附近区域的人员安全产生威胁,接触到皮肤造成低温灼伤,也会对未做防冻设计的结构、装置和仪表造成脆性破裂，从而引发次生破坏效应。

## （二）着火事故

由于 LNG 温度很低，泄漏后，其周围大气中的水蒸气被冷凝成雾团，形成蒸气云积聚，一旦遇到火源很容易引起着火爆炸，并迅速向蒸发的液池回火燃烧；若发生大量泄漏，在未大量吸收环境中的热量之前，会沿地面形成一个流动层；燃烧时会立即产生大量的热辐射，储罐或周围其他设施都容易遭到热辐射的严重破坏。鉴于以上三种特性，LNG 火灾具有火势猛、面积大、速度快的特点。

## （三）爆炸事故

LNG 泄漏后不容易在低洼处形成聚集，有较好的扩散性。但是在以下两种情况下可能引起爆炸：一是发生大量泄漏时，在气象条件合适（如风力很小）或不易扩散的空间（如厂房），可造成大量天然气在较小空间范围内聚集，形成爆炸性蒸气云，遇火源或静电可引起爆炸；二是泄漏到水中，会发生快速相变（RPT）现象，俗称冷爆炸，尽管不发生燃烧，但这种现象具有爆炸的其他特征；三是储罐内压力达到设计压力，不能及时泄压，会形成物理性爆炸。

# 三、液化天然气事故处置

## （一）典型事故处置程序及措施

### 1. 储存事故处置程序及措施

（1）泄漏事故

① 侦察检测

a. 通过询问、侦察、检测、监测等方法，以测定风力和风向，掌握泄漏区域泄漏量和扩散方向。

b. 查明事故区域遇险人数、位置和营救路线。

c. 查明泄漏储罐容量、泄漏部位、泄漏速度，以及安全阀、紧急切断阀、液位计、液相管、气相管、罐体等情况。

d. 查明储罐区储罐数量和总储量、泄漏罐邻近储罐储存量，以及管线、沟渠、下水道走向布局。

e. 了解事故单位已采取的处置措施、内部消防设施配备及运行、先期疏散抢救人员等情况。

f. 查明拟警戒区内重点单位情况、人员数量、地理位置、电源、火源及道路交通情况，掌握现场及周边的消防水源位置、储量及给水方式。

g. 分析评估泄漏扩散范围和可能引发着火爆炸的危险因素及后果。

② 疏散警戒

a. 根据侦察和检测情况，划分警戒区，设立警戒标志。合理设置出入口，严格控制进入警戒区特别是重危区的人员、车辆、物资，进行安全检查，逐一登记。

b. 疏散泄漏区域及扩散可能波及范围的一切无关人员。

c. 在整个处置过程中，要不间断地进行动态检测，适时调整警戒范围。

③ 禁绝火源

联系相关部门切断事故区域内的强弱电源，熄灭火源，停止高热设备，落实防静电措施。进入警戒区人员严禁携带、使用移动电话和非防爆通信、照明设备，严禁穿化纤类服装和带金属物件的鞋，严禁携带、使用非防爆工具，禁止机动车辆（包括无防爆装置的救援车辆）和非机动车辆随意进入警戒区。

④ 安全防护

人员进入现场或警戒区，必须佩戴呼吸器及各种防护器具。进入重危区的救援人员必须实施二级以上防护，并采取雾状水掩护。现场安全防护标准可参照表4-14。

表4-14　泄漏事故现场安全防护标准

| 级别 | 形式 | 防化服 | 防护服 | 呼吸器 | 其他 |
|------|------|--------|--------|--------|------|
| 一级 | 全身 | 内置式重型防化服 | 全棉防静电内衣 | — | 防寒防冻服 |
| 二级 | 全身 | 全封闭式防化服 | 全棉防静电内衣 | 正压式空气呼吸器或正压式氧气呼吸器 | 防化手套、防化靴 |
| 三级 | 头部 | 简易防化服或半封闭式防化服 | 全棉防静电内衣 | 滤毒罐、面罩或口罩、毛巾等防护器具 | 抢险救援手套、抢险救援靴 |

⑤ 技术支持

应急救援部门会同事故单位、石油化工等部门的专家、技术人员判断事故状况，提供技术支持，制定应急救援方案，并参加配合应急救援行动。

⑥ 应急处置

a. 现场供水。制定供水方案，选定水源，选用可靠高效的供水车辆和装备，采取合理的供水方式和方法，保证消防用水量。

b. 稀释防爆。设置水幕，稀释气体浓度，防止气体向重要目标或危险源扩散并形成大量爆炸性混合气体；对形成蒸气云团的还可以通过防爆机械送风设备进行驱散；LNG若呈液相沿地面流动，可利用防火堤或设置围堰、临时构建拦蓄区，限制泄漏形成的液池发生流淌或进一步扩散，并利用高倍数泡沫进行覆盖，降低其蒸发速度，减少可燃气体覆盖范围。操作时要防止因泡沫强力冲击而导致加速挥发；严禁使用直流水直接冲击扩散云团，防止强水流冲击造成静电积聚、放电引起爆炸。

c. 关阀堵漏。生产装置或管道发生泄漏、阀门尚未损坏时，可协助技术人员或在技术人员的指导下，使用雾状水掩护，关闭阀门，制止泄漏；罐体、管道、阀门、法兰泄漏，采取相应堵漏方法(表4-15)实施堵漏，堵漏必须使用防爆工具。

表4-15　堵漏方法

| 部位 | 形式 | 方　　法 |
|------|------|----------|
| 罐体 | 砂眼 | 使用螺丝加黏合剂旋进堵漏 |
| | 缝隙 | 使用外封式堵漏袋、防爆型电磁式堵漏工具组、粘贴式堵漏密封胶(适用于高压)、潮湿绷带冷凝法或堵漏夹具、金属堵漏锥堵漏 |
| | 孔洞 | 使用各种堵漏夹具、粘贴式堵漏密封胶(适用于高压)、金属堵漏锥堵漏 |
| | 裂口 | 使用外封式堵漏袋、防爆型电磁式堵漏工具组、粘贴式堵漏密封胶(适用于高压)堵漏 |
| 管道 | 砂眼 | 使用螺丝加黏合剂旋进堵漏 |
| | 缝隙 | 使用外封式堵漏袋、防爆型电磁式堵漏工具组、金属封堵套管、潮湿绷带冷凝法或堵漏夹具、金属堵漏锥堵漏 |
| | 孔洞 | 使用各种堵漏夹具、粘贴式堵漏密封胶(适用于高压)、金属堵漏锥堵漏 |
| | 裂口 | 使用外封式堵漏袋、防爆型电磁式堵漏工具组、粘贴式堵漏密封胶(适用于高压)堵漏 |
| 阀门 | | 使用阀门堵漏工具组、注入式堵漏胶、堵漏夹具堵漏 |
| 法兰 | | 使用专门法兰夹具、注入式堵漏胶堵漏 |

d. 输转倒罐。压力差倒罐：工作原理是根据压力差使流动介质从高压端流向低压端，降低危险程度。压力差转注流程简单，且操作起来比较方便，但转注效率受故障设备内的压力影响很大，通常排液时间较长，压力过低时无法正常排液。外置离心泵倒罐：工作原理是通过打开故障设备的根部排液阀、受液罐上的进液阀和回流阀，形成离心泵的转注回路，启动离心泵将故障设备内的介质输送到受液罐内。外置离心泵转注流程相对较复杂，并且通常情况下为保障受液罐的安全不得通过泵向受液罐充液。用离心泵转注液体时排液速度快，对故障罐内的压力要求较低（满足泵的吸入净压力即可），但是需要配备相应的外接电源或车载电源，泵工作前需要进行预冷，周围环境须满足防爆要求才能工作。潜液泵转注：离心式潜液泵的工作原理与外置离心泵基本相同。这种流程同样比较复杂，但可省去泵的预冷时间，排液速度快。通常潜液泵装卸流程无法将故障设备作为潜液泵的入口侧，不具备倒液功能，经过流程改造具备倒液功能后，还需要配备外接电源；倒罐过程中要关注受液罐压力。采用压力差倒罐，若受液罐内压力过大，可以根据现场情况判断是否需要打开受液罐的放空阀降压，以提高转移效率。采用外置离心泵倒罐，应密切注意受液罐的液位和压力，必要时可打开放空阀泄压，防止受罐液超压造成破坏；实施倒罐作业时，使用的各类设备必须满足防爆要求，管线、设备必须做好良好接地；若发生大量泄漏，并产生一定量的液态积聚或产生蒸气云团，则不再考虑倒罐处理。

e. 放空。若储罐根部闸阀或阀前阀后管线（根据介质流向判定）发生大量泄漏，应及时进行放空处置。

⑦ 洗消处理

a. 在危险区出口处设置洗消站，用大量清水对从危险区出来的人员进行冲洗。

b. 用水冲洗救援中使用的装备及被污染的衣物，消除其危害。

⑧ 清理移交

a. 用雾状水或惰性气体清扫现场内事故罐、管道处。

b. 清点人员，收集、整理器材装备。

c. 做好移交，安全归建。

（2）着火事故

① 第一时间了解灾情信息

a. 第一出动的火场指挥员，应在行车途中与指挥中心保持联系，不断了解火场情况，并及时听取上级指示，做好到场前的战斗准备。

b. 上级指挥员在向火场行驶的途中，应通过指挥中心及时与已经到达火场的辖区火场指挥员取得联系，或通过无线系统、图像数据传输系统、专家辅助决策系统了解火场信息。

c. 重点了解火场发展趋势，同时要了解指挥中心调动力量情况，掌握已经到场的力量以及赶赴现场的力量，综合分析各种渠道获得的火场信息，预测火灾发展趋势和着火建（构）筑物、压力容器储罐、化工装置等部位的变化情况，及时确定扑救措施。

② 安全防护

人员进入现场或警戒区，必须佩戴呼吸器及各种防护器具。进入重危区的救援人员必须实施二级以上防护，并采取雾状水掩护。现场安全防护标准可参照表4-16。

表 4-16　着火事故现场安全防护标准

| 级别 | 形式 | 防化服 | 防护服 | 防护面具 |
|------|------|--------|--------|----------|
| 一级 | 全身 | 内置式重型防火服 | 全棉防静电内外衣 | 正压式空气呼吸器或全防型滤毒罐 |
| 二级 | 全身 | 隔热服 | 全棉防静电内外衣 | 正压式空气呼吸器或全防型滤毒罐 |
| 三级 | 呼吸 | 灭火防护服 | — | 简易滤毒罐、面罩或口罩、毛巾等防护器材 |

③ 现场侦检

a. 环境信息：风力、风向、周边环境、道路情况、电源、火源、现场及周边的消防水源位置、储量及给水方式。

b. 事故基础信息：事故地点、危害气体浓度、火灾严重程度、邻近建(构)筑物受火势威胁、事故单位已采取的处置措施、内部消防设施配备及运行。

c. 人员伤亡信息：事故区域遇险人数、位置、先期疏散抢救人员等情况。

d. 其他有关信息。

④ 火场警戒的实施

a. 设置警戒工作区域。应急救援队伍到场后，由火场指挥员确定是否需要实施火场警戒。通常在事故现场的上风方向停放警戒车，警戒人员做好个体防护后，按确定好的警戒范围实施警戒，在警戒区上风方向的适当位置建立各相关工作区域，主要有着装区、器材放置区、洗消区、警戒区出入口等。

b. 迅速控制火场秩序。火场指挥员必须尽快控制火场秩序，管制交通，疏导车辆和围观人员，将他们疏散到警戒区域以外的安全地点。维持好现场秩序。

⑤ 应急处置

a. 外围预先部署。到达火灾现场，指挥员在采取措施、组织力量控制火灾蔓延、防止爆炸的同时，必须组织到场力量在外围作强攻近战的部署，包括消防车占领水源铺设水带线路、确定进攻路线、调集增援力量等。

b. 消灭外围火焰。人员救出后，第一出动力量应根据地面流淌火火势大小，用足够的枪炮控制外围火焰，待增援力量到场后，要从外围向火场中心推进，消灭 LNG 罐体周围的所有火焰，若第一到场队伍冷却力量不足，要积极支援第一出动，加强冷却。

c. 冷却抑爆。冷却时，充分利用固定水喷淋系统对燃烧或受到火势威胁的储罐实施冷却，当固定与半固定设施损坏时，现场要加大冷却强度，以防止水流瞬间汽化。同时高喷、消防炮等远距离、大口径装备要合理运用，均匀射水。要重点冷却被火焰直接烧烤的罐壁表面和邻近罐壁，一般情况下，着火罐全部冷却，邻近罐冷却其面对着火罐一侧的表面积一半(具体根据实际情况来决定)。

d. 对着火设施进行灭火时可采用干粉灭火系统，它是扑救较大火灾的最有效措施。对泄漏量较小的火灾，可用二氧化碳、卤代烷进行扑救。

e. 当判断火灾已被有效控制不再蔓延以及不会产生新的破坏时，应当让液池中的 LNG 有序受控地燃烧殆尽。在大部分场合控制火焰的发展和蔓延实际效果要好于灭火，使其不再可能产生天然气与空气形成的易爆气团。

f. 针对由 LNG 设施损坏泄漏引发的火灾，是选择灭火还是受控燃烧，应根据现场实际状况科学地决断。

g. 为了抑制火灾的持续性，切断 LNG 供应尤其重要。若是因 LNG 储罐损坏泄漏引发的火灾，几乎不可能切断供应。

⑥ 洗消处理

a. 在危险区出口处设置洗消站，用大量清水对从危险区出来的人员进行冲洗。

b. 用水冲洗救援中使用的装备及被污染的衣物，消除其危害。

⑦ 清理移交

a. 用雾状水或惰性气体清扫现场内事故罐、管道处。

b. 清点人员，收集、整理器材装备。

c. 做好移交，安全归建。

（3）爆炸事故

① 现场询情，制定处置方案

a. 应急救援人员到现场后，要问清事故单位的有关工程技术人员和当事人，全面了解事故区域还存在哪些爆炸物品及其数量。事故点存放的是单一品种，还是多种爆炸物品。

b. 根据掌握的现场情况，应立即成立技术组，研究行动处置方案。技术组应由发生事故单位的技术人员、专家及公安部门和应急救援机构人员组成。

② 实施现场警戒与撤离

a. 事故发生后，首先应维护现场秩序，划定警戒保护范围，安排专人做好警戒，防止无关人员进入危险区，以免引起不必要的伤亡。

b. 清除着火源，关闭非防爆通信工具。

c. 警戒范围内只允许极少数懂排爆技术的处置人员进入，无关人员不得滞留。

d. 为减少爆炸事故危害，应适度扩大警戒范围，撤离相关职工群众。但撤离范围不宜过大，应科学判断，否则会引起群众不满，甚至导致社会恐慌。

③ 转移

a. 对发生事故现场及附近未着火爆炸的物品在安全条件下应及时转移，防止火灾蔓延或爆炸物品的二次爆炸。

b. 转移前要充分了解有关物品的位置、外包装、能否转移和触动、周围环境和可能影响范围等情况，在时间允许的条件下，应制定转移方案，明确相关人员分工、器材准备、转移程序方法等。

**2. 运输事故处置程序及措施**

（1）现场询情

LNG 储存量、泄漏量、泄漏时间、部位、形式、扩散范围等；泄漏事故周边居民、地形、电源、火源等；应急措施、工艺措施、现场人员处理意见等。

（2）个体防护

参加泄漏处理人员应充分了解 LNG 的化学性质和反应特征，要于高处和上风处进行处理，严禁单独行动，要有监护人。必要时要用雾状水掩护。要根据 LNG 的性质和毒物接触形式，选择适当的防护用品，防止事故处理过程中发生伤亡、冻伤事故。

（3）侦察检测

搜寻现场是否有遇险人员；使用检测仪器测定 LNG 浓度及扩散范围；测定风向、风速及气象数据；确认在现场周围可能会引起火灾、爆炸的各种危险源；确定攻防路线、阵地；确定周边污染情况。

（4）疏散警戒

根据询情、侦检情况确定警戒区域；将警戒区域划分为重危区、中危区、轻危区和安全区并设置警戒标志，在安全区视情设立隔离带；合理设置出入口、严控进出人员、车辆、物资，并进行安全检查、逐一登记。

（5）禁绝火源和热源

为避免泄漏区发生爆炸等次生危害，应切断火源，停止一切非防爆的电气作业，包括手机、车辆和铁质金属器具。

（6）处置

① 就地放空处置。综合判断真空层失效、压力变化、行走机构等情况，在安全可控范围内，打开罐体与外界连接的液相管、气相管和增压管进行泄压处置。

② 输转倒罐。通过输转设备和管道倒罐、压力差倒罐等方式，将LNG从事故储运装置倒入安全装置或容器内。

③ 关阀堵漏。生产装置或管道发生泄漏、阀门尚未损坏时，可协助技术人员或在技术人员的指导下，使用雾状水掩护，关闭阀门，制止泄漏；罐体、管道、阀门、法兰泄漏，采取相应堵漏方法(表4-17)实施堵漏，堵漏必须使用防爆工具。

表 4-17 堵漏方法

| 部位 | 形式 | 方　法 |
|---|---|---|
| 罐体 | 砂眼 | 使用螺丝加黏合剂旋进堵漏 |
| | 缝隙 | 使用外封式堵漏袋、防爆型电磁式堵漏工具组、粘贴式堵漏密封胶(适用于高压)、潮湿绷带冷凝法或堵漏夹具、金属堵漏锥堵漏 |
| | 孔洞 | 使用各种堵漏夹具、粘贴式堵漏密封胶(适用于高压)、金属堵漏锥堵漏 |
| | 裂口 | 使用外封式堵漏袋、防爆型电磁式堵漏工具组、粘贴式堵漏密封胶(适用于高压)堵漏 |
| 管道 | 砂眼 | 使用螺丝加黏合剂旋进堵漏 |
| | 缝隙 | 使用外封式堵漏袋、防爆型电磁式堵漏工具组、金属封堵套管、潮湿绷带冷凝法或堵漏夹具、金属堵漏锥堵漏 |
| | 孔洞 | 使用各种堵漏夹具、粘贴式堵漏密封胶(适用于高压)、金属堵漏锥堵漏 |
| | 裂口 | 使用外封式堵漏袋、防爆型电磁式堵漏工具组、粘贴式堵漏密封胶(适用于高压)堵漏 |
| 阀门 | | 使用阀门堵漏工具组、注入式堵漏胶、堵漏夹具堵漏 |
| 法兰 | | 使用专门法兰夹具、注入式堵漏胶堵漏 |

（7）洗消处理

在作战条件允许或战斗任务完成后，对遇险人员进行全面的洗消，开设洗消帐篷。同时对受污染道路、地域及重要目标的洗消，对大面积的受染地面和不急需的装备、物资，采取洗消后进行无害处置。

（8）清理移交

用雾状水、惰性气体清扫现场内事故罐、管道处，确保不留残液；清点人员、车辆及器材；撤除警戒，做好移交，安全归建。

**3. 急救措施**

（1）人员吸入

迅速脱离现场至空气新鲜处，保持呼吸道通畅。如呼吸困难，给输氧；如呼吸、心跳停止，立即进行心肺复苏。就医。

（2）皮肤接触

如果发生冻伤，将患者浸泡于保持在38~42℃的温水中复温。不要涂擦。不要使用热水或辐射热。使用清洁、干燥的敷料包扎。就医。

### （二）战斗编成

**1. 基本战斗编组**

基本战斗编组应由作战指挥组（3人）、攻坚行动组（3人）、供水保障组（3人）、紧急救援组（3人）、安全员（1人）等五部分组成。各应急救援队伍根据实际执勤人数合理编配作战编组。

**2. 基本作战模块**

基本作战模块包括由泡沫水罐车、干粉车组成的主战模块；由举高车、水罐车组成的举高模块；由抢险车、其他车组成的抢险模块；由泵浦车、水带敷设车等远程供水系统组成的供水、供泡沫液模块；由排烟车、供气车、照明车组成的保障模块；由机器人、无人机组成的支援模块等。各应急救援队伍根据实际车辆情况编配。

**3. 基本作战单元**

发生事故时，有针对性地选择作战指挥组、攻坚行动组、供水保障组、紧急救援组、安全员的数量及基本作战模块，并有效组合，形成标准作战单元。如图4-8所示。

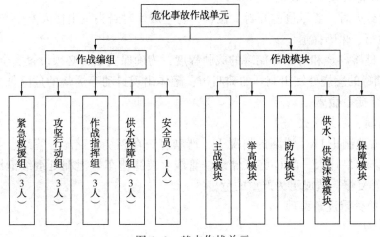

图4-8　基本作战单元

### （三）注意事项

**1. 储存事故处置注意事项**

（1）泄漏事故

① 正确选择停车位置和进攻路线。消防车要选择从上风方向的入口、通道进入现场，停靠在上风方向的适当位置。进入危险区的车辆必须加装防火罩。使用上风方向的水源，从上风、侧上风向选择进攻路线，并设立救援阵地。指挥部应设置在安全区。

② 行动中要严防引发爆炸。进入危险区作业人员一定要专业、精干，防护措施要到位。在雷电天气下，采取行动要谨慎。

③ 设立现场安全员，确定撤离信号。一旦储罐（通过真空层储存LNG的形式），压力值达到设计压力的40%（按车载LNG避险压力估算），事态还未得到有效控制，险情加剧，危

及救援人员安全时，要及时发出撤离信号。一线指挥员在紧急情况下可不经请示，果断下达紧急撤离命令。紧急撤离时不收器材，不开车辆，保证人员迅速、安全撤出危险区。

④ 合理组织供水，保证持续、充足的现场消防供水。

⑤ 严禁对泄漏罐体及其附件进行射水冷却。

⑥ 做好医疗急救保障。配合医疗急救力量做好现场救护准备，一旦出现伤亡事故，立即实施救护。

⑦ 调集一定数量的消防车在泄漏区域集结待命。一旦发生着火爆炸事故，立即出动，控制火势，消除险情。

（2）着火、爆炸事故

① 合理停车、确保安全

a. 车辆停放在爆炸物危害不到的安全地带，要靠近掩蔽物。

b. 选择上风或侧上风方向停车，车头朝向便于撤退的方向。

c. 车辆不能停放在地沟、下水井、覆工板上面和架空管线下面。

② 安全防护、充分到位

a. 必须做好个人安全防护，负责主攻的前沿人员要着防火隔热服。

b. 火场指挥员要注意观察风向、地形及火情，从上风或侧上风接近火场。

c. 救援阵地要选择在靠近掩蔽物的位置，救援阵地及车辆尽可能避开地沟、覆工板、下水井的上方和着火架空管线的下方。

d. 在储罐着火时，要尽量避开封头位置，防止爆炸时封头飞出伤人。

③ 发现险情、果断撤退

根据 LNG 储罐燃烧和对相邻储罐的威胁程度，为确保安全，必须设置安全员（火场观察哨）。当发现储罐的燃烧处发出刺耳的啸叫声，罐体出现抖动等爆炸的危险征兆时，应发出撤退信号，一律徒手撤离。

④ 无法堵漏、严禁灭火

在不能有效地制止 LNG 泄漏的情况下，严禁将正在燃烧的储罐、管线、装卸槽车泄漏处的火势扑灭。如果扑灭，LNG 将从储罐、管线、装卸槽车等泄漏处继续泄漏，遇到点火源就会发生复燃复爆，造成更为严重的危害。

**2. 运输事故处置注意事项**

（1）泄漏事故

① 车辆、人员从上风方向驶入事发区域，视情做好熄火或加装防火罩准备，到场后，第一时间推动实现交通管制和警戒疏散，视情划定警戒区域。

② 严禁对泄漏罐体及其附件进行射水冷却。

③ 处置过程中若发现罐体压力表示数急剧增大，说明罐体内胆破损严重，此时安全阀会开启，应慎重采取泄压处置措施。

④ 罐体外罐壁安全帽打开（真空完全失效），并明显出现蒸气云，说明内罐漏点逐步扩大，有可能出现罐体破裂灾情，处置人员应做好紧急避险准备。

⑤ 进入实施堵漏任务人员要做好个人安全防护，穿灭火防护服，避开爆破片等各类保险装置。

⑥ 加强对罐体（管道）状况勘察和故障情况分析，充分发挥技术人员、专家的辅助决策作用，特别是当罐车与其他危险化学品运输车发生事故时，情况不明严禁盲目行动，且在处

150

置过程中要加强通信，随时做好撤离准备。

⑦ 当内罐体压力持续升高达到 0.6~0.8MPa，事态还未得到有效控制，险情加剧，危及救援人员安全时，要及时发出撤离信号。

⑧ 一线指挥员在紧急情况下可不经请示，果断下达紧急撤离命令。紧急撤离时不收器材，不开车辆，保证人员迅速、安全撤出危险区。

（2）着火、爆炸事故

① 除紧急工作如抢救人命、灭火堵漏外，不许无关人员进入危险区，对进入危险区工作的人员要加强个体防护。

② 通知交通管理部门，依据警戒区域进行交通管制，无关车辆和人员禁止通行，切断电源，熄灭火种，停用加热设备，现场无线电通信设备必须防爆，否则不得使用。

③ 加强火场的通信联络，统一撤退信号。设立观察哨，严密监视火势情况和现场风向风力变化情况。

④ 应首先找到泄漏口，清理现场和其他覆盖物后，将泄漏口暴露出来，便于扑救。

⑤ 指挥员随时注意火势变化。如储罐摇晃变形发出异常声响，储罐倾斜或安全阀放气声突然变得刺耳等危险状态，应组织人员迅速撤离现场，防止发生爆炸伤人。

⑥ 需要堵漏时必须使用防爆工具，设置水幕或蒸汽幕，稀释气体浓度，加速气体蒸发，防止形成爆炸性混合物。

⑦ 关阀、堵漏等切断气源措施未完全到位前，不宜直接扑灭燃烧火焰。

⑧ 若罐体破裂燃烧，宜采取控制燃烧战术，处置后期应逐步降低冷却强度，保持罐内 LNG 持续蒸发直至燃尽，防止回火闪爆。

⑨ 管线阀门泄漏火灾，着火部位火焰及辐射热如对其他关联管线、阀门无影响，可积极扑灭并采取堵漏措施，如已造成邻近管线、阀门钢的材质强度下降，多处部位受损，无法采取补漏措施，应控制燃烧。

# 第五节　硫　化　氢

## 一、硫化氢通用知识

硫化氢为无色、有腐蛋臭味的窒息性气体，一般作为某些化学反应和蛋白质自然分解过程的产物及某些天然物的成分和杂质，经常存在于多种生产过程中及自然界中，常存在于废气、含硫石油及下水道、隧道中，含硫有机物腐败也可产生硫化氢气体。在阴沟疏通、河道挖掘、污物清理等作业时常会遭遇高浓度的硫化氢气体，在密闭空间中作业情况更为突出。如防范不当，极易造成人员伤亡。主要用于制造合成荧光粉，电放光、光导体、光电曝光计等。

### （一）理化性质（表4-18）

表4-18　硫化氢理化性质

| 成分 | 硫化氢 |
| --- | --- |
| 外观与性状 | 无色的恶臭气体 |
| 引燃温度 | 260℃ |
| 最小点火能 | 0.077mJ |

| 成分 | 硫化氢 |
|---|---|
| 爆炸极限 | 4%~46%（体积） |
| 溶解性 | 溶于水、乙醇 |
| 熔点 | -85.5℃ |
| 沸点 | -60.4℃ |
| 密度 | 相对蒸气密度（空气＝1）：1.19（比空气重） |
| 热值 | 3200~5300kcal/m³（1cal＝4.2J） |

### （二）危害信息

**1. 危险性类别**

硫化氢属于危险化学品中的第2类第2.1项易燃气体、第2.3类毒性气体，火灾种类为甲类。

**2. 火灾与爆炸危险性**

易燃，与空气混合形成爆炸性混合物，遇明火、高热引起燃烧爆炸。与浓硝酸、发烟硝酸或其他强氧化剂会发生剧烈反应，引起爆炸。密度比空气大，能在较低处扩散到相当远的地方，遇明火会引着回燃。

**3. 健康危害**

硫化氢属二级毒物，是强烈的神经毒物，对黏膜有明显的刺激作用。低浓度时，对呼吸道及眼的局部刺激作用明显；浓度高时，全身性作用明显，表现为中枢神经系统症状和窒息症状。

对人体的危害分为两类：一是黏膜刺激症状。可表现为眼部的刺痛，灼热，怕光，视力模糊，流泪，黏膜充血，严重的可引起角膜炎。呼吸道黏膜损伤：可表现为咳嗽，咽痒，胸部压迫感，甚至出现呼吸困难，急性肺水肿。二是神经系统缺氧表现。可以表现为头晕，头痛，嗜睡，四肢无力，烦躁不安，谵妄，惊厥，昏迷。当吸入浓度过大时可出现就地昏倒，立刻死亡。

## 二、硫化氢事故类型特点

### （一）中毒事故

硫化氢中毒事故主要有以下六个特点：

一是夏季高温硫化氢急性中毒事故易发；二是硫化氢中毒事故伤亡人数较多；三是中小企业硫化氢中毒事故明显上升；四是市政建设的中毒事故所占比例较大；五是事故单位不严格遵守《中华人民共和国职业病防治法》，无视劳动者健康权益，作业场所环境恶劣，卫生防护设施差甚至无任何卫生防护设施，职业卫生管理制度不落实；六是劳动者缺乏健康权益意识和自我保护意识，违规、违章操作造成硫化氢中毒事故。

### （二）泄漏事故

扩散迅速，危害范围大，易发生人员中毒。伴随天然气泄漏时，易发生着火、爆炸事故，处置难度大。

**1. 扩散迅速、危害大**

硫化氢气体泄漏后，体积迅速扩大。并随风飘移，形成大面积染毒区，需要及时疏散危害区域内的人员及其他有生命个体。

**2. 易造成大量人员中毒死亡**

浓度较高硫化氢气体强烈刺激人的眼内黏膜、通过呼吸道吸入人体，引起人员严重中毒、造成伤亡。

**3. 易发生燃烧、爆炸**

硫化氢气体易燃易爆，泄漏后的硫化氢气体与空气混合后极易形成爆炸性混合气体，并易留在水道、沟渠、低洼等处，不易扩散。

### (三) 着火、爆炸事故

硫化氢是无色有臭鸡蛋味的易燃性气体，比空气重，属于甲类火灾危险性物质，与空气混合能形成爆炸性混合物，遇高热和明火能引起燃烧爆炸，燃烧分解产物为氧化硫。若着火同时伴随爆炸，破坏性大，火焰温度高，辐射热强，易形成二次爆炸，火灾初发面积大，有毒害性(注：二次爆炸分为三种情况，第一种是容器物理性爆炸后，逸散气体遇火源再次产生化学爆炸；第二种是第一次化学爆炸火灾后，气体泄漏未能得到有效控制，遇火源而导致再次爆炸；第三种是发生爆炸后，若处于爆炸中心区域的火源未得到及时控制，会使邻近的储罐受热，继而发生爆炸)。

## 三、硫化氢事故处置

### (一) 典型事故处置程序及措施

**1. 中毒事故处置程序及措施**

(1) 侦察检测

① 通过询问、侦检等方法，以测定风力和风向，掌握泄漏区域泄漏量和扩散方向。

② 查明被困人员及中毒、伤亡情况和营救路线。

③ 查明硫化氢气体等有毒有害、可燃气体泄漏、着火、爆炸部位，了解泄漏浓度、扩散范围、蔓延方向，对毗邻装置、建(构)筑物威胁程度等事故现场信息。

④ 查明生产装置、工艺流程、消防设施完好性。

⑤ 分析评估泄漏扩散范围和可能引发着火爆炸的危险因素及后果。

方法：由外至内，从不同方位向事故中心点梯次检测，重点关注事故区域暗渠、管沟、管井等相对密闭空间。

其他要求：重点了解周边单位、居民、地质、水文、气象等情况。

(2) 管制

① 根据硫化氢等有毒有害、可燃气体及燃烧产物的毒害性、泄漏量、扩散趋势、火焰辐射热和爆炸波及范围进行评估，按照大气中硫化氢等有毒有害、可燃气体浓度划分为安全区、轻危区、中危区、重危区。

② 在不同级别管制区域涉及的主要道路、水路设置交通管制点、警示标识。

③ 交通管制点设专人负责，采取禁火、停电及禁止无关人员进入等安全措施，对进入人员、车辆、物资进行安全检查、逐一登记。

④ 撤离与事故处置无关的人员。

⑤ 根据事故发展、应急处置和动态监测情况，适时调整交通管制点。

(3) 疏散搜救

① 根据现场侦检、监测信息，确定事故区域的公众安全防护距离，并通过周边应急疏

散广播及时通知相应区域内无关人员，按照疏散路线快速、有序撤离。

② 结合疏散情况和监测信息，对大气中硫化氢浓度大于 10ppm 区域范围内的被困居民进行搜救，必要时，扩大搜救范围。

③ 做好撤离人员的心理疏导、食宿及安抚工作。

（4）医疗救护

发现中毒人员时，按照"先救命，后治伤（病）"的原则救护。

① 应立即使患者脱离中毒环境，迅速将其转移至空气新鲜处，解开衣扣，脱去污染衣物，保持呼吸道通畅，给予氧气吸入，对伤（病）情进行正确的评估、诊断。

② 眼部损伤者，立即用生理盐水对眼部进行彻底清洗，并用抗生素滴眼液和地塞米松滴眼液交替滴眼。较重的损害，可再用 2% 碳酸氢钠溶液冲洗。

③ 呼吸、心跳停止者，立即进行心肺复苏术。人工呼吸时严禁口对口人工呼吸，应使用简易呼吸器辅助呼吸，以防有毒气体吸入造成施救者中毒。

④ 多人中毒时，须及时联系地方医院，请求医疗援助。并对伤病员进行检伤、分类，左胸前佩戴标识卡，优先对危重伤员进行救治。

⑤ 中毒人员均应尽快转送医院，给予高压氧治疗，但需配合综合治疗。对中毒症状明显者需早期、足量、短程给予肾上腺糖皮质激素，有利于防治脑水肿、肺水肿和心肌损害。较重患者需进行心电监护及心肌酶谱测定，以便及时发现病情变化。

⑥ 抢救过程中，应做好诊断、用药、抢救等各种记录。将病员转送到医院后，按照院前病员交接制度进行详细交接，认真填写交接记录。

⑦ 其他伤情，对症处理。

（5）安全防护

人员进入现场或警戒区，必须佩戴正压式空气呼吸器或氧气呼吸器等各种防护器具。进入重危区的救援人员必须实施一级防护，并采取雾状水掩护，轻危区应采用二级防护。现场安全防护标准可参照表 4-19。

表 4-19　中毒事故现场安全防护标准

| 级别 | 形式 | 防化服 | 防护服 | 呼吸器 | 其他 |
|------|------|--------|--------|--------|------|
| 一级 | 全身 | 内置式重型防化服 | 全棉防静电内衣 | — | — |
| 二级 | 全身 | 全封闭式防化服 | 全棉防静电内衣 | 正压式空气呼吸器或正压式氧气呼吸器 | 防化手套、防化靴 |
| 三级 | 头部 | 简易防化服或半封闭式防化服 | 全棉防静电内衣 | 滤毒罐、面罩或口罩、毛巾等防护器具 | 抢险救援手套、抢险救援靴 |

**2. 泄漏事故处置程序及措施**

（1）控制泄漏源

① 根据泄漏量、泄漏位置，采取保压、切断、放空等工艺处置措施控制泄漏源。

② 利用事故区域固定消防设施和强风消防车等移动设施，通过水雾稀释，降低硫化氢等有毒有害、可燃气体浓度。

③ 吹扫硫化氢等有毒有害、可燃气体，控制气体扩散流动方向，掩护、配合工程抢险人员施工。

④ 根据现场泄漏情况，研究制定科学处置措施，开展封堵、打卡、焊接等措施，实施

工程抢险。当无法有效处置，可能造成重大危害事故时，果断采取点火措施。

⑤ 有人员中毒时，参照中毒事故处置程序及措施执行。

（2）稀释、降毒、抑爆

一般泄漏处置时，坚持"先结合、后处置""救人第一"和"先控制、后消灭"的原则，利用开花水枪或喷雾水枪向有毒气体扩散区域喷水，或利用吹风机吹扫驱散，亦可利用化学剂进行中和等措施开展应急处置，降低有毒气体在空气中的浓度。

① 启用事故单位喷淋泵等固定、半固定消防设施。

② 设置水幕，驱散集聚、流动的气体或液体，稀释气体浓度，防止气体向重要目标或危险源扩散并形成大量爆炸性混合气体。

③ 对于聚集在低洼地段或地沟的硫化氢，通过自然风吹散或打开地沟盖板通过自然风吹散，同时还可以通过防爆机械送风进行驱散。

（3）围堵收容

① 严重泄漏处置时，坚持"先结合、后处置""救人第一"和"先控制、后消灭"的原则，采取稀释、隔离、点火、环境监测、医疗救护、围堵截流和污水收容等措施，开展应急处置，防止着火、爆炸等次生灾害发生。

② 将事故处置中产生污水，转输储存至事故池，减少污染。

③ 无事故池时，将污水围堵、集中收容，避免产生环境污染。

（4）供气保障

① 根据现场风向、地势、道路情况，在安全区合理设置供气保障点。

② 确保现场处置人员的空气呼吸器气源供给。

（5）环境监测

① 硫化氢等有毒有害、可燃气体泄漏发生后，环境监测人员立即携带环境监测设备赶赴现场，依据风向、地形地势、敏感区等因素进行科学布点监测。监测范围一般为半径 $100\sim500m$ 的区域，当泄漏源较高或泄漏量较大时，监测半径可扩大至 $500\sim4000m$ 区域。

② 监测指标：大气污染应急监测项目主要有二氧化硫、硫化氢、可燃气体、氧气。

③ 监测时间和频次：远程监测 30s/次。在线监测巡检周期为 $60\sim240s$，便携式气体检测仪的监测频次根据现场情况而定。

④ 数据反馈：当出现异常数据，应及时向现场指挥汇报，并进行现场确认。

（6）技术支持

组织事故单位和石油、化工、气象、环保、卫生等部门的专家、技术人员判断事故状况，提供技术支持，制定应急救援方案，并参加配合应急救援行动。

（7）现场供水

制定供水方案，选定水源，选用可靠高效的供水车辆和装备，采取合理的供水方式和方法，保证现场正常供水。

（8）现场清理

① 用喷雾水、蒸汽或惰性气体清扫现场内事故罐、管道、低洼地、下水道、沟渠等处，确保不留残液(气)。

② 清点人员，收集、整理器材装备。

③ 撤除警戒，做好移交，安全归建。

### 3. 着火、爆炸事故处置程序及措施

在执行泄漏事故处置程序及措施的基础上，实施冷却降温、隔离、灭火等措施。

（1）冷却降温

① 通过移动遥控水炮、固定消防炮、车载消防炮等设备，对着火设备及周边压力容器、反应塔、釜和压力管道等着火部位及周边受火灾威胁的设施冷却、降温，转移受威胁的物资和移动设施。

② 灭火后，继续冷却、降温着火设备温度至着火点以下，停止冷却。

（2）隔离

用毛毡、草帘堵住下水井、窨井口等部位进行隔离。

（3）灭火

① 根据泄漏源介质实际，选择正确的灭火剂（水、二氧化碳、干粉等）和灭火方法（隔离、窒息、冷却或化学抑制等）实施灭火。

② 周围火点已彻底扑灭、外围火种等危险源已全部控制；着火设施已得到充分冷却；人员、装备、防护设施、灭火剂已准备就绪；泄漏源已被切断，且内部压力明显下降；堵漏准备就绪，达到以上灭火条件时，实施灭火作业。

### （二）战斗编成

#### 1. 基本战斗编组

基本战斗编组应由作战指挥组（3人）、应急处置组（6人）、供水保障组（6人）、环境监测组（2人）、安全员（1人）等五部分组成。各应急救援队伍根据实际执勤人数合理编配作战编组。

#### 2. 基本作战模块

基本作战模块包括由消防水罐车、泡沫水罐车组成的主战模块；由举高车、水罐车组成的举高模块；由抢险车、其他车组成的抢险模块；由洗消车、水罐车组成的防化模块；由泵浦车、水带敷设车等远程供水系统组成的供水、供泡沫液模块；由排烟车、供气车、照明车组成的保障模块；由机器人、无人机组成的支援模块等。各应急救援队伍根据实际车辆情况编配。

#### 3. 基本作战单元

发生事故时，有针对性地选择应急处置组、供水保障组、环境监测组、作战指挥组、安全员的数量及基本作战模块，并有效组合，形成标准作战单元。如图4-9所示。

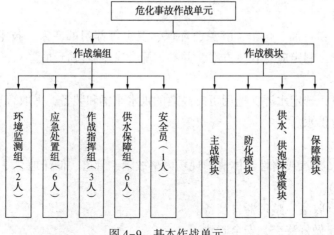

图4-9　基本作战单元

（三）注意事项

**1. 现场指挥**

① 在上风向安全区设置应急指挥部，及时将现场指挥部人员名单、通信方式等报告上一级指挥机构，并通知现场应急处置工作组以及相关救援力量。

② 根据现场需要，按规定配备必要的指挥设备及通信手段，具备迅速搭建现场指挥平台的能力。

③ 统一标志，维护现场秩序。现场指挥部要悬挂醒目的标志；现场总指挥和其他人员要佩戴相应标识；对救援人员和车辆发放专用通行证；现场主要出入口应有专人值守和引导。

④ 现场指挥部根据事态发展变化，对救援力量及时进行相应调整。

⑤ 科学把握救援进度。对于直接威胁救援人员生命安全、极易造成次生衍生事故等情况，应采取有效措施防止救援人员伤亡，险情排除后，继续开展救援。

**2. 现场处置**

① 救援力量应选择上风方向的入口、通道进入现场，在上风方向或侧上风方向，进入警戒区的力量应配齐配全防火罩、个体防护装备。在上风、侧上风方向选择进入路线，并设立抢险救援阵地。

② 借助侦检设备、仪器，掌握硫化氢及可燃气体、有毒有害气体的浓度、泄漏部位、泄漏速度以及现场风速、风向等环境情况。

③ 分析评估泄漏扩散范围和可能引发爆炸燃烧的危险因素及其后果。

④ 先行警戒或根据侦检情况确定警戒范围，划分重危区、中危区、轻危区、安全区，设置警戒标志和出入口，实时监测现场情况，适时调整警戒范围。同时，确定安全防护等级，为进入重危区、中危区、轻危区的救援人员配备呼吸防护装备、化学防护服等个体防护装备。

⑤ 设立现场安全员，负责对救援人员的安全防护进行检查，做好救援人员出入危险区的登记。

⑥ 规定安全归建信号，一旦险情加剧，危及救援人员安全时，指挥员及时发出撤离信号，下达紧急撤离命令。

⑦ 进入现场救援的人员应专业、精干，防护措施到位，并采用雾状水进行掩护。

⑧ 使用上风方向的水源，合理组织供水，保证消防供水持续、充足。

# 第六节　乙　　烯

## 一、乙烯通用知识

乙烯主要是从石油炼制工厂和石油化工厂所生产的气体里分离出来的，是世界上产量最大的化学产品之一，乙烯工业是石油化工产业的核心，在国民经济中占有重要的地位。

（一）理化性质（表4-20）

表4-20　乙烯理化性质

| 相对分子质量 | 28.054 |
|---|---|
| 外观及性状 | 无色气体，略具烃类特有的臭味。少量乙烯具有淡淡的甜味 |
| 闪点 | $-125.1℃$ |

| 相对分子质量 | 28.054 |
|---|---|
| 熔点 | −169.4℃ |
| 沸点 | −103.7℃ |
| 水溶性 | 不溶于水，微溶于乙醇、酮、苯，溶于醚 |
| 密度 | 相对密度（水＝1）：0.61<br>相对蒸气密度（空气＝1）：0.98 |
| 爆炸极限 | 2.7%~36% |

### （二）危害信息

**1. 危险性类别**

乙烯属于危险化学品中的第 2 类第 2.1 项易燃气体，火灾种类为甲类。

**2. 火灾与爆炸危险性**

乙烯生产的火灾危险性除有普通炼油的火灾危险性外，有些工艺的火灾危险性还有以下一些特点：

（1）裂解

乙烯生产都是在高温、有压力的状态下进行。如裂解时温度大于 800℃，裂解产物大都呈气态。裂解的操作温度远远高于物料的自燃点，一旦泄漏，会立即发生自燃；如与空气混合达到爆炸浓度，遇明火会发生爆炸，而生产过程就有加热炉产生明火。

（2）压缩

压缩是将原料经压缩机压缩到 3.0~4.0MPa。若设备材质不好，设备维护保养不良或年久失修，以及操作不当造成负压或超压或者因压缩机冷却不良，润滑不良，管线或设备因腐蚀、裂缝而发生物料泄漏，都会发生设备爆炸和冲料，从而引发着火事故。

（3）深冷

深冷分离是在−165~−30℃超低温状态下进行。如原料气不干，设备系统残留水分，就会发生"冻堵"。另外，在设备停车泄放物料时，由于不严格工艺操作规程，致使设备冷脆破裂，造成可燃物料在设备焊缝及接头连接等处大量泄漏，都会引起火灾、爆炸事故。

（4）加氢

加氢过程是对乙炔、碳三、汽油进行加氢气。氢气是一种易燃易爆且渗透力极强的气体，因此加氢工序工艺条件十分严格。如加氢反应器的进料氢、炔比例控制不当，会引起加氢反应器"飞温"（急剧升温）。如反应器的反应温度过高会引起催化剂结焦，导致反应器"飞温"。若"飞温"严重、反应器温度骤升，会使器壁发生热蠕变，导致破裂着火，甚至发生爆炸。

**3. 健康危害**

（1）急性中毒

如吸入较高浓度的乙烯气体，可能会引起明显的记忆障碍，甚至导致意识丧失。乙烯对皮肤基本无太大刺激，但对眼部和呼吸道黏膜可能有轻微刺激症状。如眼部和呼吸道黏膜接触高浓度的乙烯气体，可能会出现流泪、咳嗽等症状。但通常在隔离乙烯后的几个小时，症状可逐渐消退，乙烯虽然有毒，但如不再继续吸入，通常可排出。

（2）慢性危害

若长期接触乙烯类物质，部分患者可能会出现经常头晕、全身不适、注意力不集中、乏力、胃肠功能紊乱等症状，通常无法自行恢复，需及时就医，进行治疗。

（3）其他

乙烯是一种低毒物质，对人具有麻醉作用。可经呼吸到肺泡扩散溶解到血液中，引起全身麻醉的情况。接触液态乙烯可致皮肤冻伤。

**（三）生产工艺**（图4-10）

石油分离生产乙烯是由石油化工裂解而成。在这个过程中，气态或轻液态烃被加热到750~950℃，诱使许多自由基反应，然后立即淬火冻结。这个过程中，把大型碳氢化合物转换到较小型的碳氢化合物，并反应出不饱和烃。

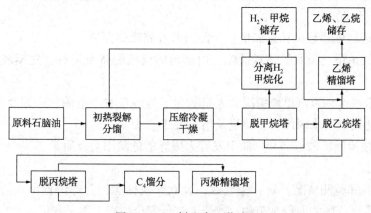

图4-10 乙烯生产工艺流程

煤合成方法：煤基制烯烃技术，是 $C_1$ 化工新工艺，是指以煤气化的合成气合成的甲醇为原料，借助类似催化裂化装置的流化床反应形式，生产低碳烯烃的化工技术。主要工艺过程为裂解，分离（脱硫；乙炔加氢；甲基乙炔及丙二烯的脱除；一氧化碳的脱除）。

## 二、乙烯事故类型特点

### （一）泄漏事故

扩散迅速，危害范围大，易发生着火爆炸事故，处置难度大，接触液体时，应防止冻伤。禁止用水直接冲击泄漏物或泄漏源。防止气体通过下水道、通风系统和密闭性空间扩散。

### （二）着火事故

乙烯具有一定的扩散性，能沿着地面扩散到很远的地方，形成大面积的燃烧或爆炸；乙烯燃烧发热量大，火焰温度很高。鉴于以上三种特性，乙烯火灾具有火势猛、面积大、速度快的特点。

### （三）爆炸事故

着火与爆炸同时发生、破坏性大、火焰温度高，辐射热强、易形成二次爆炸、火灾初发面积大、毒害性大（注：二次爆炸分为三种情况，第一种是容器物理性爆炸后，逸散气体遇火源再次产生化学爆炸；第二种是第一次化学爆炸火灾后，气体泄漏未能得到有效控制，遇火源而导致再次爆炸；第三种是发生爆炸后，若处于爆炸中心区域的火源未得到及时控制，会使邻近的储罐受热，继而发生爆炸）。

### 三、乙烯事故处置

**(一) 典型事故处置程序及措施**

**1. 储存事故处置程序及措施**

(1) 泄漏事故

① 侦察检测

a. 通过询问、侦察、检测、监测等方法，以测定风力和风向，掌握泄漏区域泄漏量和扩散方向。

b. 查明事故区域遇险人数、位置和营救路线。

c. 查明泄漏管线、泄漏部位、泄漏速度，以及安全阀、紧急切断阀、液位计、液相管、气相管、罐体等情况。

d. 查明储罐区储罐数量和总储量、泄漏罐邻近储罐储存量。

e. 了解事故单位已采取的处置措施、内部消防设施配备及运行、先期疏散抢救人员等情况。

f. 查明拟警戒区内重点单位情况、人员数量、地理位置、电源、火源及道路交通情况，掌握现场及周边的消防水源位置、储量及给水方式。

g. 分析评估泄漏扩散范围和可能引发着火爆炸的危险因素及后果。

② 疏散警戒

a. 根据侦察和检测情况，划分警戒区，设立警戒标志，合理设置出入口，严格控制进入警戒区特别是重危区的人员、车辆、物资，进行安全检查，逐一登记。

b. 疏散泄漏区域及扩散可能波及范围的一切无关人员。

c. 在整个处置过程中，要不间断地进行动态检测，适时调整警戒范围。

③ 禁绝火源

联系相关部门切断事故区域内的强弱电源，熄灭火源，停止高热设备，落实防静电措施。进入警戒区人员严禁携带、使用移动电话和非防爆通信、照明设备，严禁穿化纤类服装和带金属物件的鞋，严禁携带、使用非防爆工具，禁止机动车辆(包括无防爆装置的救援车辆)和非机动车辆随意进入警戒区。

④ 安全防护

人员进入现场或警戒区，应佩戴呼吸器及各种防护器具。进入重危区的救援人员必须实施二级以上防护，并采取雾状水掩护。未出危险区域，救援人员不得随意解除防护装备。现场安全防护标准可参照表4-21。

**表4-21 泄漏事故现场安全防护标准**

| 级别 | 形式 | 防化服 | 防护服 | 呼吸器 | 其他 |
|------|------|--------|--------|--------|------|
| 一级 | 全身 | 内置式重型防化服 | 全棉防静电内衣 | — | — |
| 二级 | 全身 | 全封闭式防化服 | 全棉防静电内衣 | 正压式空气呼吸器或正压式氧气呼吸器 | 防化手套、防化靴 |
| 三级 | 头部 | 简易防化服或半封闭式防化服 | 全棉防静电内衣 | 滤毒罐、面罩或口罩、毛巾等防护器具 | 抢险救援手套、抢险救援靴 |

⑤ 技术支持

应急救援部门会同事故单位、石油化工等部门的专家、技术人员判断事故状况，提供技术支持，制定应急救援方案，并参加配合应急救援行动。

⑥ 应急处置

a. 现场供水。制定供水方案，选定水源，选用可靠高效的供水车辆和装备，采取合理的供水方式和方法，保证消防用水量。

b. 稀释防爆。启用事故单位喷淋泵等固定、半固定消防设施；设置水幕，驱散稀释集聚流动的气体，防止气体扩散形成爆炸性混合气体；严禁使用直流水直接冲击管线和泄漏部位，防止因强水流冲击造成静电积聚、放电引起爆炸。

c. 关阀堵漏。生产装置或管道发生泄漏、阀门尚未损坏时，可协助技术人员或在技术人员的指导下，使用雾状水掩护，关闭阀门，制止泄漏；罐体、管道、阀门、法兰泄漏，采取相应堵漏方法(表4-22)实施堵漏，堵漏必须使用防爆工具。

表 4-22  堵漏方法

| 部位 | 形式 | 方法 |
|---|---|---|
| 罐体 | 砂眼 | 使用螺丝加黏合剂旋进堵漏 |
| | 缝隙 | 使用外封式堵漏袋、防爆型电磁式堵漏工具组、粘贴式堵漏密封胶(适用于高压)、潮湿绷带冷凝法或堵漏夹具、金属堵漏锥堵漏 |
| | 孔洞 | 使用各种堵漏夹具、粘贴式堵漏密封胶(适用于高压)、金属堵漏锥堵漏 |
| | 裂口 | 使用外封式堵漏袋、防爆型电磁式堵漏工具组、粘贴式堵漏密封胶(适用于高压)堵漏 |
| 管道 | 砂眼 | 使用螺丝加黏合剂旋进堵漏 |
| | 缝隙 | 使用外封式堵漏袋、防爆型电磁式堵漏工具组、金属封堵套管、潮湿绷带冷凝法或堵漏夹具、金属堵漏锥堵漏 |
| | 孔洞 | 使用各种堵漏夹具、粘贴式堵漏密封胶(适用于高压)、金属堵漏锥堵漏 |
| | 裂口 | 使用外封式堵漏袋、防爆型电磁式堵漏工具组、粘贴式堵漏密封胶(适用于高压)堵漏 |
| 阀门 | | 使用阀门堵漏工具组、注入式堵漏胶、堵漏夹具堵漏 |
| 法兰 | | 使用专门法兰夹具、注入式堵漏胶堵漏 |

⑦ 洗消处理

a. 在危险区出口处设置洗消站，用大量清水对从危险区出来的人员进行冲洗。

b. 用水冲洗救援中使用的装备及被污染的衣物，消除其危害。

⑧ 清理移交

a. 用雾状水或惰性气体清扫现场内事故罐、管道处，确保不留残液。

b. 清点人员，收集、整理器材装备。

c. 做好移交，安全归建。

(2) 着火事故

① 第一时间了解灾情信息

a. 第一出动的火场指挥员，应在行车途中与指挥中心保持联系，不断了解火场情况，并及时听取上级指示，做好到场前的战斗准备。

b. 上级指挥员在向火场行驶的途中，应通过指挥中心及时与已经到达火场的辖区火场指挥员取得联系，或通过无线系统、图像数据传输系统、专家辅助决策系统了解火场信息。

c. 重点了解火场发展趋势；同时要了解指挥中心调动力量情况，掌握已经到场的力量以及赶赴现场的力量，综合分析各种渠道获得的火场信息，预测火灾发展趋势和着火建（构）筑物、压力容器储罐、化工装置等部位的变化情况，及时确定扑救措施。

② 安全防护

人员进入现场或警戒区，必须佩戴呼吸器及各种防护器具。进入重危区的救援人员必须实施二级以上防护，并采取雾状水掩护。现场安全防护标准可参照表4-23。

**表4-23　着火事故现场安全防护标准**

| 级别 | 形式 | 防化服 | 防护服 | 防护面具 |
|------|------|--------|--------|----------|
| 一级 | 全身 | 内置式重型防火服 | 全棉防静电内外衣 | 正压式空气呼吸器或全防型滤毒罐 |
| 二级 | 全身 | 隔热服 | 全棉防静电内外衣 | 正压式空气呼吸器或全防型滤毒罐 |
| 三级 | 呼吸 | 灭火防护服 | — | 简易滤毒罐、面罩或口罩、毛巾等防护器材 |

③ 现场侦检

a. 环境信息：风力、风向、周边环境、道路情况、电源、火源、现场及周边的消防水源位置、储量及给水方式。

b. 事故基础信息：事故地点、危害气体浓度、火灾严重程度、邻近建（构）筑物受火势威胁、事故单位已采取的处置措施、内部消防设施配备及运行。

c. 人员伤亡信息：事故区域遇险人数、位置、先期疏散抢救人员等情况。

d. 其他有关信息。

④ 火场警戒的实施

a. 在事故现场的上风方向停放警戒车，警戒人员做好个体防护后，按确定好的警戒范围实施警戒，在警戒区上风方向的适当位置建立各相关工作区域，主要有着装区、器材放置区、警戒区出入口等。

b. 迅速控制火场秩序。火场指挥员必须尽快控制火场秩序，管制交通，疏导车辆和围观人员，将他们疏散到警戒区域以外的安全地点。维持好现场秩序。

⑤ 应急处置

a. 外围预先部署。到达火灾现场，指挥员在采取措施、组织力量控制火灾蔓延、防止爆炸的同时，必须组织到场力量在外围作强攻近战的部署，包括消防车占领水源铺设水带线路、确定进攻路线、调集增援力量等。

b. 消灭外围火焰。人员救出后，第一出动力量应根据地面流淌火火势大小，用足够的枪炮控制外围火焰，待增援力量到场后，要从外围向火场中心推进，消灭乙烯罐体周围的所有火焰，若第一到场队伍冷却力量不足，要积极支援第一出动，加强冷却。

c. 冷却抑爆。冷却时，充分利用固定水喷淋系统对燃烧或受到火势威胁的储罐实施冷却，当固定与半固定设施损坏时，现场要加大冷却强度，以防止水流瞬间汽化。同时高喷、消防炮等远距离、大口径装备要合理运用，均匀射水。要重点冷却被火焰直接烧烤的罐壁表面和邻近罐壁。

d. 分离冷却法。这种方法要集中力量，四面包围，用雾状水冷却，不能急于灭火。要加以冷却降温，防止形成第二火场。

e. 关阀堵漏。生产装置或管道发生泄漏、阀门尚未损坏时，可协助技术人员或在技术人员的指导下，使用雾状水掩护，关闭阀门，制止泄漏；罐体、管道、阀门、法兰泄漏，采取相应堵漏方法(表4-24)实施堵漏,堵漏必须使用防爆工具。

**表4-24　堵漏方法**

| 部位 | 形式 | 方法 |
|---|---|---|
| 罐体 | 砂眼 | 使用螺丝加黏合剂旋进堵漏 |
| | 缝隙 | 使用外封式堵漏袋、防爆型电磁式堵漏工具组、粘贴式堵漏密封胶(适用于高压)、潮湿绷带冷凝法或堵漏夹具、金属堵漏锥堵漏 |
| | 孔洞 | 使用各种堵漏夹具、粘贴式堵漏密封胶(适用于高压)、金属堵漏锥堵漏 |
| | 裂口 | 使用外封式堵漏袋、防爆型电磁式堵漏工具组、粘贴式堵漏密封胶(适用于高压)堵漏 |
| 管道 | 砂眼 | 使用螺丝加黏合剂旋进堵漏 |
| | 缝隙 | 使用外封式堵漏袋、防爆型电磁式堵漏工具组、金属封堵套管、潮湿绷带冷凝法或堵漏夹具、金属堵漏锥堵漏 |
| | 孔洞 | 使用各种堵漏夹具、粘贴式堵漏密封胶(适用于高压)、金属堵漏锥堵漏 |
| | 裂口 | 使用外封式堵漏袋、防爆型电磁式堵漏工具组、粘贴式堵漏密封胶(适用于高压)堵漏 |
| 阀门 | | 使用阀门堵漏工具组、注入式堵漏胶、堵漏夹具堵漏 |
| 法兰 | | 使用专门法兰夹具、注入式堵漏胶堵漏 |

⑥ 洗消处理

a. 在危险区出口处设置洗消站,用大量清水对从危险区出来的人员进行冲洗。

b. 用水冲洗救援中使用的装备及被污染的衣物,消除其危害。

⑦ 清理移交

a. 用雾状水或惰性气体清扫现场内事故罐、管道处,确保不留残液。

b. 清点人员,收集、整理器材装备。

c. 做好移交,安全归建。

(3)爆炸事故

① 现场询情,制定处置方案

a. 应急救援人员到达现场后,要问清事故单位的有关工程技术人员和当事人,全面了解事故区域存在哪些爆炸物品及其数量。

b. 根据掌握的现场情况,应立即成立技术组,研究行动处置方案。技术组应由发生事故单位的技术人员、专家及应急管理部门和应急救援机构人员组成。

② 实施现场警戒与撤离

a. 事故发生后,首先应维护现场秩序,划定警戒保护范围,安排专人做好警戒,防止无关人员进入危险区,以免引起不必要的伤亡。

b. 清除着火源,关闭非防爆通信工具。

c. 警戒范围内只允许处置人员进入,无关人员不得滞留。

d. 为减少爆炸事故危害,应适度扩大警戒范围。但撤离范围不宜过大,应科学判断。

③ 转移

a. 对事故现场及附近火灾爆炸危险物品应及时转移,防止火灾蔓延或二次爆炸。

b. 转移前要充分了解有关物品的位置、外包装、能否转移和触动、周围环境和可能影响范围等情况,在时间允许的条件下,应制定转移方案,明确相关人员分工、器材准备、转移程序方法等。

**2. 运输事故处置程序及措施**

（1）现场询情

乙烯储存量、泄漏量、泄漏时间、部位、形式、扩散范围等；泄漏事故周边居民、地形、电源、火源等；应急措施、工艺措施、现场人员处理意见等。

（2）个体防护

参加救援人员应充分了解乙烯的化学性质和反应特征，要于高处和上风处进行处理，严禁单独行动，要有监护人。必要时要用雾状水掩护。要根据乙烯的性质和毒物接触形式，选择适当的防护用品，防止事故处理过程中发生伤亡、冻伤等事故。

（3）侦察检测

搜寻现场是否有遇险人员；使用检测仪器测定乙烯浓度及扩散范围；测定风向、风速及气象数据；确认在现场周围可能会引起火灾、爆炸的各种危险源；确定攻防路线、阵地；确定周边污染情况。

（4）疏散警戒

根据询情、侦检情况确定警戒区域；将警戒区域划分为重危区、中危区、轻危区和安全区并设置警戒标志，在安全区视情设立隔离带；合理设置出入口、严控进出人员、车辆、物资，并进行安全检查、逐一登记。

（5）禁绝火源和热源

为避免泄漏区发生爆炸等次生危害，应切断火源，停止一切非防爆的电气作业，包括手机、车辆和铁质金属器具。

（6）应急处置

① 输转倒罐。通过输转设备和管道采用烃泵倒罐、压力差倒罐、惰性气体置换将乙烯从事故储运装置倒入安全装置或容器内。

② 关阀堵漏。生产装置或管道发生泄漏、阀门尚未损坏时，可协助技术人员或在技术人员的指导下，使用雾状水掩护，关闭阀门，制止泄漏；罐体、管道、阀门、法兰泄漏，采取相应堵漏方法(表4-25)实施堵漏，堵漏必须使用防爆工具。

表 4-25　堵漏方法

| 部位 | 形式 | 方　　法 |
|---|---|---|
| 罐体 | 砂眼 | 使用螺丝加黏合剂旋进堵漏 |
| | 缝隙 | 使用外封式堵漏袋、防爆型电磁式堵漏工具组、粘贴式堵漏密封胶(适用于高压)、潮湿绷带冷凝法或堵漏夹具、金属堵漏锥堵漏 |
| | 孔洞 | 使用各种堵漏夹具、粘贴式堵漏密封胶(适用于高压)、金属堵漏锥堵漏 |
| | 裂口 | 使用外封式堵漏袋、防爆型电磁式堵漏工具组、粘贴式堵漏密封胶(适用于高压)堵漏 |
| 管道 | 砂眼 | 使用螺丝加黏合剂旋进堵漏 |
| | 缝隙 | 使用外封式堵漏袋、防爆型电磁式堵漏工具组、金属封堵套管、潮湿绷带冷凝法或堵漏夹具、金属堵漏锥堵漏 |
| | 孔洞 | 使用各种堵漏夹具、粘贴式堵漏密封胶(适用于高压)、金属堵漏锥堵漏 |
| | 裂口 | 使用外封式堵漏袋、防爆型电磁式堵漏工具组、粘贴式堵漏密封胶(适用于高压)堵漏 |
| 阀门 | | 使用阀门堵漏工具组、注入式堵漏胶、堵漏夹具堵漏 |
| 法兰 | | 使用专门法兰夹具、注入式堵漏胶堵漏 |

（7）洗消处理

在作战条件允许或战斗任务完成后，对遇险人员进行全面的洗消，开设洗消帐篷。同时对受染道路、地域及重要目标的洗消，对大面积的受染地面和不急需的装备、物资，采取洗消后进行无害处置。

（8）清理移交

用雾状水、惰性气体清扫现场内事故罐、管道处，确保不留残液；清点人员、车辆及器材；撤除警戒，做好移交，安全归建。

### 3. 急救措施

（1）人员吸入

迅速脱离现场至空气新鲜处，保持呼吸道通畅。如呼吸困难，给输氧；如呼吸、心跳停止，立即进行心肺复苏。就医。

（2）皮肤接触

如发生冻伤，用温水（38~42℃）复温，忌用热水或辐射热，不要揉搓。就医。

### （二）战斗编成

### 1. 基本战斗编组

基本战斗编组应由作战指挥组（3人）、攻坚行动组（3人）、供水保障组（5人）、紧急救援组（3人）、安全员（1人）等五部分组成。各应急救援队伍根据实际执勤人数合理编配作战编组。

### 2. 基本作战模块

基本作战模块包括由主战车、泡沫水罐车组成的主战模块；由举高车、水罐车组成的举高模块；由抢险车、其他车组成的抢险模块；由洗消车、水罐车组成的防化模块；由泵浦车、水带敷设车等远程供水系统组成的供水、供泡沫液模块；由排烟车、供气车、照明车组成的保障模块；由机器人、无人机组成的支援模块等。各应急救援队伍根据实际车辆情况编配。

### 3. 基本作战单元

发生事故时，有针对性地选择作战指挥组、攻坚行动组、供水保障组、紧急救援组、安全员的数量及基本作战模块，并有效组合，形成标准作战单元。如图4-11所示。

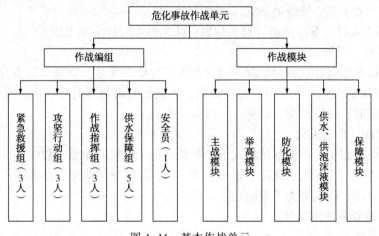

图4-11　基本作战单元

165

### （三）注意事项

**1. 储存事故处置注意事项**

（1）泄漏事故

① 正确选择停车位置和进攻路线。消防车要选择从上风方向的入口、通道进入现场，停靠在上风方向的适当位置。进入危险区的车辆必须加装防火罩。使用上风方向的水源，从上风、侧上风向选择进攻路线，并设立救援阵地。指挥部应设置在安全区。

② 行动中要严防引发爆炸。进入危险区作业人员一定要专业、精干，防护措施要到位，同时使用雾状水进行掩护。在雷电天气下，采取行动要谨慎。

③ 设立现场安全员，确定撤离信号，实施全程动态仪器检测。一旦现场气体浓度接近爆炸浓度极限，事态还未得到有效控制，险情加剧，危及救援人员安全时，要及时发出撤离信号。一线指挥员在紧急情况下可不经请示，果断下达紧急撤离命令。紧急撤离时不收器材，不开车辆，保证人员迅速、安全撤出危险区。

④ 合理组织供水，保证持续、充足的现场消防供水，对乙烯储罐和泄漏区域不间断冷却稀释。

⑤ 严禁作业人员在泄漏区域的下水道或地下空间的顶部、井口等处滞留。

⑥ 做好医疗急救保障。配合医疗急救力量做好现场救护准备，一旦出现伤亡事故，立即实施救护。

⑦ 调集一定数量的消防车在泄漏区域集结待命。一旦发生着火爆炸事故，立即出动，控制火势，消除险情。

（2）着火、爆炸事故

① 合理停车、确保安全

a. 车辆停放在爆炸物危害不到的安全地带，要靠近掩蔽物。

b. 选择上风或侧上风方向停车，车头朝向便于撤退的方向。

c. 车辆不能停放在地沟、下水井、覆工板上面和架空管线下面。

② 安全防护、充分到位

a. 必须做好个人安全防护，负责主攻的前沿人员要着防火隔热服。

b. 火场指挥员要注意观察风向、地形及火情，从上风或侧上风接近火场。

c. 救援阵地要选择在靠近掩蔽物的位置，救援阵地及车辆尽可能避开地沟、覆工板、下水井的上方和着火架空管线的下方。

d. 在储罐着火时，要尽量避开封头位置，防止爆炸时封头飞出伤人。

③ 发现险情、果断撤退

根据乙烯储罐燃烧和对相邻储罐的威胁程度，为确保安全，必须设置安全员(火场观察哨)。当发现储罐的火焰由红变白、光芒耀眼，燃烧处发出刺耳的啸叫声，罐体出现抖动等爆炸的危险征兆时，应发出撤退信号，一律徒手撤离。

④ 无法堵漏、严禁灭火

在不能有效地制止乙烯泄漏的情况下，严禁将正在燃烧的储罐、管线、槽车泄漏处的火势扑灭。如果扑灭，乙烯将从储罐、槽车、管线等泄漏处继续泄漏，泄漏的乙烯遇到点火源就会发生复燃复爆，造成更为严重的危害。

**2. 运输事故处置注意事项**

（1）泄漏事故

① 车辆、人员从上风方向驶入事发区域，视情做好熄火或加装防火罩准备，到场后，

166

第一时间推动实现交通管制和警戒疏散，视情划定警戒区域。

②进入重危区实施堵漏任务人员要做好个人安全防护，需穿重型防化服，佩戴空气呼吸器，尽量减少与乙烯和附近管线的不必要接触。

③处置过程中若发现罐体压力表示数急剧增大，说明罐体内胆破损严重，此时安全阀会开启，应慎重采取泄压处置。

④已燃泄漏乙烯，严禁用水直接射流，造成火焰熄灭，堵漏时需避开爆破片等各类保险装置。

⑤加强对罐体(管道)状况勘察和故障情况分析，充分发挥技术人员、专家的辅助决策作用，特别是当罐车与其他危险化学品运输车发生事故时，情况不明严禁盲目行动，且在处置过程中要加强通信，随时做好撤离准备。

（2）着火、爆炸事故

①除紧急工作如抢救人命、灭火堵漏外，不许无关人员进入危险区，对进入危险区工作的人员要加强个体防护。

②通知交通管理部门，依据警戒区域进行交通管制，无关车辆和人员禁止通行，切断电源，熄灭火种，停用加热设备，现场无线电通信设备必须防爆，否则不得使用。

③加强火场的通信联络，统一撤退信号。设立观察哨，严密监视火势情况和现场风向风力变化情况。

④指挥员随时注意火势变化。如储罐摇晃变形发出异常声响，储罐倾斜或安全阀放气声突然变得刺耳等危险状态，应组织人员迅速撤离现场，防止发生爆炸伤人。

⑤火势扑灭需要堵漏时必须使用防爆工具，设置水幕或蒸汽幕，驱散集聚、流动气体，稀释气体浓度，防止形成爆炸性混合物。

⑥火势被消灭后，要认真彻底检查现场，阀门是否关好，残火是否彻底消灭，是否稀释清理到位，并留下一定的消防车和人员进行现场看守，以防复燃。

# 第七节　液化石油气

## 一、液化石油气通用知识

液化石油气(以下统称为LPG)是从油气田、石油炼油厂或乙烯厂石油气生产中催化裂解或热裂解的副产物获得，主要用于有色金属冶炼、窑炉焙烧等化工基本原料及汽车燃料、居民生活燃气等新型燃料。

（一）理化性质(表4-26)

表4-26　LPG理化性质

| 成分 | 以丙烷、丁烷为主，通常伴有少量的丙烯、丁烯 |
| --- | --- |
| 外观与性状 | 无色气体或黄棕色油状液体有特殊臭味 |
| 闪点 | $-74℃$ |
| 引燃温度 | $426\sim537℃$ |
| 爆炸极限 | $5\%\sim33\%$(体积) |

| 成分 | 以丙烷、丁烷为主，通常伴有少量的丙烯、丁烯 |
|---|---|
| 溶解性 | 不溶于水 |
| 熔点 | −160~−107℃ |
| 沸程 | −12~4℃ |
| 密度 | 相对蒸气密度(空气=1)：1.5~2.0(比空气重) |
|  | 相对密度(水=1)：0.5(比水轻) |
| 燃烧热 | 45.22~50.23MJ/kg |

### (二) 危害信息

**1. 危险性类别**

LPG 属于危险化学品中的第 2 类第 2.1 项易燃气体，火灾种类为甲类。

**2. 着火与爆炸危险性**

极易燃，与空气混合形成爆炸性混合物，遇热源或明火有着火爆炸危险。比空气重，能在较低处扩散到相当远的地方，遇点火源会着火回燃。

**3. 健康危害**

主要侵犯中枢神经系统。急性轻度中毒主要表现为头晕、头痛、咳嗽、食欲减退、乏力、失眠等；重者失去知觉、小便失禁、呼吸变浅变慢。

### (三) 生产工艺

**1. 一次加工：常减压(图 4-12)**

直馏 LPG 主要来源于对原油进行一次加工的常减压装置，根据原油中不同成分沸点不同的特性，将原油切割成不同温度范围的油品，属于纯物理过程。而直馏 LPG 即为其中沸点最低的组分。

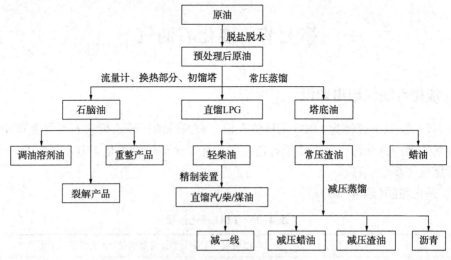

图 4-12　常减压工艺流程示意

**2. 重油二次加工：催化裂化(图 4-13)**

催化裂化装置是在热和催化剂的作用下使常减压装置收得的蜡油和渣油发生裂化反应，转化为裂化 LPG、汽油和柴油等产品。由于常减压装置产生的重油比例较高，因此催化裂化是目前最重要的原油二次加工工艺，其主要产品为催化汽油和催化柴油，裂化LPG产率为10%~15%，其中含有40%左右的丙烯。

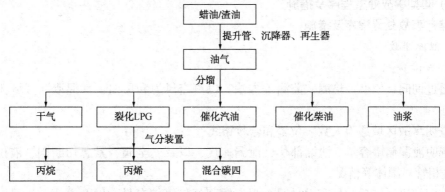

图4-13 催化裂化工艺流程示意

### 3. 重油二次加工：延迟焦化(图4-14)

延迟焦化装置是将常减压装置收得的偏低价值的偏重油品经过深度热裂化反应转化为高价值的成品油和焦化LPG，同时生成石油焦。延迟焦化装置是提高轻质油收率的主要加工装置，是仅次于催化裂化的原油二次加工工艺。其主要产品是焦化蜡油、焦化柴油和石油焦，焦化LPG产率低于裂化LPG。

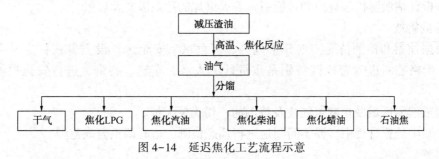

图4-14 延迟焦化工艺流程示意

## 二、液化石油气事故类型特点

### (一)泄漏事故

扩散迅速，危害范围大，易发生着火爆炸事故，处置难度大。

### (二)着火事故

由于LPG气体比空气重，从设备中泄漏出来后往往在比较低洼的地带停滞、积聚；LPG具有一定的扩散性，能沿着地面扩散到很远的地方，形成大面积的燃烧或爆炸；LPG燃烧发热量大，火焰温度很高。鉴于以上三种特性，LPG火灾具有火势猛、面积大、速度快的特点。

### (三)爆炸事故

着火与爆炸同时发生、破坏性大、火焰温度高，辐射热强、易形成二次爆炸、火灾初发面积大、毒害性大(注：二次爆炸分为三种情况，第一种是容器物理性爆炸后，逸散气体遇火源再次产生化学爆炸；第二种是第一次化学爆炸火灾后，气体泄漏未能得到有效控制，遇火源而导致再次爆炸；第三种是发生爆炸后，若处于爆炸中心区域的火源未得到及时控制，会使邻近的储罐受热，继而发生爆炸)。

### 三、液化石油气事故处置

#### （一）典型事故处置程序及措施

**1. 储存事故处置程序及措施**

（1）泄漏事故

① 侦察检测

a. 通过询问、侦察、检测、监测等方法，以测定风力和风向，掌握泄漏区域泄漏量和扩散方向。

b. 查明事故区域遇险人数、位置和营救路线。

c. 查明泄漏储罐容量、泄漏部位、泄漏速度，以及安全阀、紧急切断阀、液位计、液相管、气相管、罐体等情况。

d. 查明储罐区储罐数量和总储量、泄漏罐邻近储罐储存量，以及管线、沟渠、下水道走向布局。

e. 了解事故单位已采取的处置措施、内部消防设施配备及运行、先期疏散抢救人员等情况。

f. 查明拟警戒区内重点单位情况、人员数量、地理位置、电源、火源及道路交通情况，掌握现场及周边的消防水源位置、储量及给水方式。

g. 分析评估泄漏扩散范围和可能引发着火爆炸的危险因素及后果。

② 疏散警戒

a. 根据侦察和检测情况，划分重危区、轻危区、安全区，设立警戒标志。合理设置出入口，严格控制进入警戒区特别是重危区的人员、车辆、物资，进行安全检查，逐一登记。

b. 疏散泄漏区域及扩散可能波及范围的一切无关人员。

c. 在整个处置过程中，要不间断地进行动态检测，适时调整警戒范围。

③ 禁绝火源

联系相关部门切断事故区域内的强弱电源，熄灭火源，停止高热设备，落实防静电措施。进入警戒区人员严禁携带、使用移动电话和非防爆通信、照明设备，严禁穿化纤类服装和带金属物件的鞋，严禁携带、使用非防爆工具，禁止机动车辆（包括无防爆装置的救援车辆）和非机动车辆随意进入警戒区。

④ 安全防护

人员进入现场或警戒区，必须佩戴呼吸器及各种防护器具。进入重危区的救援人员必须实施二级以上防护，并采取雾状水掩护。现场安全防护标准可参照表4-27。

表4-27　泄漏事故现场安全防护标准

| 级别 | 形式 | 防化服 | 防护服 | 呼吸器 | 其他 |
|------|------|--------|--------|--------|------|
| 一级 | 全身 | 内置式重型防化服 | 全棉防静电内衣 | — | — |
| 二级 | 全身 | 全封闭式防化服 | 全棉防静电内衣 | 正压式空气呼吸器或正压式氧气呼吸器 | 防化手套、防化靴 |
| 三级 | 头部 | 简易防化服或半封闭式防化服 | 全棉防静电内衣 | 滤毒罐、面罩或口罩、毛巾等防护器具 | 抢险救援手套、抢险救援靴 |

⑤ 技术支持

应急救援部门会同事故单位、石油化工等部门的专家、技术人员判断事故状况，提供技术支持，制定应急救援方案，并参加配合应急救援行动。

⑥ 应急处置

a. 现场供水。制定供水方案，选定水源，选用可靠高效的供水车辆和装备，采取合理的供水方式和方法，保证消防用水量。

b. 稀释防爆。启用事故单位喷淋泵等固定、半固定消防设施；设置水幕，驱散集聚、流动的气体或液体，稀释气体浓度，防止气体向重要目标或危险源扩散并形成大量爆炸性混合气体；LPG 若呈液相沿地面流动，可采用中倍数泡沫覆盖，降低其蒸发速度，缩小气云范围。操作时要防止因泡沫强力冲击而导致液相石油气加速挥发；对于聚集在低洼地段或地沟的液相石油气，通过自然风吹散或打开地沟盖板通过自然风吹散。同时还可以通过防爆机械送风进行驱散；严禁使用直流水直接冲击罐体和泄漏部位，防止因强水流冲击造成静电积聚、放电引起爆炸。

c. 关阀堵漏。生产装置或管道发生泄漏、阀门尚未损坏时，可协助技术人员或在技术人员的指导下，使用雾状水掩护，关闭阀门，制止泄漏；罐体、管道、阀门、法兰泄漏，采取相应堵漏方法（表 4-28）实施堵漏；通过液相阀向罐内适量注水，抬高液位，形成罐内底部水垫层，缓解险情，配合堵漏；法兰盘、液相管道裂口泄漏，在寒冷季节和地区可采用冻结止漏，即用麻袋片等织物强行包裹法兰盘泄漏处，浇水使其冻冰，从而制止或减少泄漏。

表 4-28 堵漏方法

| 部位 | 形式 | 方　　法 |
|---|---|---|
| 罐体 | 砂眼 | 使用螺丝加黏合剂旋进堵漏 |
| | 缝隙 | 使用外封式堵漏袋、防爆型电磁式堵漏工具组、粘贴式堵漏密封胶（适用于高压）、潮湿绷带冷凝法或堵漏夹具、金属堵漏锥堵漏 |
| | 孔洞 | 使用各种堵漏夹具、粘贴式堵漏密封胶（适用于高压）、金属堵漏锥堵漏 |
| | 裂口 | 使用外封式堵漏袋、防爆型电磁式堵漏工具组、粘贴式堵漏密封胶（适用于高压）堵漏 |
| 管道 | 砂眼 | 使用螺丝加黏合剂旋进堵漏 |
| | 缝隙 | 使用外封式堵漏袋、防爆型电磁式堵漏工具组、金属封堵套管、潮湿绷带冷凝法或堵漏夹具、金属堵漏锥堵漏 |
| | 孔洞 | 使用各种堵漏夹具、粘贴式堵漏密封胶（适用于高压）、金属堵漏锥堵漏 |
| | 裂口 | 使用外封式堵漏袋、防爆型电磁式堵漏工具组、粘贴式堵漏密封胶（适用于高压）堵漏 |
| 阀门 | | 使用阀门堵漏工具组、注入式堵漏胶、堵漏夹具堵漏 |
| 法兰 | | 使用专门法兰夹具、注入式堵漏胶堵漏 |

d. 输转倒罐。烃泵倒罐：在确保现场安全的条件下，利用车载式或移动式烃泵直接倒罐。实施现场倒罐和异地倒罐时，必须有专业技术人员实施操作，应急救援人员给予保护。惰性气体置换：利用氮气等惰性气体，通过气相阀加压，将发生事故储罐内的 LPG 置换到其他容器或储罐。压力差倒罐：利用水平落差产生的自然压力差将事故储罐的 LPG 倒入其他容器、储罐或槽罐车，降低危险程度。实施倒罐作业时，管线、设备必须保持良好接地。

e. 主动点燃。实施主动点燃时，必须具备可靠的点燃条件。在经专家论证和工程技术人员的参与配合下，严格安全防范措施，谨慎果断实施。

点燃条件。一是在容器顶部受损泄漏，无法堵漏输转时；二是遇有不点燃会带来严重后果，引火点燃使之形成稳定燃烧，或泄漏量已经减小的情况下，可主动实施点燃措施。若现场气体扩散已到达一定范围，点燃很可能造成爆燃或爆炸，产生巨大冲击波，危及其他储罐、救援力量及周围群众安全，造成难以预料后果的，严禁采取点燃措施。

点燃准备。使用雾状水担任掩护和防护，确认危险区人员全部撤离，泄漏点周边经过检测，混合气浓度低于LPG爆炸下限的，可使用点火棒、信号弹、烟花爆竹、魔术弹等点火工具，并采用正确的点火方法。

点燃时机。主动点燃泄漏火炬，一是在罐顶开口泄漏，一时无法实施堵漏，而气体泄漏的范围和浓度有限，同时又有雾状水稀释掩护以及各种防护措施准备就绪的情况下，用点火棒或安全的点火工具点燃。二是罐顶爆裂已经形成稳定燃烧，罐体被冷却保护后罐内气压减少，火焰被风吹灭或被冷却水流打灭，但还有气体扩散出来，如不再次点燃，仍能造成危害，此时在继续冷却的同时，应予果断点燃。

⑦ 洗消处理

a. 在危险区出口处设置洗消站，用大量清水对从危险区出来的人员进行冲洗。

b. 用水冲洗救援中使用的装备及被污染的衣物，消除其危害。

⑧ 清理移交

a. 用雾状水或惰性气体清扫现场内事故罐、管道处，确保不留残液。

b. 清点人员，收集、整理器材装备。

c. 做好移交，安全归建。

（2）着火事故

① 第一时间了解灾情信息

a. 第一出动的火场指挥员，应在行车途中与指挥中心保持联系，不断了解火场情况，并及时听取上级指示，做好到场前的战斗准备。

b. 上级指挥员在向火场行驶的途中，应通过指挥中心及时与已经到达火场的辖区火场指挥员取得联系，或通过无线系统、图像数据传输系统、专家辅助决策系统了解火场信息。

c. 重点了解火场发展趋势，同时要了解指挥中心调动力量情况，掌握已经到场的力量以及赶赴现场的力量，综合分析各种渠道获得的火场信息，预测火灾发展趋势和着火建（构）筑物、压力容器储罐、化工装置等部位的变化情况，及时确定扑救措施。

② 安全防护

人员进入现场或警戒区，必须佩戴呼吸器及各种防护器具。进入重危区的救援人员必须实施二级以上防护，并采取雾状水掩护。现场安全防护标准可参照表4-29。

表4-29　着火事故现场安全防护标准

| 级别 | 形式 | 防化服 | 防护服 | 防护面具 |
|---|---|---|---|---|
| 一级 | 全身 | 内置式重型防火服 | 全棉防静电内外衣 | 正压式空气呼吸器或全防型滤毒罐 |
| 二级 | 全身 | 隔热服 | 全棉防静电内外衣 | 正压式空气呼吸器或全防型滤毒罐 |
| 三级 | 呼吸 | 灭火防护服 | — | 简易滤毒罐、面罩或口罩、毛巾等防护器材 |

③ 现场侦检

a. 环境信息：风力、风向、周边环境、道路情况、电源、火源、现场及周边的消防水源位置、储量及给水方式。

b. 事故基础信息：事故地点、危害气体浓度、火灾严重程度、邻近建（构）筑物受火势威胁、事故单位已采取的处置措施、内部消防设施配备及运行。

c. 人员伤亡信息：事故区域遇险人数、位置、先期疏散抢救人员等情况。

d. 其他有关信息。

④ 火场警戒的实施

a. 设置警戒工作区域。应急救援队伍到场后，由火场指挥员确定是否需要实施火场警戒。通常在事故现场的上风方向停放警戒车，警戒人员做好个体防护后，按确定好的警戒范围实施警戒，在警戒区上风方向的适当位置建立各相关工作区域，主要有着装区、器材放置区、洗消区、警戒区出入口等。

b. 迅速控制火场秩序。火场指挥员必须尽快控制火场秩序，管制交通，疏导车辆和围观人员，将他们疏散到警戒区域以外的安全地点。维持好现场秩序。

⑤ 应急处置

a. 外围预先部署。到达火灾现场，指挥员在采取措施、组织力量控制火灾蔓延、防止爆炸的同时，必须组织到场力量在外围作强攻近战的部署，包括消防车占领水源铺设水带线路、确定进攻路线、调集增援力量等。

b. 消灭外围火焰。人员救出后，第一出动力量应根据地面流淌火火势大小，用足够的枪炮控制外围火焰，待增援队伍到场后，要从外围向火场中心推进，消灭 LPG 罐体周围的所有火焰，若第一到场队伍冷却力量不足，要积极支援第一出动，加强冷却。

c. 冷却抑爆。冷却时，充分利用固定水喷淋系统对燃烧或受到火势威胁的储罐实施冷却，当固定与半固定设施损坏时，现场要加大冷却强度，以防止水流瞬间汽化。同时高喷、消防炮等远距离、大口径装备要合理运用，均匀射水。要重点冷却被火焰直接烧烤的罐壁表面和邻近罐壁，一般情况下，着火罐全部冷却，邻近罐冷却其面对着火罐一侧的表面积一半（具体根据实际情况来决定）。

d. 工艺处置。根据现场情况，及时掩护工艺人员对 LPG 进行关阀断料、输转倒罐等工艺处置，同时为防止火灾扑救中 LPG 外流，应用沙袋或其他材料筑堤拦截流淌的液体，或挖沟导流，将物料导向安全地点，必要时用毛毡、草帘堵住下水井、窨井口等处，防止火焰蔓延。

e. 密集水流交叉扑救。即并排或交叉射出密集水流，集中对准火焰根部下方未燃的 LPG 射水。同时由下向上逐渐移动射流，隔断火焰与空气的接触，使火熄灭。

f. 分离冷却法。这种方法主要是扑救 LPG 气瓶大量堆积的罐瓶厂（站）火灾时使用。要集中力量，四面包围，用雾状水冷却已着火或受火势威胁的气瓶，不能急于灭火。如地势开阔，可将未燃气瓶和已灭的气瓶关闭阀门，搬到安全地带，仍要加以冷却降温，防止形成第二火场。

g. 干粉抑制法。主要是利用干粉能夺取燃烧中的游离基，起到干扰和抑制燃烧的作用。干粉对扑救 LPG 火灾效果较为显著。

h. 堵漏关阀断气法。当确认阀门未被烧坏，可以逆火势方向，在雾状水的掩护下，接近关闭阀门，断绝气源。如火势过大，关阀人员难以接近阀门时，可穿灭火防护服并用雾状水掩护。

i. 注水升浮法。对于容器下部的泄漏，应利用已有或临时安装的输水管向罐内注水，利用水与 LPG 的密度差，将 LPG 浮到破裂口上，使水从破裂口流出，再进行堵塞工作。

j. 覆盖窒息法。只适用于压力小，火势不大的 LPG 火灾。将棉被浸湿后，在水幕的掩护下，将覆盖物盖在气罐的破漏处，将火熄灭，也可在灭火后用木楔子塞住出气口。

（3）爆炸事故

① 现场询情，制定处置方案

a. 应急救援人员到现场后，要问清事故单位的有关工程技术人员和当事人，全面了解事故区域还存在哪些爆炸物品及其数量。事故点存放的是单一品种，还是多种爆炸物品。

b. 根据掌握的现场情况，应立即成立技术组，研究行动处置方案。技术组应由发生事故单位的技术人员、专家及公安部门和应急救援机构人员组成。

② 实施现场警戒与撤离

a. 事故发生后，首先应维护现场秩序，划定警戒保护范围，安排专人做好警戒，防止无关人员进入危险区，以免引起不必要的伤亡。

b. 清除着火源，关闭非防爆通信工具。

c. 警戒范围内只允许极少数懂排爆技术的处置人员进入，无关人员不得滞留。

d. 为减少爆炸事故危害，应适度扩大警戒范围，撤离相关职工群众。但撤离范围不宜过大，应科学判断，否则会引起群众不满，甚至导致社会恐慌。

③ 转移

a. 对发生事故现场及附近未着火爆炸的物品在安全条件下应及时转移，防止火灾蔓延或爆炸物品的二次爆炸。

b. 转移前要充分了解有关物品的位置、外包装、能否转移和触动、周围环境和可能影响范围等情况，在时间允许的条件下，应制定转移方案，明确相关人员分工、器材准备、转移程序方法等。

（其余可参照着火事故处置程序及措施。）

**2. 运输事故处置程序及措施**

（1）现场询情

LPG 储存量、泄漏量、泄漏时间、部位、形式、扩散范围等；泄漏事故周边居民、地形、电源、火源等；应急措施、工艺措施、现场人员处理意见等。

（2）个体防护

参加泄漏处理人员应充分了解 LPG 的理化性质，要于高处和上风处进行处理，严禁单独行动，要有监护人。必要时要用雾状水掩护。要根据 LPG 的性质和毒物接触形式，选择适当的防护用品，防止事故处理过程中发生伤亡、中毒事故。

（3）侦察检测

搜寻现场是否有遇险人员；使用检测仪器测定 LPG 浓度及扩散范围；测定风向、风速及气象数据；确认在现场周围可能会引起火灾、爆炸的各种危险源；确定攻防路线、阵地；确定周边污染情况。

174

（4）疏散警戒

根据询情、侦检情况确定警戒区域；将警戒区域划分为重危区、中危区、轻危区和安全区并设置警戒标志，在安全区视情设立隔离带；合理设置出入口、严控进出人员、车辆、物资，并进行安全检查、逐一登记。

（5）应急处置

① 启用喷淋、泡沫、蒸汽等固定、半固定灭火设施；消防车供水或选定水源、铺设水带、设置阵地、有序展开；设置水幕或蒸汽幕，稀释、降解 LPG 浓度；采用雾状射流形成水幕墙、防止 LPG 向重要目标或危险源扩散。

② 堵漏、注水排险。根据现场泄漏情况，研究堵漏方案，并严格按照堵漏方案实施；根据泄漏情况，在采取其他措施的同时，可通过向罐内注水，抬高液位。

③ 输转倒罐。通过输转设备和管道采用烃泵倒罐、压力差倒罐、惰性气体置换将 LPG 从事故储运装置倒入安全装置或容器内。

（6）洗消处理

在作战条件允许或战斗任务完成后，对遇险人员进行全面的洗消，开设洗消帐篷。同时对受污染道路、地域及重要目标洗消，对大面积的受染地面和不急需的装备、物资，采取风吹、日晒等自然方法洗消。

（7）清理移交

用喷雾水、蒸汽、惰性气体清扫现场内事故罐、管道、低洼、沟渠等处，确保不留残气（液）；清点人员、车辆及器材；撤除警戒，做好移交，安全归建。

**3. 急救措施**

（1）人员吸入

迅速脱离现场至空气新鲜处，保持呼吸道通畅。如呼吸困难，给输氧；如呼吸、心跳停止，立即进行心肺复苏。就医。

（2）皮肤接触

如发生冻伤，用温水（38~42℃）复温，忌用热水或辐射热，不要揉搓。就医。

**（二）战斗编成**

**1. 基本战斗编组**

基本战斗编组应由作战指挥组（3人）、攻坚行动组（3人）、供水保障组（3人）、紧急救援组（3人）、安全员（1人）等五部分组成。各应急救援队伍根据实际执勤人数合理编配作战编组。

**2. 基本作战模块**

基本作战模块包括由主战车、泡沫水罐车组成的主战模块；由举高车、水罐车组成的举高模块；由抢险车、其他车组成的抢险模块；由洗消车、水罐车组成的防化模块；由泵浦车、水带敷设车等远程供水系统组成的供水、供泡沫液模块；由排烟车、供气车、照明车组成的保障模块；由机器人、无人机组成的支援模块等。各应急救援队伍根据实际车辆情况编配。

**3. 基本作战单元**

发生事故时，有针对性地选择作战指挥组、攻坚行动组、供水保障组、紧急救援组、安全员的数量及基本作战模块，并有效组合，形成标准作战单元。如图4-15所示。

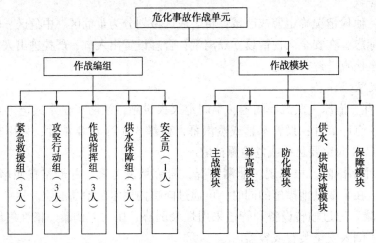

图4-15　基本作战单元

### （三）注意事项

**1. 储存事故处置注意事项**

（1）泄漏事故

① 正确选择停车位置和进攻路线。消防车要选择从上风方向的入口、通道进入现场，停靠在上风方向的适当位置。进入危险区的车辆必须加装防火罩。使用上风方向的水源，从上风、侧上风向选择进攻路线，并设立救援阵地。指挥部应设置在安全区。

② 行动中要严防引发爆炸。进入危险区作业人员一定要专业、精干，防护措施要到位，同时使用雾状水进行掩护。在雷电天气下，采取行动要谨慎。

③ 设立现场安全员，确定撤离信号，实施全程动态仪器检测。一旦现场气体浓度接近爆炸浓度极限，事态还未得到有效控制，险情加剧，危及应急救援人员安全时，要及时发出撤离信号。一线指挥员在紧急情况下可不经请示，果断下达紧急撤离命令。紧急撤离时不收器材，不开车辆，保证人员迅速、安全撤出危险区。

④ 合理组织供水，保证持续、充足的现场消防供水，对LPG储罐和泄漏区域不间断冷却稀释。

⑤ 严禁作业人员在泄漏区域的下水带或地下空间的顶部、窨井口等处滞留。

⑥ 做好医疗急救保障。配合医疗急救力量做好现场救护准备，一旦出现伤亡事故，立即实施救护。

⑦ 调集一定数量的消防车在泄漏区域集结待命。一旦发生着火爆炸事故，立即出动，控制火势，消除险情。

（2）着火、爆炸事故

① 合理停车、确保安全

a. 车辆停放在爆炸物危害不到的安全地带，要靠近掩蔽物。

b. 选择上风或侧上风方向停车，车头朝向便于撤退的方向。

c. 车辆不能停放在地沟、下水井、覆工板上面和架空管线下面。

② 安全防护、充分到位

a. 必须做好个人安全防护，负责主攻的前沿人员要着防火隔热服。

b. 火场指挥员要注意观察风向、地形及火情，从上风或侧上风接近火场。

c. 救援阵地要选择在靠近掩蔽物的位置，救援阵地及车辆尽可能避开地沟、覆工板、下水井的上方和着火架空管线的下方。

d. 在储罐着火时，要尽量避开封头位置，防止爆炸时封头飞出伤人。

③ 发现险情、果断撤退

根据 LPG 储罐燃烧和对相邻储罐的威胁程度，为确保安全，必须设置安全员（火场观察哨）。当发现储罐的火焰由红变白、光芒耀眼，燃烧处发出刺耳的啸叫声，罐体出现抖动等爆炸的危险征兆时，应发出撤退信号，一律徒手撤离。

④ 无法堵漏、严禁灭火

在不能有效地制止 LPG 泄漏的情况下，严禁将正在燃烧的储罐、管线、槽车泄漏处的火势扑灭。如果扑灭，LPG 将从储罐、槽车、管线等泄漏处继续泄漏，泄漏的 LPG 遇到点火源就会发生复燃复爆，造成更为严重的危害。

**2. 运输事故处置注意事项**

（1）泄漏事故

① 车辆、人员从上风方向驶入事发区域，视情做好熄火或加装防火罩准备，到场后，第一时间推动实现交通管制和警戒疏散，视情划定警戒区域。

② 进入重危区实施堵漏任务人员要做好个人安全防护，可穿简易防化或灭火防护服，佩戴空气呼吸器，尽量减少与液相石油气和附近管线的不必要接触。

③ 处置过程中若发现罐体压力表示数急剧增大，说明罐体内胆破损严重，此时安全阀会开启，应慎重采取泄压处置。

④ 已燃泄漏 LPG，严禁用水直接射流，造成火焰和辐射范围人为扩大，堵漏时需避开爆破片等各类保险装置。

⑤ 加强对罐体（管道）状况勘察和故障情况分析，充分发挥技术人员、专家的辅助决策作用，特别是当罐车与其他危险化学品运输车发生事故时，情况不明严禁盲目行动，且在处置过程中要加强通信，随时做好撤离准备。

（2）着火、爆炸事故

① 除紧急工作如抢救人命、灭火堵漏外，不许无关人员进入危险区，对进入危险区工作的人员要加强防护，穿隔热服和戴防毒装具。

② 通知交通管理部门，依据警戒区域进行交通管制，无关车辆和人员禁止通行，切断电源，熄灭火种，停用加热设备，现场无线电通信设备必须防爆，否则不得使用。

③ 加强火场的通信联络，统一撤退信号。设立观察哨，严密监视火势情况和现场风向风力变化情况。

④ LPG 若呈液相沿地面流动。可采用泡沫覆盖，降低其蒸发速度，缩小范围。禁止用直流水直接冲击罐体和泄漏部位，防止因强水流冲击而造成静电积聚、放电引起爆炸。

⑤ 当用水流扑灭火焰时，应首先找到泄漏口，清理现场和其他覆盖物后，将泄漏口暴露出来，便于施救。

⑥ 指挥员随时注意火势变化。如储罐摇晃变形发出异常声响，储罐倾斜或安全阀放气声突然变得刺耳等危险状态，应组织人员迅速撤离现场，防止发生爆炸伤人。

⑦ 火势扑灭需要堵漏时必须使用防爆工具，设置水幕或蒸汽幕，驱散集聚、流动气体，

稀释气体浓度，防止形成爆炸性混合物。

⑧ 冷却监护控制燃烧时，若罐内 LPG 减少到一定程度，燃烧速度会明显减慢。此时为了防止回火，可以扑灭火焰，并通过裂口或阀门向罐内注水，加快 LPG 泄放速度。

⑨ 火势被消灭后，要认真彻底检查现场，阀门是否关好，残火是否彻底消灭，是否稀释清理到位，并留下一定的消防车和人员进行现场看守，以防复燃。

# 战例一 "8·12"硝化棉爆炸事故处置

2015年8月12日22时51分46秒，位于某市的某公司危险品仓库运抵区最先起火，23时34分06秒发生第一次爆炸，23时34分37秒发生第二次更剧烈的爆炸。事故现场形成6处大火点及数十个小火点，8月14日16时40分，现场明火被扑灭。事故造成165人遇难，8人失踪，798人受伤住院治疗，304幢建筑物、12428辆商品汽车、7533个集装箱受损。

## 1. 基本情况

（1）现场概况

该公司危险品仓库内共储存危险物资7大类、111种，共计11383.79t，包括硝酸铵800t，氰化钠680.5t，硝化棉、硝化棉溶液及硝基漆片229.37t。其中，运抵区内共储存危险物资72种、4840.42t，包括硝酸铵800t，氰化钠360t，硝化棉、硝化棉溶液及硝基漆片48.17t。

（2）事故仓库概况

事故现场按受损程度分为事故中心区、爆炸冲击波波及区，事故中心区面积约为$54×10^4m^2$。两次爆炸分别形成一个直径15m、深1.1m的月牙形小爆坑和一个直径97m、深2.7m的圆形大爆坑。以大爆坑为爆炸中心，150m范围内的建筑被摧毁。

## 2. 救援经过

（1）力量调集

8月12日22时52分，市公安局110指挥中心接到该公司火灾报警，立即转警给地区公安局消防支队。与此同时，市公安消防总队119指挥中心也接到群众报警。接警后，地区公安局消防支队立即调派与该公司仅一路之隔的消防四大队紧急赶赴现场，市公安消防总队也快速调派开发区公安消防支队三大街中队赶赴增援。

（2）现场侦察

22时56分，地区公安局消防四大队首先到场，指挥员侦察发现该公司运抵区南侧一垛集装箱火势猛烈，且通道被集装箱堵塞，消防车无法靠近灭火。

（3）指挥部运用战术、技术措施

市委、市政府迅速成立事故救援处置总指挥部，由市委代理书记、市长任总指挥，确定"确保安全、先易后难、分区推进、科学处置、注重实效"的原则，把全力搜救人员作为首要任务，以灭火、防爆、防化、防疫、防污染为重点，统筹组织解放军、武警、公安以及安监、卫生、环保、气象等有关部门力量，主动稳妥推进救援处置工作。

（4）处置经过

① 爆炸前灭火救援处置情况。

22时56分，指挥员向该公司现场工作人员询问具体起火物质，但现场工作人员均不知情。随后，组织现场吊车清理被集装箱占用的消防通道，以便消防车靠近灭火，但未果。在这种情况下，为阻止火势蔓延，消防员利用水枪、车载炮冷却保护毗邻集装箱堆垛。后因现场火势猛烈、辐射热太高，指挥员命令所有消防车和人员立即撤出运抵区，在外围利用车载炮射水控制火势蔓延，根据现场情况，指挥员又向地区公安局消防支队请求增援，地区公安局消防支队立即调派五大队、一大队赶赴现场。

与此同时，市公安消防总队119指挥中心根据报警量激增的情况，立即增派开发区公安消防支队全勤指挥部及其所属特勤队、八大街中队，保税区公安消防支队天保大道中队，新区公安消防支队响螺湾中队、新北路中队前往增援。其间，连续3次向地区公安局消防支队119指挥中心询问灾情，并告知力量增援情况。至此，地区公安局消防支队和市公安消防总队共向现场调派了3个大队、6个中队、36辆消防车、200人参与灭火救援。

23时08分，市开发区公安消防支队八大街中队到场，指挥员立即开展火情侦察，并组织在该公司东门外侧建立供水线路，利用车载炮对集装箱进行泡沫覆盖保护。23时13分许，市开发区公安消防支队特勤中队、三大街中队等增援力量陆续到场，分别在跃进路、吉运二道建立供水线路，在运抵区外围利用车载炮对集装箱堆垛进行射水冷却和泡沫覆盖保护。同时，组织疏散该公司和相邻企业在场工作人员以及附近群众100余人。

② 爆炸后现场救援处置情况。

这次事故涉及危险化学品种类多、数量大，现场散落大量氰化钠和多种易燃易爆危险化学品，不确定危险因素众多，加之现场道路全部阻断，有毒有害气体造成巨大威胁，救援处置工作面临巨大挑战。

本次事故处置共动员现场救援处置的人员达1.6万多人，动用装备、车辆2000多台，其中解放军2207人，339台装备；武警部队2368人，181台装备；公安消防部队1728人，195部消防车；公安其他警种2307人；安全监管部门危险化学品处置专业人员243人。该市和其他省区市防爆、防化、防疫、灭火、医疗、环保等方面专家938人，以及其他方面的救援力量和装备。公安部先后调集河北、北京、辽宁、山东、山西、江苏、湖北、上海8省市公安消防部队的化工抢险、核生化侦检等专业人员和特种设备参与救援处置。公安消防部队会同解放军(北京军区卫戍区防化团、解放军舟桥部队、预备役力量)、武警部队等组成多个搜救小组，反复侦检、深入搜救，针对现场存放的各类危险化学品的不同理化性质，利用泡沫、干沙、干粉进行分类防控灭火。

事故现场指挥部组织各方面力量，有力有序、科学有效推进现场清理工作。按照排查、检测、洗消、清运、登记、回炉等程序，科学慎重清理危险化学品，逐箱甄别确定危险化学品种类和数量，做到一品一策、安全处置，并对进出中心现场的人员、车辆进行全面洗消；对事故中心区的污水，第一时间采取"前堵后封、中间处理"的措施，在事故中心区周围构筑1m高围埝，封堵4处排海口、3处地表水沟渠和12处雨污排水管道，把污水封闭在事故中心区内。同时，对事故中心区及周边大气、水、土壤、海洋环境实行24h不间断监测，采取针对性防范处置措施，防止环境污染扩大。9月13日，现场处置清理任务全部完成，累计搜救出有生命迹象人员17人，搜寻出遇难者遗体157具，清运危险化学品1176t、汽车7641辆、集装箱13834个、货物14000t。

③ 医疗救治和善后处理情况。

国家卫计委和该市政府组织医疗专家，抽调9000多名医务人员，全力做好伤员救治工作，努力提高抢救成功率，降低死亡率和致残率。

**3. 战例评析**

(1) 成功经验

① 爆炸发生前，初期响应和人员出动迅速，指挥员、战斗员及时采取措施冷却控制火势、疏散在场群众，减少了人员伤亡。

② 爆炸发生后，面对复杂的危险化学品事故现场，快速反应、果断决策，全力做好人员搜救、伤员救治、隐患排查、环境监测、现场清理等工作。

（2）存在不足

救援力量对事故企业存储的危险化学品底数不清、情况不明，致使先期处置的一些措施针对性、有效性不强。

# 战例二 "6·10" 30t 苯酚槽车泄漏事故处置

6月10日凌晨4时45分，一辆载有30t苯酚的槽车由某市开往某县时，在途经某国道1979km 500m路段时侧翻泄漏，苯酚罐体严重变形，大量苯酚液体剧烈泄漏，经消防等部门13h连续奋战，险情于当晚7点被排除。

**1. 基本情况**

（1）现场概况

事故发生地点位于国道，靠近某溪，下游为某市和某区的饮用水水源地，情况危急。

（2）事故车辆概况

翻车后车体与罐体分离，苯酚罐体严重变形，大量苯酚液体剧烈泄漏，驾驶员生死不明。

**2. 救援经过**

（1）力量调集

10日凌晨4时45分，县消防大队值班室接到报警，消防大队官兵迅速携带空气呼吸器、防化服等抢险救援装备，出动2辆消防车、10名官兵。出警途中，消防指挥员通过随车笔记本电脑查询了苯酚的理化性质、毒性及处置预案，并向全体参战人员提出了注意事项。

（2）应急救援队伍到达现场时灾情

5时37分，消防人员到达事故现场后，一股浓烈的恶臭刺鼻气体扑面而来，消防大队现场成立侦察小组，佩戴空气呼吸器，着防化服对苯酚罐体进行侦察。同时，指定两名消防员协同交警部门组成了现场警戒小组，划定了以罐体为中心，直径500m的警戒区域，并迅速对交通进行管制，指定四名消防员组成现场疏散小组，对围观群众和无关人员进行及时疏散。5时50分，现场所有围观人员和无任何防护装备人员全部被疏散转移。

（3）处置经过

结合实际，消防人员抢险战斗紧张有序地展开，消防救援人员迅速佩戴空气呼吸器和着防化服，利用泥土筑堤对泄漏的液体进行堵截，严防液体向外继续扩张。为确保万无一失，迅速在离河流2m处挖掘一处长50m、深1m的隔离沟，并在沟内铺上薄膜。立即实施现场交通管制，严防无关人员和无任何防护措施的工作人员进入警戒区域。迅速将罐体上空电线断电，并严禁现场人员使用火源，操作人员在接近罐体时消除静电。严禁利用水源进行稀释，防止增加液量，导致苯酚流入溪中。

6时10分，消防人员筑成一道长10m，深约40cm的防护堤。但由于泄漏面积太大，2分钟后，苯酚液体渗透防护堤继续向外下坡扩散，指挥部下令迅速筑起第二道防护堤。6时30分，第二道长6m，深约60cm的防护堤筑成，苯酚液体无视防护堤的存在，继续向外扩散，指挥部再次下令，立即筑起第三道防护堤，6时50分，第三道长5m，深50cm的防护堤筑成，并在防护堤表面加固了薄膜，在薄膜外面加固了木板，当三道防护堤筑成时，消防员同现场其他救援人员把一条长50m、深约1m的第四道隔离沟也修筑成功。

7时10分，县委书记带领公安、交警等领导达事故现场，两辆吨位为12t和25t的大吊车也先后赶到现场。2辆吊车和约20个废旧轮胎到场后，现场指挥部决定，立即对苯酚罐体进行扶正。为防止罐体与地面接触产生火花，引发爆炸，现场指挥部调来了20多个废旧轮胎，同时预备两支水枪在罐体两侧进行掩护，防止发生意外。

9时05分，罐体被成功扶正后，立即对苯酚罐体实施堵漏，经过侦察发现，由于罐体翻转时的巨大冲击力，造成罐顶阀被开启，大量液体流出。同时，10多个小孔不断向外泄漏苯酚，消防救援人员立即对阀门进行关阀，并利用现场薄膜和木屑对泄漏孔进行堵漏。30min后，罐体泄漏点被成功封堵。10时13分，车体被扶正。11时45分，分离的罐体被装载在车体上。

当泄漏得到有效的控制后，肇事厂方工作人员也赶到现场，并立即参与处置工作。现场指挥部立即组织力量，配合厂方对残余苯酚液体进行处理。首先，利用15个事先预备好的100kg铁桶对残留的大量液体进行转移，然后利用事故现场旁的木屑和方料作为燃料，浇上煤油，对苯酚残液进行焚烧。同时，为了防止火势蔓延，在进行焚烧的过程中，大队出两支水枪进行防护。

16时40分，省环保局专家到达现场，并立即对事故现场进行初步检测。18时49分，整个事故得到有效处置，整个救援过程历时13h。指挥部要求交警部门与当地乡政府和派出所工作人员对现场进行24h警戒。6月11日下午，经过专家现场检测，事故未对水源造成污染，现场总指挥宣布救援结束。

**3. 战例评析**

（1）成功经验

① 反应迅速，战术得当。接警时，值班员根据报警情况，及时调派相关处置车辆，为成功处置泄漏事故奠定了基础。指挥员战术运用合理，各战斗小组分工明确。指挥员针对现场情况和泄漏介质特点，采取科学的"防、测、断、堵、消"的抢险方案成功将险情控制，完成应急处置。

② 安全意识，贯穿其中。在接警中得知有有毒危险化学品泄漏后，参战人员把安全防护贯穿于灾害事故处置的始终，作业人员着防静电内衣、棉质灭火防护服，佩戴空气呼吸器，戴防护手套等，达到三级防护等级，现场实时进行空气监测。

（2）存在不足

非专业救援的人员个体防护不到位，苯酚味道刺鼻，能穿透三层口罩，造成喉咙极度不适、皮肤腐烂。

# 战例三 "8·1"氢氧化钠槽罐车泄漏事故处置

2015年8月1日7时02分，位于某市临江工业园区红十五线，一辆拉沙半挂车与载有30t氢氧化钠的槽罐车发生追尾，因行驶过程中速度过快，槽罐顶部受到撞击，大量氢氧化钠发生泄漏。经过4个小时的紧张处置，成功对泄漏槽罐进行倒罐处理。

**1. 基本情况**

（1）现场概况

事发路段位于车辆高发路段，造成堵塞，多辆车泡在液碱中，现场非常混乱。

（2）事故车辆概况

槽罐顶部受到撞击，大量氢氧化钠发生泄漏。

**2. 救援经过**

（1）力量调集

指挥中心接到报警后，立即出动特勤一中队施密茨专勤、抢险救援车、奔驰洗消车共15名指战员赶赴现场处置，并在出动途中通知该公司厂家技术人员赶赴现场配合处置。

（2）应急救援队伍到达现场时灾情

8时21分，中队参战力量到场，中队指挥员立即向该公司技术人员和槽罐车驾驶员了解情况，因槽罐尾部破损较大，无法进行堵漏，泄漏液体如不及时解决，容易在空气中挥发，对人体呼吸道造成强烈灼烧，存在非常大的危险。

（3）处置经过

救援人员根据现场状况，立即将指战员分为两组，警戒组负责警戒事发路段并进行人群疏散，救援组负责出水稀释泄漏物。同时，指挥员立即下令，利用施密茨专勤吊臂将传输泵吊至槽罐车背部和现场技术人员配合对泄漏槽罐车进行倒罐处理，并命令现场参战官兵做好个人安全防护，防止氢氧化钠溅到皮肤上造成腐蚀伤害。经过4h的紧张处置，成功对泄漏槽罐进行倒罐处理。

**3. 战例评析**

（1）成功经验

① 合理调集战斗力量。指挥中心做到了处乱不惊，接警后，第一时间调集足够警力和有效装备赶赴现场展开战斗，出动途中同时调集了厂家技术人员赶赴现场配合处置，为危险化学品泄漏处置提供了先决条件。

② 科学制订作战计划。初战到场的指挥员沉着冷静，头脑清晰，立即与技术人员对接了解车辆情况，下达一系列命令，条理清晰，防止泄漏扩散和设置警戒疏散人群，因现场不能实施堵漏，指挥员立即进行倒罐处理，防止了事故继续扩展。

③ 保证救援人员自身的安全。在与现场技术人员配合过程中，全程命令参战人员做好个人安全防护，防止氢氧化钠溅到皮肤上造成腐蚀伤害。

（2）救援启示

在处置氢氧化钠危险化学品时，要立即调派专业工程师和备用槽车、救护车、抢险设备、工程车辆和中和药剂等赶赴现场同时进行抢险救援。

① 控制危险源。及时控制造成事故的危险源是应急救援工作的首要任务，只有及时控制住危险源，防止事故的继续扩展，才能及时、有效地进行抢险。特别对发生在城市或人口稠密地区的危险化学品事故，应尽快组织工程抢险队与事故单位技术人员一起及时堵漏，控制事故继续扩展。

② 抢救受害人员。"救人第一"是危险化学品事故现场抢险工作的指导思想，也是危险化学品事故现场工作的首要任务。在抢险救援行动中，及时、有序、有效地实施现场急救与安全转送伤员是降低伤亡率、减少事故损失的关键。

③ 指导防护，组织撤离。由于危险化学品事故发生突然、扩散迅速、涉及范围广、危害大，应及时指导和组织群众采取各种措施进行自身防护，并向上风方向迅速撤离出危险区或可能受到危害的区域。在撤离过程中应积极组织群众开展自救和互救工作。

④ 现场洗消，消除危害后果。对事故中外溢的有毒有害物质和可能对人和环境继续造

成危害的物质，应及时组织人员进行洗消，消除危害后果，防止对人的继续危害和对环境的污染。

# 战例四 "8·14"电石燃爆事故处置

2018年8月14日6时30分左右，一辆满载电石的货车，因下雨运输车密封舱进水致局部爆燃，造成附近行进中的3辆小车受损，车内3人受轻微伤，周围店铺不同程度受损，近260户周边住户、商户被疏散。

**1. 基本情况**

（1）现场概况

事故发生地点位于某村庄十字路口处，附近有大量住户和商户，周围建筑的玻璃全部被震碎。

（2）事故车辆概况

该货车因电石分解释放乙炔气体，热量不能及时散发，导致局部发生燃爆。

**2. 救援经过**

（1）力量调集

事故发生后，市政府立即启动了化学灾害事故应急预案，消防、安监、环保、公安交警等联动单位立即到场共同处置，并成立了现场指挥部。支队全勤化指挥组及三个消防中队陆续赶到现场。

（2）应急救援队伍到达现场时灾情

消防人员利用仪器对周围空气进行检测，发现一氧化碳浓度超标，可能是由于电石遇水引起的闪爆。为安全起见，消防人员对现场周围拉起警戒线，同时对现场周围沿街家属楼上的居民进行疏散。

（3）处置经过

在事故救援中，救援人员对事故现场的情况进行了侦检，发现燃烧货车的油箱（有油约0.1t）已受到火势威胁，另外，距离燃烧货车约10m的地方有一废弃油罐，罐内储有柴油约3.5t。根据侦检情况，指挥部划定了警戒区，迅速组织对附近的群众进行紧急疏散，严禁无关人员进入事故现场，并对火源、交通进行管制，消防员佩戴空气呼吸器，做好个人防护，防止磷化氢、砷化氢中毒。

事故处置中，消防员利用铁皮瓦遮盖电石，防止雨水与电石接触；用湿毛毯盖住油罐，防止油罐受热爆炸；对威胁货车油箱的大火选用干粉、干沙进行灭火；同时，调来铲车将以发生火灾的电石移开，并控制其燃烧，而对未发生火灾的电石进行防水遮盖，用干燥集装箱转移。经过艰苦的努力，最终成功地完成了灭火救援任务。

**3. 战例评析**

（1）成功经验

在事故救援处置中，消防队伍主要承担并完成了现场侦检、现场警戒、人员疏散、灭火、防爆、收集转移电石等任务。

此次事故，采用的处置措施有以下几种：

① 隔离法灭火。用铁瓦遮盖雨水，不让雨水与电石接触，防止乙炔产生；用铲车把燃烧的电石移开至空旷处，控制其燃烧；用铲车把电石转移到干燥的集装箱中，运走隔离。

② 窒息法灭火。用干沙覆盖，用二氧化碳窒息灭火。

③ 冷却法防燃爆。用湿毛毡盖住临近油罐，防止油罐燃烧或爆炸。

（2）救援启示

① 安全保障。禁止使用水质灭火剂灭火，只能用干沙、干粉等灭电石火；应采用铁瓦或石棉瓦遮盖雨水，防止水与电石接触；要防止乙炔爆炸性混合物产生爆炸；要防止油箱油罐爆炸；要做好个人防护，防止人员中毒；要严格现场警戒，防止来往车辆发生伤人事故。

② 物资保障。应迅速调集毛毡、铁瓦、干沙、干粉灭火剂、铲子、铲车、集装箱、铁质容器、空气呼吸器，照明车等物资设备，以保证救援工作的顺利展开。

# 战例五 "3·24"浓硫酸槽罐车泄漏事故处置

2009 年 3 月 24 日 14 时，某县交界处发生一起三车追尾事故，一辆运载浓硫酸的槽车尾部受到追尾车辆的强烈撞击，事故造成槽车后尾部闸阀严重受损发生泄漏，这次车祸共造成道路交通中断 8 个多小时。事故发生后，该县立刻启动危险化学品事故应急预案，县委、县政府领导率县级各部门领导人负责人第一时间赶赴现场，成立现场指挥部，联合开展救援。

**1. 基本情况**

（1）现场概况

泄漏地点发生在某县交界处，附近有一个村庄。

（2）事故车辆概况

发生泄漏的硫酸车是从某化肥厂前往某公司，该车核载 36t，实载 34t。

（3）可调用应急救援力量情况

可调用的应急救援力量有：辖区消防中队及增援中队的防化洗消车、应急救援车，共计 2 车 15 人。

**2. 救援经过**

（1）力量调集

119 指挥中心调集辖区中队赶往现场处置，但由于槽车运载浓硫酸较多，泄漏量大，辖区中队现有器材装备无法满足救援需求，并向 119 指挥中心报警请求增援，接到报警后，119 指挥中心迅速调集增援中队防化洗消车、应急救援车 2 车 15 人赶往现场处置。

（2）应急救援队伍到达现场时灾情

由于货车车速过快，导致其撞上了槽罐车尾部，事故造成运载浓硫酸槽车尾部破裂，大量浓硫酸正通过碰撞产生的裂口向外泄漏，由于槽罐车罐体内装浓硫酸较多，槽罐内压强较大，尾部破裂泄漏的位置正好被肇事车辆车头抵住，无法直接观察到泄漏点位置，如果槽罐被撞裂缝较大，贸然将肇事车辆移开，槽罐内浓硫酸将四处飞溅，后果不堪设想。

（3）指挥部运用战术、技术措施

根据现场情况，指挥部立即成立处置方案：一是在事故地点设置警戒线，封闭事故现场，实行交通管制；二是采取工艺处置措施，同时协同某公司，在槽车泄漏边挖坑导流，防止泄漏硫酸引起周边环境污染，并调运纯碱、石灰、矿粉，对汇入导流坑内的硫酸进行处理；三是调运卸车，请求专业人员对事故车辆内运载的硫酸进行卸载；四是由消防中队对泄漏点进行堵漏处理；五是及时通知事故点附近村庄暂停饮用水供应，并调度饮用水供应；六是对事故周边水源地进行 24 小时检测。

（4）处置经过

处置方案确定后，指挥部迅速协调调来挖掘机在路边挖掘了一个约 $40m^3$ 的坑道对大量泄漏浓硫酸进行了导流，同时将调运来的纯碱、石灰、矿粉对汇入导流坑内的硫酸进行中和处理。

16 时 20 分，指挥部调运卸车，利用抽吸泵对事故车辆内运载的硫酸进行卸载转移，消防人员对整个转移和倒罐过程进行了全程的监护。

21 时 10 分，事故车辆罐内的浓硫酸大部分被转移到卸车内，槽罐内的压力减小，但在槽罐底部的少许浓硫酸无法被倒出，部分浓硫酸从裂缝口还在不断地流出，对地面、环境还是会造成严重的污染。根据现场情况，消防中队指挥员立即与指挥部协商，决定将肇事车辆移开，查看泄漏点后，进行堵漏。22 时 40 分，肇事车辆被交警部门移开，中队指挥员立即带领两名官兵穿上重型防化服后对泄漏点进行了查看，侦察后，指挥员发现受撞击的位置正好是阀门位置，闸阀已经严重破裂损坏，无法关闭，目前中队现有的堵漏器材根本无法对不规则的泄漏点进行堵漏，根据情况，指挥员立即将情况上报指挥部，决定对损坏闸法进行更换。经过消防人员一个多小时的努力，槽罐车的被损坏的闸阀被安全更换，在技术人员的确认下，事故车辆罐内的泄漏阀门已被完全修复，已达到了安全范围，最后，消防人员并配合技术人员将纯碱兑水后对地面进行了冲洗，清理完毕后，在确定无安全隐患的情况下，消防人员撤离现场。

**3. 战例评析**

（1）成功经验

① 反应迅速，科学调度。辖区中队到达现场后，能够根据现场情况作出评估，请求增援，为成功处置奠定了基础。

② 科学指挥，战术得当。指挥员战术运用合理，各战斗小组分工明确。指挥员针对现场情况和泄漏介质特点，采取重点控制，逐个击破，工艺处置战术迅速将险情控制。

③ 安全意识，贯穿其中。在接警中得知有危险化学品泄漏后，参战人员把安全防护贯穿于灾害事故处置的始终，救援人员着防化服，佩戴空气呼吸器，戴防护手套，达到防护等级。

（2）救援启示

① 安全警戒是危化品处置中不可或缺的一部分，不同的危化品因其理化性质不同，造成影响范围也不同，同时某些危化品无色无味但有毒有害，因此在处置中必须加强事故现场的安全警戒，严禁无关人员进入现场。

② 重大事故救援结束后，应及时对救援人员进行专业的心理疏导，提高心理承受能力。

# 战例六 "7·16" 原油输油管道爆炸事故处置

2010 年 7 月 16 日 18 时 10 分，某码头因一艘外籍 30 万吨级油轮在新港卸油时，工人在注入脱硫剂时违章操作导致输油管线爆炸起火，进而引发大面积流淌火，原油边泄漏边燃烧，其间又发生了 6 次大爆炸。

**1. 基本情况**

（1）现场概况

某公司保税库位于开发区，库区总储量 $185×10^4t$。库区东侧是新港油库区及 $30×10^4t$ 成品油码头，北侧是 $300×10^4$ t 国家储备油基地和 $140×10^4$ t 某公司商业储备油库。西侧是 $420×10^4$ t 某公司国际储备油库。

（2）事故管道概况

2010 年 7 月 16 日 18 时 10 分，一艘外籍 30 万吨级油轮在新港卸油时，因工人在注入脱硫剂时违章操作导致输油管线爆炸起火，进而引发大面积流淌火，原油边泄漏边燃烧，其间又发生了 6 次大爆炸。大火导致 1 个 $10×10^4$ m$^3$ 的油罐和周边泵房及港区主要输油管线严重损坏，部分原油流入附近海域，造成海面污染，社会影响重大。

**2. 救援经过**

（1）力量调集

2010 年 7 月 16 日 18 时 10 分，某有限公司保税库管排发生爆炸着火，泄漏原油沿地势向两侧蔓延，形成流淌火，如不及时加以控制必将威胁到整个罐区的安全。与保税库区毗邻的某石化公司消防支队五中队（国储中队）在楼房受损严重的情况下，派出三台消防车共 21 人，第一时间全部出动到达现场实施灭火。同时上报该石化消防支队火警调度室。

18 时 20 分，支队火警调度室接到报警后，立即向副支队长进行汇报。根据指令，启动《消防支队应急响应预案》，调集大功率泡沫车和多门移动炮，组建第一批增援力量，对增援人员进行战前动员。

（2）应急救援队伍到达现场时灾情

19 时 10 分，由于现场过火面积大，灭火力量不足，区域大面积断电，中联油输油管排呈开放式燃烧、多点连续爆炸，火势沿管排蔓延 1000 多米，火焰高达近百米，直接威胁到国储库和中联油的 103# 和 106# 油罐。

（3）处置经过

支队指挥员决定利用有限的灭火力量和地理优势，对呈 90° 角燃烧的管排分段重点突破，充分发挥移动炮的优势对管排实施冷却保护。集结 3 台消防车，利用 6 门移动水炮对爆炸点西侧着火管排进行冷却控制。调集五中队库存水带，为参战的 3 台消防车实施供水。同时为增援车辆提前铺好补助水线路。此时消防泵房已被流淌火包围，形成燃烧，造成罐区全面停电，消防泵无法开启。支队指挥员决定利用国储库消防泵房将国储 8000t 水源向火场持续供水。

19 时 45 分，支队指挥员向火警调度室下达增援命令。公司领导及相关人员组成现场指挥部，协调指挥灭火工作。

21 时 50 分，为了解决水、液补充和车辆加油事宜，支队指挥员与国储库人员协调，得知由于地区工业补水管网压力低，无法补水，为防止消防水池水向管网回流，将水池进水阀门关闭，保证了前期火场用水。国储库日常供油的加油站位于火场南侧，无法提供用油。指挥员决定启动支队后勤保障预案，联系实华运输公司的加油车，通过电子商务中心联系厂家运送泡沫液。

22 时 00 分，指挥员命令将 7 门移动炮改由距火点 200m 以外的国储库水源直接供水，继续对着火管排进行冷却控制。将车辆集结待命。

22 时 15 分，根据指挥部命令，将 4 台增援消防车辆，调到着火罐南侧，重点对罐组内的含油污水井持续喷射泡沫液，控制泄漏油品沿下水系统蔓延。

22 时 20 分，安排设备人员，进行商储库消防水向国储库水池补水的阀门中转工作，提前做好补水准备。

188

22 时 30 分，由于火势猛烈，直接威胁到国储库新建管排的安全，支队指挥员立即向公司现场指挥副总经理汇报火势情况，经领导同意，以宁可损失车辆为代价，也要尽全力确保106 罐和临近国储输油管排的安全。

17 日 0 时 20 分，将 3 台车靠近火点，用车载炮近距离压制火点，同时将 7 门移动炮的阵地前移。命令驾驶员用车载高压水枪对车辆油箱部分进行冷却，防止高温爆炸。通过 12m 高的围墙，在 106 罐北侧设置 1 门移动炮，对地面流淌火及阀组室火点进行扑救。

1 时 30 分，指挥员组织力量，将东侧移动炮阵地向火点延伸，由于此处距离火点较近，火势猛烈，辐射热强度极大，还不时出现爆燃现象，地形又呈 60°下坡，战斗员身着隔热服，延伸移动炮阵地 40 余米，有效地保护了国储管排框架。为了做好灭火人员替换工作，支队指挥员命令支队值班队长准备 20~30 人的副班人员增援火场，联系安全环保处解决运送人员车辆问题。支队火警调度室，利用短信群发器，通知 18 日上班人员在 7 点前到支队集合。

3 时 00 分左右，国储库消防水池水位由满池 4.6m 降至 2.98m，为确保火场的长时间、不间断供水，支队指挥员决定将 2 公里外的 10000t 商储水源向国储中转，以最大代价力保火场供水，为整个火场灭火提供了水源保障。

5 时 30 分接到支队前方指挥员命令，消防艇 10 人增援新港海域配合海上灭火。

7 时 10 分，第三批增援人员 20 人从支队出发，于 8 时到达火场，接替已连续战斗 14 个小时的指战员。

13 时 00 分，指挥部决定集中力量对火点发起总攻。为确保 103 罐和阀组室灭火总攻一次成功，指挥员决定将水池仅剩的 3600t 水，通过 400m 以外国储库的消防水线，利用 160 盘水带铺设 8 条供水干线向参加总攻灭火的车辆供水，保证了总攻车辆成功灭火。

本次灭火行动该石化公司消防支队参战人数 118 人，参战消防车辆 7 台、消防艇 1 艘。向现场不间断供水 96h，阶段性供水至 7 月 25 日，供水超 18000m³。使用水带 460 盘、空气呼吸器 5 具、隔热服 12 套。调集柴油 8t，调集泡沫液 20t，为灭火行动提供了有力的保障。

### 3. 战例评析

（1）成功经验

① 果断决策，靠前指挥。火灾发生后，党中央、国务院、省委、省政府等各级领导相继到场，听取汇报，视察现场，及时做出指示。指挥部根据现场实际，本着"先控制、后消灭"的原则，果断做出"科学施救、有效控火、确保重点、全力攻坚"的决策，将火场划分为 4 个战斗区域，明确了 T103#罐、南海储油罐区及液体化工仓储区为火场的两个重点作战目标，有针对性地采取了关阀断源，冷却抑爆，筑堤填埋，注水灭火等措施，及时有效地控制了火势。在火势最猛烈、火场战斗最危急的时刻，各线领导亲临一线，靠前指挥，与广大官兵一起面对大火，这对取得最终胜利至关重要。

② 调度及时，快速集结。接到报警后，市消防支队、省消防总队立即启动了《重大灾害事故应急处置预案》和《跨区域灭火救援预案》，一次性调动先期处置力量、增援力量和社会联动力量赶赴现场。各参战力量的及时集结并投入战斗，为成功处置创造了有利条件。特别是大连市消防支队参战官兵在第一支增援队伍到达前的 5 个多小时内，用血肉之躯挡住了大火的进一步蔓延，未造成火势蔓延扩大和新的油罐起火爆炸。同时，省消防总队迅速调集全省 13 个支队和 14 个企业队，220 辆车、1380 名指战员、430 余吨泡沫，紧急集结，快速出动，以最快的速度赶赴现场，为后期灭火及时有效地补充了力量。

③ 作风顽强，敢于攻坚。火灾扑救中，全体参战官兵面对浓烟烈火的熏烤和不断发生的爆炸，面对长时间作战的极度疲劳，不怕艰难困苦和流血牺牲，无一个人退缩。以"人在阵地在""置之死地而后生"的胆识和气魄，英勇顽强，连续作战，在火场上真正发挥了拳头和尖刀的作用，完成了一个又一个攻坚任务，践行了"宁可前进一步死，不可后退半步生"的勇气和决心。

④ 保障到位，立体补给。近几年该市消防部队在战勤保障建设上下了很大功夫，投入了大量资金。此次火灾扑救，作战时间长，保障需求大，如果无近些年的物资储备和战勤保障基础，要打赢这场战斗是非常困难的。在这次火场战斗中，各地战勤保障大队、分队为现场车辆供给燃油 110 余吨，补充灭火救援器材、个人防护装备 1 万余件(套)，并设立了生活物资供应站，充分保障了参战官兵作战、饮食、医疗等需要。通过陆路、空运、海运从省内和天津、河北、吉林、黑龙江、山东等地，共调用泡沫 1 千余吨，海陆空立体化补给，为圆满完成任务，提供了强有力保障。

⑤ 前后协同，沟通顺畅。在火灾扑救中，前线指挥部和后方指挥中心始终沟通顺畅，配合紧密。后方指挥中心始终关注事故现场灾情变化情况，及时做好各方信息上传下达。适时向前沿指挥部通报增援力量调派情况，并在此基础上对前方作战的可能性需求做出预先研判，提前拟制作战需求增援方案，确保了火场参战力量、器材装备和灭火剂的充足。

（2）存在不足

要加强对可能发生沸溢、喷溅、爆炸等危险区域的人员和车辆的保护，防止不必要的损失。在这些区域作战应尽量避免选择举高消防车。此次火灾扑救过程中损失的一辆举高消防车，就是因为太靠近事故油罐，在形成大面积流淌火时，来不及收起支臂撤退而被流淌火烧毁的。

（3）救援启示

① 必须坚持快速集中调度力量，统一指挥，密切协同。在上风安全区域建立指挥部，及时形成通信网络，保障调度指挥。处置化学灾害事故的行动需多方面力量参加。现场情况复杂、专业技术性强，并且整个行动都要指挥部的统一领导下，各方面力量积极配合，密切协同。

② 讲究科学，稳妥可靠地处置化学灾害事故。行动计划和战术要注重科学性，科学合理地进行化学侦检、中毒人员的急救、去污、洗消。加强现场人员位置意识和区域观念，控制无序流动。在重危区一定要组织专业技术强的精干力量进行处置，切勿搞人海战术。现场要在上风方向设立固定的进出通道，各区域通道口要有专人负责登记把守，进入危险区域要有领导批准，退出危险区域要进行洗消处理。各区域人员一般只在本区域行动。

③ 必须建立强大的战勤保障体系。针对大型储罐、管线等着火事故，现场指挥部一定要第一时间确保供水和供液保障，还需要考虑到战斗力量的补充，要尽力保障战斗条件始终处于最佳状态。

# 战例七 "12·11"甲苯储罐爆燃事故处置

2021 年 12 月 11 日 14 时 00 分，某市某科技有限公司甲苯储罐泄漏爆燃引发火灾，该市消防救援支队指挥中心接到群众报警反应迅速，第一时间调集百花路、云岭路、特勤二站、金朱西路、同心路消防救援站和支队全勤指挥部共 22 台消防车、96 名指战员赶赴现场，与公安、气象、交通，供电、医疗、应急、环境等共同处置，经过 3 个多小时的扑救，成功处置泄漏事故，避免了次生灾害事故的发生。

**1. 基本情况**

（1）现场概况

着火建筑为 1 栋 3 层钢筋混凝土的厂房，高度约为 9m，面积约为 768m$^2$，过火面积约为 200m$^2$，厂房主要用作农药生产。

（2）事故罐概况

厂房内有 6 个甲苯储罐，每个储罐的储存量约为 1t，合计甲苯储存量约 8t。

（3）可调用应急救援力量情况

可调用的应急救援力量有：特勤大队、白云大队、观山湖大队，共计 17 辆车，81 人。

**2. 救援经过**

（1）力量调集

该市消防救援支队清镇消防救援大队接到报警后，立即出动七辆消防车，28 名消防指战员赶赴现场，大队全勤指挥部随即出动，同时迅速向支队报告并通知政府、政府专职队及某科技有限公司微型消防站及技术人员，要求技术人员关阀断料断电，当地政府疏散周边群众，支队接报后迅速做出研判，一次性调集特勤大队、白云大队、观山湖大队 17 辆车，81 人赶赴现场，支队全勤指挥部遂行出动。

（2）现场概况

现场共有 6 个甲苯储罐，其中 2 个储罐发生爆炸，地面形成局部流淌火。

（3）设置警戒

警戒组依据侦检结果配合政府相关单位，立即在泄漏点下风方向五百米处设立警戒线，设置安全员，明确紧急撤离信号。

（4）紧急疏散

搜救组累计疏散周边居民 30 户 46 人，企业员工 73 人。

（5）现场侦察

① 初期侦察。14 时 35 分百花路消防救援站到达现场后，指挥员将 28 名消防指战员分为三组进行处置，侦察侦检组利用可燃气体探测仪对现场进行侦检，判断现场火势主要方向及重点部位。

② 应急通信保障分队到达后的侦察。该市消防救援支队应急通信保障分队到场后，立即架设两套 4G 单兵图传保障现场图像传输不间断，其中一路 4G 单兵图传上传现场救援图像，一路 4G 单兵图传上传无人机航拍图像。第一时间现场联通卫星通信车和支队指挥中心音视频，通过无人机红外模式航拍测温，无人机制作灾害现场多点漫游全景图等方式辅助指挥作战。

（6）指挥部运用战术、技术措施

采取"逐步缩小包围圈，降低燃烧强度，择机灭火"的战术，灭火组在泄漏点上风方向利用喷雾水枪和移动水炮，对泄漏点及邻近罐进行冷却和驱散，降低爆炸浓度极限。

（7）战勤保障

① 供水保障。在增援力量相继到场后，现场指挥部通过前期了解到事故厂区水源不能满足现场灭火救援需求，迅速调整部署，将某水泥厂内水源作为取水点，由云岭路消防站、同心路消防站、金珠西路消防站、卫城镇政府专职队及卫城镇政府环卫洒水车采取运水供

水、串联供水、耦合供水等方式为火场前方百花路消防站及特勤二站主战消防车进行供水作业，确保现场供水不间断。在警情处置期间，共运水 19 次，共计 159t 水。

② 其他保障。在增援力量相继到场后，战勤保障处按照支队全勤指挥部的统一调度出动一台移动供气车、一台供液车，为救援现场充装气瓶，提供水成膜抗溶泡沫、A 类泡沫 3.2t，同时保障晚餐及提供防寒大衣等保障工作。

（8）处置经过

① 前期处置。15 时 31 分，支队全勤指挥部到达现场，立即成立现场指挥部，对现场力量进行调整：一是组建由副支队长、特勤大队大队长、清镇大队教导员的前沿指挥小组；二是调整清镇大队到着火区域西面，利用高喷消防车、遥控水炮、泡沫管枪对泄漏点进行冷却降温，并利用红外线测温仪器对着火罐体进行实时监控；三是调整特勤大队到着火区域东面，利用灭火机器人阻止火势蔓延，形成夹击；四是调整其余参战单位负责灭火救援战斗供水，确保供水不间断；五是调集战勤保障大队泡沫供液车、移动供气车为参战车辆和指战员提供后勤保障；六是调整现场安全员人数及位置，实时记录参战指战员空气呼吸器使用情况及个人防护装备措施。

② 全勤指挥部到达后战术布置。具体如下：

15 时 51 分，现场火势得到控制，现场指挥部下达"逐步缩小包围圈、降低燃烧强度、择机灭火"的命令，机器人继续对泄漏罐体进行稀释冷却，4 名指战员出动两支泡沫管枪配合机器人对泄漏罐体内部采取"一边稀释一边扑灭"的方式进行灭火作业，在前后 2 个方向的水枪、水炮、灭火机器人的交叉合力的打击下，燃烧范围逐步缩小。

16 时 50 分，火势范围被压缩至 $10m^2$ 左右，指挥部果断命令，用强大射流实施冷却灭火。

17 时 06 分，现场火势完全熄灭，按照现场指挥部要求，特勤二站救援力量和百花路消防站救援力量继续留守监护，防止复燃。

19 时 19 分，确定现场火势无复燃的情况下，救援力量撤离现场。

**3. 战例评析**

（1）成功经验

① 快速响应，推送及时信息。接警时，值班员根据报警情况，一次性调派 17 台消防车、81 名指战员，同时支队指挥中心向参战单位指挥员同步推送危险化学品仓储场所火灾扑救要点及甲苯理化性质、处置程序及作战安全要点，为出警队伍提供可靠的处置方案和救援要点。

② 科学指挥，战术得当。指挥员战术运用合理，各战斗小组分工明确。指挥员针对现场情况和泄漏介质火灾特点，合理设置警戒区，及时疏散周边群众和企业工人，首战队伍采取冷却抑爆，稀释降温的措施；全勤指挥部到达现场后，及时调整作战部署，增加冷却装备，四面夹击，全面包围，实时监控，逐步缩小包围圈、降低燃烧强度，迅速控制火势。

③ 多方协同，保障供水。在事故厂区水源不足的情况下，就近迅速确定取水点，调派多个供水力量，采取运水供水、串联供水、耦合供水等方式进行供水作业，确保现场供水不间断。

（2）存在不足

① 消防救援队伍到达现场后，未及时与事故单位现场的人员进行对接，充分了解现场情况。

192

② 处置过程中只利用红外线测温仪器对着火罐体进行外部监测，未设置中控室内部观察哨，未充分利用事故厂区中央控制室的 DCS 系统进行罐体、温度、压力等参数的监测。

③ 现场调动增援的泡沫原液储备不足，只有 3.2t，若遇到长期作战，泡沫原液供给不足。

④ 现场消防救援队伍工艺处置意识不强，未充分与工艺处置队配合。

（3）救援启示

① 消防救援队伍在接出警途中，应及时调取、查阅或由消防控制室推送相关危化品的火灾扑救要点及理化性质、处置程序及作战安全要点，提前掌握处置措施，做好处置准备，实现知己知彼，到达现场后再根据对接了解的情况和侦检的情况迅速制定处置方案。

② 消防救援队伍在处置各类危化品装置、储罐火灾时，特别是压力储罐、反应器、换热器等压力容器火灾时，现场指挥部一方面要设置现场安全员观察哨，利用监测设备对着火的事故储罐、容器进行实时的监测；同时，还应设置中央控制室安全员观察哨，充分与中控室操作工艺人员沟通配合，利用 DCS 系统密切关注事故塔罐以及周边相关设备的压力、温度等工艺参数，定期或发现重大险情时立即向现场指挥员报告。

③ 针对大型储罐、装置反应器、精馏塔等着火事故，现场指挥部一定要第一时间确保供水和供液保障。

④ 现场消防救援队伍要充分与工艺处置队配合，特别是大型火灾，一定要为工艺处置队伍创造工艺处置的条件，掩护工艺处置队进行进出物料阀门的关闭或者堵漏，或者在工艺处置人员的指导下和协助下，进行关阀断料处置。

# 战例八 "11·24"成品油（汽油）罐区爆炸事故处置

某企业成品油罐区发生爆炸，罐区内 2 具 2000m³ 汽油罐和 1 具 2000m³ 渣油罐发生火灾，该企业消防指挥中心接到报警后，调集执勤力量立即奔赴事故现场，按照灭火战斗预案迅速对罐区火灾实施控制，经过 1 小时 29 分成功扑灭油罐区火灾，有效遏制事故蔓延扩大，保护油罐区、相邻油罐及周边其他装置的安全，避免次生事故发生，最大限度地降低了财产损失和社会影响。

**1. 基本情况**

（1）现场概况

该企业成品油罐区，总储量 20000m³，储存介质为汽油、柴油，共有 10 座 2000m³ 内浮顶油罐；北侧渣油、蜡油罐区相邻布置，罐区东西方向两排成组布局；罐区东侧为变电所及消防水泵房、北侧为厂区 3# 路及重油催化裂化装置，南侧为原油电脱盐装置。

（2）事故储罐概况

本次事故储罐（457#、458#、449#）位于罐区东侧。

储罐参数：

直径分别为 457#（16m）、458#（14m）、449#（14m）；

高度分别为 457#（10.26m）、458#（11.26m）、449#（10.68m）；

储罐实际储量：

457#（1100m³ 催化汽油）、458#（1380m³ 催化汽油）、449#（1600m³ 减压渣油）。

（3）可调用应急救援力量情况

该企业专职消防队炼油区域驻守一大队及特勤大队，执勤车辆共计12台，包括水罐车、泡沫车、干粉车、气防车，每天执勤人数78人。

5km范围内可调用消防救援力量：驻守其他生产区域的大队，共计执勤车辆19台，每天执勤人员102人。

其他救援队：驻守当地的地方救援队伍，日常执勤人员约50人，车辆13台。

**2. 救援经过**

（1）力量调集

14时16分，企业消防指挥中心接到报警后，迅速指令责任区一大队出车，并按照"危化品事故联防联动方案"调派特勤大队前往增援，第一出动共计调动包括泡沫车、水罐车、气防车、指挥车9台车赶赴现场。炼油区大队到达现场后，在1#路部署了4台消防车，3#路部署了3台消防车，实施火灾扑救和控制。

（2）应急救援队伍到达现场时灾情

现场情况：该企业油罐区在进油作业时因静置的成品油搅动，加速油气逸散，逸散油气遇明火回燃。导致同一防火堤457#罐、458#罐顶内有限空间闪爆，罐体拱顶部分撕裂起火，北侧邻近防火堤内449#减压渣油罐罐体完好，逸散油气被点燃，火势从罐体呼吸口向外燃烧，457#罐为进油作业罐，也是首爆罐，罐体受损严重，罐壁受冲击并在热力作用下外卷，内浮顶变形卡盘，导致罐内油品溢流形成防火堤内地面流淌火近300m²；现场流淌火有继续蔓延扩大趋势，西侧其他罐体受辐射热威胁，发生次生事故可能性较大。

（3）设置警戒

① 初期警戒。事故发生后，生产装置立即组织人员在生产区块4个路口设立半径为150m的警戒区，警戒区严禁无关人员和车辆进入现场，同时对150m警戒半径内作业人员进行疏散。

② 指挥部成立后警戒。指挥部成立后，根据现场可能发生油罐连锁爆炸的次生事故可能性，将警戒区半径调整为300m，并疏散警戒区范围内无关人员。

③ 灭火战斗期间警戒。在灭火战斗持续期间，火场指挥部根据现场辐射热强度、邻近油罐有限空间闪爆冲击波强度、现场风向、罐区中间消防通道设置情况等，分别设置了半径60m的高危区、半径80m轻危区，轻微区之外为安全区。

（4）现场侦察

第一出动力量到场后，成立两个侦察小组，每小组由3人组成，从南、北两个侧上风方向对现场火势发展情况实施贯穿灭火战斗全过程的侦察，侦察内容主要包括三项：一是流淌火蔓延情况和危及罐体、管线持续受火势威胁情况；二是对火势危及的罐体表面温度进行监控；三是重点对次生事故迹象进行密切监控。

（5）指挥部运用技战术措施

第一出动力量达到火场后，迅速按照预案实施战斗展开。14时21分，火场指挥部成立，根据现场情况，指挥部立即启动《危险化学品泄漏事故抢险救援应急预案》。

指挥部下设灭火指挥、工艺处置、战勤保障、后勤保障、舆情应对等专业组。

（6）灾情研判

指挥部经现场研判：①457#罐、458#罐经闪爆后，已成敞开式燃烧；449#罐体完好，在呼吸口处形成稳定燃烧；辐射热强度较高；②地面流淌火火势猛烈，辐射热威胁西侧处于上风向相邻防火堤内汽油罐，发生连锁爆炸次生事故风险较高；③地面流淌火自罐根部向外蔓延，形成宽15m燃烧区，使救援人员无法靠近着火罐；④扑救油罐区多点明火、大规模火灾的冷却保护需要，生产界区内局部消防水供水能力有限且消防泡沫储备量不足。

（7）战术确定

根据现场复杂的情况，指挥部决定采用"先冷却、后灭火；先地面、后罐体"的总体战术意图；首先对受火势威胁油罐进行保护，防止灾情进一步扩大；对地面流淌火实施扑救、阻截，防止火势蔓延；消灭地面流淌火后，集中优势力量全力扑救罐体火灾。

（8）力量调动

① 第一出动力量重点实施邻近罐冷却保护，全力降低次生事故风险。

② 调动三、四大队作为第二出动进行增援，充实现场灭火救援力量。

③ 指令战勤保障组调集全支队泡沫车和库存泡沫实施增援，同时协调公司燃油补给。

④ 请求地方消防救援力量实施车辆、设备、药剂增援。

（9）处置经过

第一出动力量采用移动炮和泡沫枪相结合的战术，部署3门移动自摆炮，2门自摆炮在着火罐与邻近罐之间建立水雾屏障进行隔离保护；1门自摆炮负责冷却着火罐体；部署3支PQ16型泡沫枪负责在不同方向从外围对地面流淌火实施阻截和覆盖灭火，对地面流淌火形成合围之势。

14时30分，第二出动力量三、四大队包括泡沫车、水罐车、干粉车共计8辆各类消防车到达现场，分别部署于1#路、3#路；指挥部指令在罐区西南角部署1门自摆炮形成水雾屏障，对西南侧邻近罐体受火面及冷却薄弱处强化隔离保护；在南侧增加部署2支PQ16型泡沫枪，配合第一出动力量加快对地面流淌火实施覆盖灭火；部署2支多功能水枪对449#油罐呼吸口形成密集水流，对449#罐顶有限空间内的明火以水流切封法实施灭火。

14时36分，地方救援队下属二中队、三中队、特勤中队包括大型水罐车、泡沫车、举高消防车共计12辆各类消防车到达现场实施增援；地方救援队到场后，企业向地方救援队移交指挥权，指挥部根据现场主要扑救力量已经形成，供水能力有限的实际情况，确定了企业专职队主要承担前沿灭火作战任务，地方救援队承担灭火救援现场的供水保障。

449#油罐呼吸口处明火，因罐体温度和现场环境温度较高，经过2次扑灭2次复燃，14时45分，第3次被扑灭没有复燃，指挥部指令2支水枪持续在罐体呼吸口处以水雾隔绝辐射热并冷却罐体。

14时50分，总指挥部战术调整，在保证冷却充足的情况下，调集地方救援队3门移动式泡沫炮分别部署于罐区北侧、东侧，集中覆盖、压制东侧防火堤地面流淌火，同时指令西侧3支PQ16型泡沫枪由西向东依次抵进，对防火堤内雨排沟、隔油槽、排污井燃烧区实施攻坚灭火，15时05分，457#罐、458#罐防火堤内地面流淌火被消灭，完成了第一阶段灭火作战任务。

15时05分，按照前期制订的灭火作战计划，基于地面流淌火被消灭、449#渣油罐再无复燃迹象，在确保安全的情况下，指挥部决定抓住时机发动灭火总攻；调集4支泡沫钩枪，分别设置于457#罐与458#罐的罐顶开裂处，集中向罐内实施高强度、大流量泡沫注入，实施覆盖灭火；为防止地面流淌火复燃，组织人员以8kg干粉灭火器在流淌火区域实施安全监护。

15 时 32 分，457#罐、458#罐内火势被明显压制、火势变弱，15 时 45 分，明火熄灭。经指挥部各专业组现场评估和对罐体温度进行测量，指令持续对罐体实施冷却保护；15 时 56 分，经评估现场再无复燃和其他次生事故风险后，现场停消防水，灭火战斗结束，现场留 2 台消防车实施监护，其余增援大队、地方救援中队全部撤离现场，返回驻勤地。

**3. 战例评析**

（1）成功经验

① 主动出击，响应迅速。发生事故时，大队在听到爆炸声时，未等出车指令下达，迅速着装登车赶赴现场实施救援，为灭火救援节约了时间。

② 培训到位，熟悉环境。本次火灾被迅速、成功扑救得益于平时对各级指挥员、消防指战员开展预案培训、现场实战演练训练，并经常邀请装置工艺、安全人员进行危险化学品专业知识讲授，使队伍熟悉掌握了企业道路环境、地形地物、装置位置、罐区介质及应急处置对策。

③ 科学指挥，战术得当，主次有序。火场指挥部对现场情况、次生事故发生可能性、火势蔓延情况等快速、精准地进行判断，科学采用了"先冷却、后灭火；先地面、后罐体"的总体战术意图，集中优势兵力解决突出险情，延缓了火势的蔓延，预防了次生事故的发生。

④ 精准预判，保障供水。结合以往灭火救援的经验，根据现场消防通道和消防管网供水能力情况，地方救援队伍在火场指挥部的组织下，及时形成消防供水保障力量，使消防供水得以持续进行。

（2）存在不足

① 灭火力量不足。企业专职队配备车型主要以中型泡沫车、水罐车为主，面对大型储罐火灾，一次性集中调集力量不足，缺少大功率、大流量泡沫车和举高消防车辆，在一定程度上限制了快速有效控制、消灭油罐火灾的能力。

② 地、企消防救援队联合演练机会较少，缺少配合经验，在应急救援程序、相互配合方面，协调度、默契度不够，影响了各队之间的协同作战效率。

③ 通信联络手段落后，对讲机配备数量不足，现场凭手语、跑动实现指令传达，效率较低。

④ 专业检测手段单一、落后，专业设备配备不足，对现场油罐温度、次生事故征兆等，只能凭借经验和目视观察判断，判断依据准确性不足。

（3）救援启示

① 加强地企联合演练，增强不同救援队伍之间的协同作战默契度，进一步明确地企联动应急救援时的职责、分工，使联合作战现场更加有序、高效。

② 应充分考虑地方、企业救援队装备配备方面的匹配度、互换性，使地企队伍可以不受装备制约，更加充分地发挥战斗力。

③ 针对危险化学品事故救援，配备针对性更强、专业性更强、防护性更好、操作性更便捷的装备。

④ 罐区应不断完善固定、半固定消防设施，配备远程化、大流量灭火设备或远程遥控设备，实现对罐区火灾的早起控制；配备新型灭火药剂，提高灭火效能，避免事态进一步扩大。

# 战例九　"12·28"光气泄漏事故处置

2006 年 12 月 28 日 15 时 20 分，某厂因检修操作不当，导致液态光气外泄。该市救援队伍接警后，先后调集 2 个中队、6 辆消防车、37 名应急救援人员与医疗、公安、交通、安监、气象、环保等部门 90 余名人员到场共同处置，经过近 6 个小时的战斗，成功处置泄漏事故，但也致使附近两厂 200 余人吸入光气，9 人治疗，2 人重度中毒。

**1. 基本情况**

（1）现场概况

事故地点附近方圆 500m 内，除了事发工厂外，还有两个厂房和一所大众浴池，事发时工人共有 300 余人。

（2）事故罐概况

事故罐是两个标准容量的光气缓冲罐，气温低和停车时间长，导致光气液化，致使拆除两只光气缓冲罐的封头螺栓后液态光气外泄（气态光气经过负压抽空，破坏，高空排放能消除保证检修安全）。

（3）可调用应急救援力量情况

200km 范围内，可调用的市应急救援力量有：消防中队 5 个、20 辆消防车、120 名应急救援员，专职应急救援队伍 4 个共 12 辆消防车 47 名执勤人员。用于处置此类事故的特种个人防护装备主要有防化服 18 套。

**2. 救援经过**

（1）力量调集

28 日 15 时 30 分，县大队接警后，调集 4 辆消防车、27 名消防员赶赴现场，并调专职应急救援队增援。15 时 40 分，支队调集 2 辆消防车、10 名消防员赶赴现场进行增援。16 时 10 分，支队全勤指挥部到场。根据现场情况，指挥部命令立即请示政府，迅速调集医疗、公安、安监、环保、质监等部门专家到场，展开救援。

（2）应急救援队伍到达现场时灾情

辖区大队赶到现场后经侦察询问后发现，是拆罐后液态光气外泄。中队指导员命令大家做好个人防护，迅速将险情向支队指挥中心报告，请求增援；同时划定警戒实施交通管制和警戒，立刻组织疏散被困人员。

（3）设置警戒

① 初期警戒。辖区大队到达事故现场后，设立警戒区和安全观察哨，在 500m 范围内实施警戒，双向封闭道路，车辆全部熄火并切断一切车载电路，疏散厂房工人和浴池洗澡人员，现场禁绝明火，禁止使用电气设备，非防爆通信、摄像、照相设备一律不得进入警戒区。

② 指挥部成立后警戒。16 时 10 分，全勤指挥部到场后，指挥部命令加强疏散动员，确保周边 800m 范围内群众安全。

③ 进行湿法洗消时警戒。确定现场周围 800m 为警戒范围，在制高点设置多个安全观察哨，加强巡查值守，确认现场周边 1500m 范围内无村庄、人员、明火。用 40% 液态碱、水直接喷洒到光气泄漏区，中和分解或稀释泄漏在空气中的光气，只留 2 人监控光气浓度变化，其余人员在警戒线外。

（4）现场侦察

辖区大队到场后，密切观察现场情况，立即成立侦检组，利用可燃气体探测仪对泄漏光气浓度进行实时全方位侦察检测。查清泄漏的部位、罐体储量、容量，掌握泄漏扩散区域周边有无火源，并组织疏散现场车辆人员。

（5）指挥部运用战术、技术措施

辖区大队到达事故现场，立即成立指挥部，下设警戒组、环境监测组、洗消组、供水组、疏散组、攻坚组等，设立警戒区和安全观察哨，在500m范围内实施警戒，双向封闭高速道路，路上车辆全部熄火并切断车载一切电路，疏散居民及司乘人员，禁绝一切火源。

（6）处置经过

由中队出动2个攻坚组、2支水枪形成水幕，驱散泄漏气体，掩护专业技术人员实施湿法洗消。16时10分，全勤指挥部到场，根据现场情况，指挥部命令：一是立即启动《危险化学品泄漏事故抢险救援应急预案》，迅速调集医疗、安监、环保、质监等部门专家到场；二是要加强疏散动员，确保周边800m范围内群众安全；三是要确保应急救援员排险过程安全，确保现场参与抢险的所有人员安全；四是要加强联动协作，尽快排除险情，尽快恢复交通正常。

**3. 战例评析**

（1）成功经验

① 反应迅速，科学调度。接警时，值班员根据报警情况，及时启动《危险化学品泄漏事故抢险救援应急预案》调派相关处置车辆，同时调度专职应急救援队增援，为成功处置光气泄漏事故奠定了基础。

② 科学指挥，战术得当。指挥员战术运用合理，各战斗小组分工明确。指挥员针对现场情况和泄漏介质理化性质，采取重点控制、逐个击破、湿法洗消的战术迅速将险情控制。

③ 安全意识，贯穿其中。在接警中得知有剧毒危险化学品泄漏后，参战人员把安全防护贯穿于灾害事故处置的始终，作业人员着防静电内衣、棉质灭火防护服，佩戴空气呼吸器、戴防护手套等，达到三级防护等级，掩护专业技术人员实施堵漏进入重危区进行堵漏的人员必须实施二级以上防护，并采取水枪掩护。

（2）存在不足

① 在光气设备检修前，未考虑到液态光气残存的可能。对光气设备、管道实施检修多次，均只发现残留的气态光气，经过负压抽空、破坏、高空排放等措施，即能消除并保证检修安全。此次检修仍按常规方法处理，忽视了气温低、停车时间长等因素，致使拆罐后液态光气外泄，造成多人中毒事故。

② 对周围环境将造成严重影响估计不足。光气泄漏时，未采取相应果断措施，撤离厂外受污染区的人员，特别是未对靠现场最近的电石车间及浴池的洗澡人员采取应有的措施，而且涉及人员多，又无光气吸入的判断和预防常识，给急救治疗带来了一定困难。

（3）救援启示

① 安全警戒是危化品处置中不可或缺的一部分，不同的危化品因其理化性质不同，造成影响范围不同，同时某些危化品无色无味但有毒有害，因此在处置中必须加强事故现场的安全警戒，严禁无关人员进入现场。

② 湿法洗消的方式很多，不同的情况应选用不同的方式。在本次处置中，最行之有效

的方式是用液碱、浓氨水直接喷洒到光气泄漏区，中和分解或稀释泄漏在空气中的光气，同时实施湿法洗消作业时，确保现场安全并有水枪掩护。

# 战例十 "2·8"液化天然气加气站泄漏着火事故处置

2012年2月8日19时07分，某市液化石油气(LNG)加气站储气罐发生泄漏引发大火。消防支队先后出动15辆消防车、80余名官兵赶往现场处置火情，8日19时50分，20余米高的火势被成功控制。

**1. 基本情况**

(1) 现场概况

事故地点为LNG加气站，其中有60m³储气罐，周边有饭店、汽修店。

(2) 事故罐概况

事故储气罐为60m³，罐体直径2.9m，壁厚8mm，泄漏点位于储罐底部区域。

**2. 救援经过**

(1) 力量调集

8日19时07分，消防支队接警后，调集3辆消防车、15名应急救援员赶赴现场，并向省总队指挥中心上报，先后出动15辆消防车、80余名应急救援员赶往现场处置火情。到达现场后，成立总指挥部，由支队长担任总指挥，根据现场情况，指挥部命令立即请示政府启动《危险化学品泄漏事故抢险救援应急预案》，迅速调集燃气、安监、环保、质监等部门专家到场，展开救援。

(2) 设置警戒

辖区大队到达事故现场后，设立警戒区和安全观察哨，在1000m范围内实施警戒，疏散周围居民，关停周边店铺，撤离工作人员，现场禁绝明火，禁止使用电气设备，非防爆通信、摄像、照相设备一律不得进入警戒区。

(3) 现场侦察

辖区大队到场后，密切观察现场情况，立即成立侦检组，利用可燃气体探测仪对泄漏LNG浓度进行实时全方位侦察检测。查清泄漏的部位、罐体储量、容量，掌握泄漏扩散区域周边有无火源，并组织疏散现场车辆人员。

(4) 处置经过

采取紧急关停LNG泄漏部位的上下游阀门，停止现场作业，启动站内消防系统对周边LNG储罐设施进行喷淋降温，防止管线、设施升温、升压造成次生灾害；消除着火源，设置警戒线，疏散无关人员，在确保安全的情况下采用防爆器具、木楔、夹具等抢险卡具进行堵漏作业并准备好灭火器及其他灭火措施，抢险人员穿抢险防护服进行修复。

堵漏组在水枪掩护下，利用浸水宽布条、棉毛巾和棉被缠裹，利用雾状水使其结冰凝固实施堵漏。同时调派空罐槽车进行倒罐，利用位差和压差倒罐放空完毕。罐体内保持微正压，经专家组确认安全，指挥部宣布危险排除，救援行动宣告成功。

**3. 战例评析**

(1) 成功经验

① 及时启动《危险化学品运输车辆事故处置预案》，调派相关处置车辆，同时调度其他

大队增援，为成功处置 LNG 泄漏着火事故奠定了基础。

② 指挥员战术运用合理，工艺处置操作有序，各战斗小组分工明确。指挥员针对现场情况和泄漏介质火灾特点，采取重点控制、逐个击破、工艺堵漏的战术迅速将险情控制。

（2）存在不足

① LNG 储罐区域天然气泄漏报警器安装位置不当或者是报警器灵敏度不够，在发生天然气泄漏的情况下，未及时报警。

② LNG 储罐区域无紧急切断的安全系统，在着火情况下，仍有大量的泄漏气体在参与燃烧。

③ LNG 储罐底部管道系统的液相管上没安装"紧急切断阀"，因此未实现"泄漏—报警—关闭出液管路"的自动切断功能。

（3）救援启示

① 加强第一出动救援力量，提高协调联动机制能力。消防支队接警后，调集 3 辆消防车、15 名应急救援员赶赴现场，并向省总队指挥中心上报，先后出动 15 辆消防车、80 余名应急救援员请示政府启动《危险化学品泄漏事故抢险救援应急预案》，迅速调集燃气、环保、质监等部门专家到场，展开救援。

② 提升员工责任意识，初期应急处置能力。切实加大安全投入，提升应对突发事故的能力，开展围绕迅速反应能力、快速决策能力、现场疏散能力、强化人员安全教育培训和应急演练演习，确保发生事故时能够采取有效措施控制事故防止扩大。

③ 加大巡查检查力度，全面落实安全责任。建立安全应急预警机制，强化安全责任，针对日常、两重两特期间进行全面安全巡查，同时加大隐患排查力度，做到横向到边、纵向到底，不留盲区、不留死角，完善建立长效工作机制，健全完善应急保障制度，建立高效统一的应急联动体系。

# 战例十一 "12·23"特大天然气井喷事故处置

2003 年 12 月 23 日 22 时，位于重庆的某井发生天然气井喷失控和 $H_2S$ 中毒事故，造成井场周围居民和井队职工 243 人死亡，2142 人中毒住院，6500 余人紧急疏散转移，直接经济损失 6432 万元。

**1. 基本情况**

（1）现场概况

该井厂地处凹地，西北面有背斜、东北走向的山脉，海拔约 900m，由某石油公司下辖的川东北气矿负责管理，承钻单位是某钻井公司穿钻某队，井喷和硫化氢中毒时间发生在晚上，从起钻到井喷失控经历了起钻、溢流、井喷、井喷失控四个阶段。

（2）事故井概况

该井是四川盆地川东断褶带罗家寨构造上的一口水平井，拟钻采高含硫天然气，同一井场部署另外三口水平井组；已建成的邻井测试产量 $62.3 \times 10^4 m^3/d$，$H_2S$ 含量 $125.53 g/m^3$，暂时封井待脱硫厂建成后输气。该井设计井深 4322m，垂直深度 3410m，水平段长 700m；水平段设计在邻井区飞仙关组第二套储层内（厚度 20m 以上），是培育 $100 \times 10^4 m^3/d$ 级的高产气井之一；预测目的层地层压力 40.45MPa，地压系数 1.28；井喷时井深 4049.68m，水平段长 424m；井口与邻井距 3.8m。

（3）可调用应急救援力量情况

本次救援投入的力量包括该市警备区、驻渝部队、公安、武警总队、消防人员等 1500 余人，医护人员 1400 余人，民兵预备役 2800 余人。

**2. 救援经过**

（1）事故发生及处理经过

12 月 23 日 2 时 29 分钻至井深 4049.68m；3 时 30 分至 12 时循环起钻过程中顶驱滑轨偏移，导致挂吊卡困难，强行起至安全井段（井深 1948m 套管内），灌满泥浆后，开始修顶驱滑轨；12 时至 16 时 20 分修顶驱滑轨；16 时 20 分至 21 时 51 分起钻至井深 195.31m，发现溢流 1.1m³，立即放钻具至 197.31m；21 时 55 分抢接回压凡尔、抢接顶驱未成功，发生强烈井喷，钻杆内气液喷高 5～10m，钻具上行 2m 左右，大方瓦飞出转盘；21 时 59 分关闭万能、半封防喷器，钻杆内液气同喷至二层台以上；22 时 01 分钻杆被井内压力上顶撞击在顶驱上，撞出火花引发钻杆内喷出的天然气着火；22 时 03 分关全封防喷器，钻杆未被剪断而发生变形，火虽熄灭，但井口失控，转盘面以上有约 14m 钻杆倾斜倒向指重表方向；22 时 32 分向井内注入 1.60g/cm³ 的钻井液，关闭油罐总闸，停泵、柴油机和发电机；24 时井队人员全部撤离现场，24 日 13 时 30 分井口停喷，两条放喷管线放喷，井口压力 28MPa，24 日 16 时点火成功。27 日由 14 名专家及技术人员组成的前线总指挥部和 75 名抢险队员组成的 10 个抢险施工组共 89 人进入该井井场，27 日 8 时至 9 时 36 分压井施工准备，3 条放喷管线放喷，井口压力 13MPa；9 时 36 分至 10 时 15 分用 3 台压裂车向井内注密度 1.85～2.0g/cm³ 压井泥浆 182.9m³，井口最大施工压力 48MPa；10 时 15 分至 10 时 45 分用 2 台泥浆泵注入浓度 10%、密度 1.50g/cm³ 桥塞泥浆 27m³；10 时 45 分至 11 时用 1 台压裂车向井内注密度 1.85～2.0g/cm³ 压井泥浆 20m³，压井成功。

（2）力量调集

当日（23 日）晚 11 时左右，市政府接到市安监局关于矿区发生井喷的报告，市委、市政府高度重视，随即将此重要情况通知所在县，同时责成县委、县政府迅速组织抢险队赶赴现场。县委、县政府在简单查明井喷事故将可能严重威胁居民生命安全的情况下，迅速作出反应：一是立即通知事故发生地的镇党委政府，以最快的速度组织群众向安全地带疏散转移。二是迅速电告附近的某镇、某乡，从人力、车辆等方面进行支援。三是副县长率领 50 多人的先遣抢险队伍立即赶往事故现场。四是继续做好县政府的值班工作，及时收集情况，向县政府主要领导、分管领导汇报，确保信息畅通。五是做好启动应急救援系统的各项准备工作。整个应急救援工作大致分为疏散转移、搜救安顿、灾民返乡、安置善后四个阶段。

（3）应急救援队伍到达现场时灾情

事故发生当晚 11 时 46 分，县政府副县长率领县政府办公室、公安、消防、安监、卫生、交警、医院负责人及医务人员组成先遣抢险队伍，共 50 多人赶赴事故现场。随后，部队、公安、武警和消防人员 1500 余人，医护人员 1400 余人，民兵预备役 2800 余人先后达到现场。24 日，在市委常委、市公安局局长、前线总指挥的指挥下，组建 20 个搜救队进入事故现场危险区，搜寻幸存者和死亡人员；26 日又组建 102 个搜救组，对以井口为中心、半径为 5 公里的近 80 平方公里的区域，进一步实施拉网式搜救，在实施压井之前共搜救出 900 多名滞留危险区的群众。

（4）迅速组建指挥体系

24 日凌晨 3 时，县委、县政府组建了"12·23 天然气井喷事故抢险指挥部"，由县委书记、县长任指挥长，负责指挥应急救援工作。指挥部下设交通控制、后勤保障、医疗救护、片区抢险、总联络等五个组，分别由分管县级领导任组长，相关部门负责人为成员，明确分工，全面开展应急救援工作。并召开紧急会议，动员全县力量迅速投入应急救援工作，尽最大努力把灾情损失降到最低限度。随后，县委、县政府等主要领导均赶赴现场，统一指挥抢险工作。

（5）科学确定撤离范围

指挥部针对毒气不断向周边地区蔓延扩散的情况，在对硫化氢的 PPM 浓度进行科学检测后，决定采取果断措施：将气井为中心，半径 5 公里范围内的群众全部转移。

（6）合理设置救助站(点)

根据地形和交通状况，决定将受灾群众向四个方向疏散，呈放射性状设置 15 个政府集中救助点。在每个救助点均安排 1 名县级领导作为第一责任人，所在乡镇的党委书记为直接责任人，各个救助点分设医疗救治、后勤保障、治安巡逻、信息联络等工作组，每个组在救助点领导指挥下，各自开展工作。整个撤离过程有序开展，灾区的 65632 名群众中，32526人安置在指挥部设置的县内的 15 个政府集中救助点，10228 人有序转移到临近县，其余采取在当地县上工作组和基层干部的组织下，采取了投亲靠友和群众互帮互助等方式进行了安置。

（7）及时清除危险源

24 日下午 5 时 30 分，指挥部和钻井抢险队在专家和技术人员科学分析研究的基础上，采取措施，对主管道进行封堵，放喷管线实施点火，有毒的硫化氢气体不再扩散，事态得到控制。

（8）医疗救治保障有力

为保证伤员的救治，指挥部从全市各大医院抽调 160 余名医务人员，组成 5 支医疗队赶赴灾区救援；县政府从各医院组织医护人员 1600 余人，在救灾前沿的敦好、天白、高升、郭家、中和设立 5 个临时医疗点，将县人民医院和中医院作为后方医院。全县各类医院和医疗点收治的因灾伤病人员达到 23515 人，其中住院人员 2067 人，住院病人中有重症病人 17人，其中 5 人转到市治疗。

**3. 战例评析**

（1）成功经验

① 建立突发公共事件应急机制，是夺取应急救援胜利的治本之策。在应急救援过程中，始终坚持按照全市各级各部门和县政府制定的突发公共事件应急预案为蓝本，在市政府指挥部的统一指挥下，科学决策，审时度势，因势利导，环环相扣，适时转移工作重点。当事故发生后，迅速启动相关突发公共事件应急预案，各级领导都在第一时间赶赴事故现场，适时组建和调整组织指挥机构，把工作任务分解到工作组，职责明确到工作中，责任落实到人头，整合应急救援的人力、物力、财力等资源，顺利完成了疏散转移、搜救安顿、灾民返乡、安置善后等工作，确保了应急救援工作紧张有序，指挥有力，环环相扣，迅速推进。

② 科学处置、多种方式点火降低毒性。硫化氢大量喷出最有效的应对措施就是点火燃烧，生成二氧化硫减低其毒害效果。事故应急处置过程中，现场救援人员在撤离后持续关注

井场情况，多次设法采取点火措施阻止硫化氢喷发，但因地层压力超高、喷势太大，人员无法接近，加之无点火枪等点火工具，一直无法点火。最后根据观察情况判断井口喷势减弱，钻探公司现场指挥部在原计划点火装置到达现场前，在当地居民家找来准备过年放的烟花，安排抢险队员接近放喷管线放喷口，用放烟花的"土办法"把高压含硫天然气点燃，使致命的硫化氢得到有效控制。

(2) 存在不足

① 政府突发事件应急救援机制有待进一步健全。由于不同类型、不同环境、不同规模、不同时间突发事件的应急救援方案有所变化，政府建立的突发公共事件总体应急预案和事故灾难应急救援预案，在处置这次事故过程中，缺乏应对各种灾难事故的典型经验和成功范例。

② 应急预案有待进一步完善。井喷失控后，从井口喷出的高含硫的天然气迅速弥漫，$H_2S$ 气体随空气流动会大面积扩散，危及周围的生态环境，特别是人员的生命安全。由于 $H_2S$ 燃烧后能产生低毒性的 $SO_2$，点燃含 $H_2S$ 气体是有效制止井内喷出的有害气体大范围扩散、减少危害的有效措施。在多种行业规范及标准中都从不同角度较为明确地阐述了含硫天然气井井喷后需放喷点燃的必要性。该井从发生井喷、井口失控到井场柴油机和发电机熄火之间至少有 1 小时 17 分钟的时间，当时井场天然气的浓度还未达到天然气与空气混合比和硫化氢与空气混合比的爆炸极限，组织放喷点火有充足的时间，点火也不致危及井场安全。但负有现场安全责任的钻井监督未在最短的时间内安排放喷点火，失去了控制有害气体扩散的有利时机。

(3) 救援启示

① 加快标准规范发布，规范硫化氢气井井喷应急处置。事故反映出高含硫气田开发井喷点火方面需深入研究，并建立相应的标准规范。事故发生时的行业及企业标准规范中对于如何点火、谁决策点火、谁操作点火都无相关的规定，事故应急救援人员面临如何快速点燃毒气这一问题时，应急行动缺乏指导依据，只能临时决定，不断尝试，一再延误时间；井喷点火技术落后，缺乏能够快速、有效点火的井喷点火装置，点火人员最终只能冒着极大的风险，接近事故发生地并用烟花爆竹进行点火。

② 强化应急救援准备，提高应急响应能力。专业救援队伍在应急救援工作中起着无法替代的作用，其响应速度直接影响事故救援工作的进展，对整个事故抢险救援有着重要影响。在紧急情况下，应急救援工作分秒必争，专业救援队伍到达现场的速度十分重要。此次事故中，尽管救援队伍全力以赴赶往现场，但是，由于地理、气象等多方面因素，专业救援队伍的响应速度受到了严重影响。因此，提前做好救援准备，熟悉环境，强化战备执勤，才能有效开展应急处置。

# 战例十二 "10·22"液化石油气槽车泄漏事故处置

2012 年 10 月 22 日 9 时 37 分，某市国道一辆液化石油气(LPG)槽车因交通事故发生泄漏。该市救援队伍接警后，先后调集 3 个中队、7 辆消防车、45 名应急救援员与公安、交通、安监、气象、环保等部门 110 名人员到达现场共同处置，经过近 30h 的战斗，成功处置泄漏事故，避免了次生灾害事故的发生。

## 1. 基本情况

（1）现场概况

事故地点距最近收费站为 1km，事故槽车停放于国道简易服务区内，南邻国道、某高速，北邻饭店、修理厂，东侧 300m 处是两家加油站，西侧 400m 处是一家加油站。

（2）事故车辆概况

事故槽车罐长 13m，罐体直径 2.5m，罐体容积为 50m³，满载 20t 的 LPG，泄漏点位于槽车后部安全阀下方的丝扣连接处。

（3）可调用应急救援力量情况

200km 范围内，可调用的本市应急救援力量有：消防中队 9 个、消防车 29 辆、应急救援员 261 名，专职应急救援队 1 个（共 3 辆消防车 9 名执勤人员）。用于处置此类事故的特种个人防护装备主要有一级防化服 5 套，二级防化服 36 套。

## 2. 救援经过

（1）力量调集

22 日 10 时 25 分，县消防大队接警后，调集 2 辆消防车、17 名应急救援员赶赴现场，并向支队指挥中心请求增援。10 时 40 分，支队调集 2 个中队，5 辆消防车、28 名应急救援员赶赴现场进行增援。11 时 10 分，支队全勤指挥部到场。14 时 45 分，成立总指挥部，由副总队长担任总指挥，根据现场情况，指挥部命令立即请示政府启动《危险化学品泄漏事故抢险救援应急预案》，迅速调集燃气、安监、环保、质监等部门专家到场，展开救援。

（2）应急救援队伍到达现场时灾情

辖区大队赶到现场后发现，某高速公路和国道事故路段堵车已达 1500 余辆。现场白雾弥漫，事故槽车满载 20t 的 LPG，泄漏点位于槽车后部安全阀下方的丝扣连接处。中队指导员命令大家做好个人防护，迅速将险情向支队指挥中心报告，请求增援；同时联络高速交警实施交通管制和警戒。

（3）设置警戒

① 初期警戒。辖区大队到达事故现场后，设立警戒区和安全观察哨，在 500m 范围内实施警戒，双向封闭高速公路及国道，车辆全部熄火并切断一切车载电路，疏散居民及司乘人员，关停东侧、西侧三处加油站，撤离工作人员，利用加油站内部灭火毯对加油机实施包裹，现场禁绝明火，禁止使用电气设备，非防爆通信、摄像、照相设备一律不得进入警戒区。

② 指挥部成立后警戒。14 时 45 分，成立总指挥部，指挥部命令加强疏散动员，确保周边 800m 范围内群众安全。

③ 槽车倒罐排空期间警戒。确定现场周围 800m 为警戒范围，在制高点设置多个安全观察哨，加强巡查值守，确认现场周边 1500m 范围内无人员、明火。倒罐过程车辆附近只留 2 人监控两车液位、压力变化，其余人员在警戒线外。

（4）现场侦察

辖区大队到场后，密切观察现场情况，立即成立侦检组，利用可燃气体探测仪对 LPG 泄漏浓度进行全方位实时侦察检测。查清泄漏部位、罐体储量和容量，掌握泄漏扩散区域周边有无火源，并组织疏散现场车辆人员。

（5）指挥部运用战术、技术措施

辖区大队成立指挥部，下设警戒组、侦检组、驱散组、供水组、疏散组、堵漏组、交通管制组等，中队出动2个攻坚组、3支水枪驱散泄漏气体，掩护专业技术人员实施堵漏。14时45分，成立总指挥部，由副总队长担任总指挥，根据现场情况，指挥部命令：一是立即启动《危险化学品泄漏事故抢险救援应急预案》，迅速调集燃气、安监、环保、质监等部门专家到场；二是要加强疏散动员，确保周边800m范围内群众安全；三是要确保应急救援员排险过程安全，确保现场参与抢险所有人员的安全；四是要加强联动协作，尽快排除险情恢复交通正常。

（6）处置经过

11时26分，堵漏组在水枪掩护下，利用浸水宽布条、棉毛巾和棉被缠裹，利用雾状水使其结冰凝固实施堵漏。13时50分，冰堵措施完成，但仍有少量气体泄漏。16时左右，罐体已无气体泄漏。指挥部命令解除交通管制，在距事故现场7km处的一处空旷坡地对槽车实施倒罐、排空。由于空罐槽车与事故槽车管线、接口不同，2次导管连接均未成功。17时27分，指挥部命令监护组对转移的槽车实施监护，确定现场周围800m为警戒范围，在制高点设置多个安全观察哨，加强巡查值守，确认现场周边1500m范围内无村庄、人员、明火。

23日7时15分，倒罐排空操作开始。技术人员检查防火帽，缓慢将空罐槽车停于坡度约为30°的坡道上，将事故槽车缓慢移动到距空罐槽车3m左右的位置，空罐车车尾向上，事故罐车车尾向下，利用位差和压差倒罐。两车停稳后，摘除车辆蓄电池。

8时35分，气象部门开始设置防静电接地；10时10分，经测试接地电阻合格，两车电位相等，周围无爆炸混合气，准备工作完成。

10时20分，开始倒罐，工程技术人员在水枪掩护下进行操作，先开启空罐槽车手阀，后开启事故车手阀，手动调节事故车排空阀，确保管路吹扫和两车稳定压差。以放散形成的云雾情况来控制排空阀开度。倒罐过程车辆附近只留2人监控两车液位、压力变化，其余人员在警戒线外。倒罐过程科学、平稳、安全。

15时05分，倒罐成功，两车压差为0，先关闭被充装槽车手阀，再关闭被充装槽车排空阀，最后关闭事故槽车手阀。经环保部门检测及专家确认安全后，应急救援队伍保护技术人员使用无火花工具卸除倒罐管线。

15时10分，再次检测现场，确认安全后，技术人员开始对事故槽车内剩余液体进行放空处理。打开事故车排空阀，以排放出的蒸气云大小来控制手阀开度，预留微正压。应急救援员全程进行驱散。

16时17分，放空完毕。罐体内保持微正压，经专家组确认安全，指挥部宣布危险排除，救援行动宣告成功。

**3. 战例评析**

（1）成功经验

① 反应迅速，科学调度。接警时，值班员根据报警情况，及时启动《危险化学品运输车辆事故处置预案》调派相关处置车辆，同时调度其他大队增援，为成功处置槽车泄漏事故奠定了基础。

② 科学指挥，战术得当。指挥员战术运用合理，各战斗小组分工明确。指挥员针对现场情况和泄漏介质火灾特点，采取重点控制、逐个击破、工艺堵漏的战术迅速将险情控制。

③ 安全意识，贯穿其中。在接警中得知有易燃易爆危化品泄漏后，参战人员把安全防护贯穿于灾害事故处置的始终，作业人员穿着防静电内衣、灭火防护服，佩戴空气呼吸器，穿防护手套等，达到三级防护等级。掩护专业技术人员实施堵漏进入重危区进行堵漏的人员

必须实施二级以上防护，并采取水枪掩护。

（2）存在不足

① 对事故现场安全警戒不够严密。事故地点地处远郊、地形复杂、范围宽广，虽然现场由交通部门设立了警戒，并实施交通管制，但是仍有个别无关人员（如拾柴、放羊等）从倒罐地点周边难以控制的区域进入现场。

② 倒罐方式选择不合理。本次处置利用的是位差和压差的方式倒罐，该方式操作虽然方便，但排液时间较长，且压力过低时无法正常排液，同时易造成倒罐不彻底，有残留液体的情况出现。

③ 倒罐经验不足，准备时间过长。22 日 16 时左右，冰堵法完成，指挥部命令转移槽车实施倒罐、排空。由于空罐槽车与事故槽车管线、接口不同，当日下午进行的两次导管连接均未成功，工程技术人员一边重新进行导管连接，一边由某市调集新的连接导管。导管预计深夜到达，因此，指挥部决定等到白天再进行倒罐排空。直至 23 日 10 时 20 分开始倒罐，15 时 05 分倒罐成功，较长的倒罐准备时间增加了现场处置的危险性。

（3）救援启示

① 安全警戒是危化品处置中不可或缺的一部分，不同的危化品因其理化性质不同，造成影响范围不同，同时某些危化品无色无味但有毒有害，因此在处置中必须加强事故现场的安全警戒，严禁无关人员进入现场。

② 倒罐的方式很多，不同的情况应选用不同的方式。在本次处置中，最行之有效的方式是烃泵倒罐及惰性气体置换的方式倒罐，同时实施倒罐作业时，需确保现场安全，管线、设备必须做到良好接地。

③ 倒罐的实施可有效消除泄漏源，控制风险，功夫专注在平时，战时才可更好运用，因此工程技术人员应加强倒罐模拟演练，同时对工艺处置中用到的器材装备做到熟练掌握。